U0150209

《生物学通报》科普文选系列

—— 丛书主编：郑光美 ——

Order in Chaos 2

Accidental and Inevitable Phenomena of Life

纷乱中的秩序 2

生命现象的偶然与必然

朱钦士 —— 著

科学出版社

北京

内 容 简 介

先有鸡还是先有蛋？动物是如何感受痛觉和痒觉的？动物是如何产生视觉的？人体是如何感知时间的？成功和勤奋有关系吗？人的智力有极限吗？诸多的生命现象，哪些是必然的，哪些又是偶然的？本书收录了由美国南加州大学医学院朱钦士副教授为《生物学通报》撰写的系列文章，以严谨科学的态度、通俗生动的语言，为我们揭开了生命科学中的种种奥秘。

本书适合所有对生命科学感兴趣的读者，特别是青少年阅读。

图书在版编目（CIP）数据

纷乱中的秩序. 2，生命现象的偶然与必然/朱钦士著. —北京：科学出版社，2022.7

（《生物学通报》科普文选系列）

ISBN 978-7-03-072675-9

Ⅰ. ①纷…　Ⅱ. ①朱…　Ⅲ. ①生物学—青少年读物　Ⅳ. ①Q-49

中国版本图书馆 CIP 数据核字（2022）第114955号

责任编辑：牛　玲 / 责任校对：杨　然
责任印制：师艳茹 / 封面设计：有道文化

科学出版社出版
北京东黄城根北街16号
邮政编码：100717
http：//www.sciencep.com
天津市新科印刷有限公司印刷
科学出版社发行 各地新华书店经销

*

2022年7月第 一 版　开本：720×1000　B5
2024年1月第二次印刷　印张：15
字数：230 000

定价：58.00元

（如有印装质量问题，我社负责调换）

《生物学通报》科普文选系列丛书
编委会

丛 书 序

2018 年是我国改革开放的 40 周年。40 年来，由改革开放所引领的适合中国国情的发展道路，使我国从半封闭逐渐走向全面开放的局面，取得了举世瞩目的成就。党的十九大报告进一步清晰规划了全面建成社会主义现代化强国的时间表和路线图：在 2020 年中国共产党成立 100 年时全面建成小康社会；在实现第一个百年奋斗目标的基础上，到 21 世纪中叶中华人民共和国成立 100 周年时，在基本实现现代化的基础上，把我国建成富强民主文明和谐美丽的社会主义现代化强国。“两个一百年”奋斗目标，与“中国梦”一起，成为引领中国前行的时代号召，激励着我们奋勇前进。广大科技和教育战线的工作者，怀着“科教兴国”的使命，创新求真，与时俱进，努力为我国基础教育的发展，以及提高全民族的科学文化素养做出自己的贡献。

《生物学通报》是适应我国自然科学教学需要和提高生物学教师的素质及交流教学经验，于中华人民共和国成立早期创刊的学术类期刊，由中国科学技术协会主管，中国动物学会、中国植物学会和北京师范大学筹办，并由时任中国科学院院长郭沫若先生题写刊名，聘请北京林业大学汪振儒教授为首任主编，于 1952 年 8 月出版了第 1 卷第 1 期，至今已半个多世纪。《生物学通报》坚持以服务于中等学校生物学教学为主要办刊宗旨，兼顾大专院校师生和农、林、医科学工作者的需要，以“基础、新颖、及时、综合”的特色，受到广大读者的普遍欢迎，被誉为“生物学教师的良师益友”。为了响应“两个一百年”的奋斗目标，在更广大的范围内传播生命科学与生态学领域的科学知识和新的进展，为提高全民族的科学文化素质尽微薄之力，我们成立了“《生物学通报》科普文选系列丛书编委会”，从《生物学通报》已刊文章中选出一些优秀科普读物，以飨读者。

丛书的第一本收录了由美国南加州大学医学院朱钦士副教授为《生物学通报》撰写的系列文章，以通俗生动的语言介绍生命科学的种种奥秘，以及有关领域的科学研究新进展。随后还将陆续推出由《生物学通报》“科学家论坛”栏目特邀的中国科学院院士和资深教授，以及年轻有为的科学家为《生物学通报》撰写的一些科学普及文章，介绍有关专题及他们对生命科学发展的见解。希望这些文章将会进一步打开青少年心灵的窗口，提高他们对生命科学、生态学和医学的关注度及兴趣，为立志建设美丽中国和生态文明事业做出贡献！

《生物学通报》科普文选系列丛书编委会

郑光美

2018年10月15日

目　录

生命现象的偶然与必然

生命是这个世界上最美好的事物，地球是生命的大家园。郁郁葱葱的森林、鲜花盛开的草原、鸣腔婉转的鸟儿、翩翩起舞的蝴蝶，让地球充满“生”机。人类更是地球上生命最杰出的代表，人类不但能够作为生物而生存，还能探索这个孕育生命的地球。如果考察一下自大爆炸以来宇宙诞生和演化的过程，我们就会发现生命的产生是多么不易。从化学元素产生到小分子，从小分子到大分子，从大分子到细胞结构乃至生命出现，真的需要“过五关斩六将”，只要其中任何一个步骤的发展情形不同，生命就有可能无从产生。从这个意义上讲，生命的出现是一系列幸运事件的结果。

一、组成生命的化学元素的产生

人类所处的宇宙来自 137 亿年前的一场大爆炸。这场大爆炸不仅产生了人类所在的宇宙，更有可能产生了多个宇宙，这些宇宙可能各有自己的物质组成、时间、空间、物理常数及运行规律。幸运的是，我们这个宇宙的运行规律，使得生命的出现成为可能。

在爆发的 1 万亿亿亿亿分之一秒（10^{-36} 秒）之后，我们的宇宙已经开始急剧膨胀，这时候组成宇宙的物质是夸克、胶子等基本粒子。随着宇宙的不断膨胀，宇宙温度也在不断下降。这时宇宙中物质之间相互作用的四种力——强作用力、弱作用力、电磁力、重力开始起作用。在 1 微秒后，温度降到约 1000 亿℃，基本粒子结合形成电子、质子和中子。几分钟后，温度降到 10 亿℃，一些质子和中子结合，形成重氢（氘）和氦的原子核。这个过程叫作“太初核合成”；多数质子不与中子结合，成为以后的氢原子核。这时宇宙中最多的化学元素是氢，其次是氦，二者之间的重量比约为 3∶1，原子数比为 12∶1。此外还有微量的锂。这是我们人类所处宇宙最初形成的元素。20 分钟后，宇宙温度进一步降低，太初核合成停止，宇宙中元素的构成被固定，即主要为氢和氦。38 万年以后，宇宙温度大幅降低，电子与原子核结合，成为中性的原子。这个时候辐射与物质脱离偶联，成为以后的微波背景辐射。

由此可见，在宇宙形成的最初阶段，化学元素就只有氢、氦和微量的锂。那时候，组成人体的元素，如氧、碳、硫、磷等，还完全不见踪影。如果宇宙就这样均匀地膨胀和冷却下去，这个宇宙就只有氢和氦，不会有恒星和行星，更不会有生命出现。

幸运的是，宇宙中物质的分布不是绝对均匀的，而是存在着微小的浓度差异。由于引力的作用，浓度稍高的地方就开始将周围的气体吸引过来，使自己的质量增大，进而吸引更多的气体。气体不断聚集，浓度就会越来越大，直至形成星球。第一批恒星大约在宇宙大爆炸后 4 亿年形成。在这些星球内部，当由于重力作用产生的巨大压力和随之而来的高温达到一定程度时，原子核之间已足够靠近，强作用力（把质子和中子等基本粒子结合在一起的力，只在非常短的距离上起作用）发挥作用，核融合反应再次发生。这次融合反应发生在恒星内部，其过程只取决于恒星的质量所导致的内部温度和压力，不会像太初核合成那样因宇宙膨胀温度降低而停止。原子核越大，其中正电荷越多，彼此的排斥力越强，就需要更大的压力和更高的温度才能使彼此靠近。

例如在太阳中，4 个氢原子（1）[①]聚合变成氦（4）。该聚合反应会释放出能量，太阳就是依靠它发光发热的。但如果恒星质量小于 3 个太阳，反应到此就会停止。所以太阳无法制造地球上各种比氦重的元素，组成人体的元素也不可能在太阳中产生。如果星球质量大于 3 个太阳，星球内部就有更高的温度和压力进行“氦燃烧”。这个“燃烧”不是化学反应，而是热核反应。2 个氦原子融合变成铍（8），再加 1 个氦原子，就变成碳（12）。如果星球的质量大于 8 个太阳，碳也会“燃

---

① 括号中的数字是相对原子量，也即核子的数量。

烧”，并且每次加上 1 个氦。由于氦是以阿尔法粒子（脱掉电子的氦原子核）的形式加上去的，所以此过程叫作“阿尔法作用”。碳经过阿尔法作用可以依次变成氧（16）、氖（20）、镁（24）、硅（28）。如果星球质量大于 11 个太阳，这个过程还会进行下去，形成硫（32）、氩（36）、钙（40）、钛（44）、铬（48）直至铁（52）。上述所有步骤都是释能反应，星球内部也因此变得更热，有利于反应进一步发生。至此，原子已经达到最大束缚能，更进一步的反应就不再释出能量，而是消耗能量了。更重的元素只能在更大的星球内部，或超新星爆发时才能形成。这些重元素分裂时反而放出能量，这就是裂变原子反应堆和原子弹的工作原理。

星球不是把全部氢燃料耗尽时才死亡。热核反应主要在星球的核心进行，因为那里的温度和压力最高。超新星爆发时，喷洒到周围空间的物质主要还是氢，可以再形成星球并再次燃烧。如此，恒星中重元素的含量就会越来越高。由于铁是核融合反应所能产生的最重元素，恒星光谱中铁的谱线也很容易检测，天文学家常用铁和氢的比例来判断一个恒星是第几代恒星。从铁和氢的比例看，太阳是比较年轻（也就是比较后形成）的恒星，应该属于第三代星球，是在大爆炸后 45.7 亿年才形成。

所以地球上的石头（主要成分是硅酸盐）是太阳系制造不出来的。组成生物（包括我们自己）的主要元素碳、氧、氮、硫、磷、钙，也不是太阳生产的，而是过去比太阳大得多的星球死亡时，将这些元素喷洒到太空中，成为了太阳系形成的物质基础。随便拿起一块石头，那里面的元素都比太阳的年龄老。同样，构建人体的元素也比太阳的历史悠久。这都要感谢形成了构建人体的各种元素但目前不知在何方的巨大恒星。

二、从原子到分子

虽然星球内部的热核反应可以产生各种化学元素及原子，但原子本身并不能产生生命。如果原子中的电子只围绕自己的原子核旋转，原子之间互不相关，这个世界就只能由原子组成，生命也就无从产生。幸运的是，不同原子中外层电子的运行轨道可以相互重叠，这样，这些外层电子就可以同时围绕 2 个原子核旋转，把这 2 个原子“绑”在一起，形成分子。而且同一原子的外层电子还可以跟多个其他原子的外层电子轨道重叠，例如氧原子的外层电子轨道就可以和 2 个氢原子的外层电子轨道重叠，形成水分子。氮原子的外层电子轨道也可以和 3 个氢原子的外层电子轨道重叠，形成氨分子。由于氢是宇宙中最丰富的元素，热核反应生成的氧可以和氢反应生成水，氮和氢生成氨，碳和氢生成甲烷。

但是这样形成的分子多数是小分子，只由少数几个原子构成，而生命现象是极为复杂的，需要各种各样复杂的分子。幸运的是，化学元素中有一种元素叫作“碳”，它有 4 只“手”可以和别的原子“拉”在一起，即可以用 4 个化学键与其他原子相连。碳原子之间也可以彼此相连，形成长链或环。由于形成链和环只占用了碳原子的 2～3 个化学键，每个碳原子还有 1～2 个化学键可以用于和其他的功能基团相连，这样就可以组成具有不同结构和功能的复杂分子。无论是葡萄糖、脂肪酸、氨基酸、核苷酸，还是辅酶 Q、血红素，都是以碳原子环或链为骨架的。煤和石油就是古时的生物遗体被埋藏，在高温高压下分解后留下的碳骨架。地球上的生命是以碳为基础的，碳元素使得生命的出现成为可能。

三、生命所需要的复杂分子，可以在太空环境中自然形成

地球上的葡萄糖、脂肪酸、氨基酸、核苷酸等，都是在生命过程中产生的。而在生命出现之前，这些分子又是从哪里来的？如果非生命过程不能产生这些分子，生命的出现就是一句空话。

幸运的是，在巨型星球爆发时产生的水、氨、甲烷，以及仍然占元素总量绝大部分的氢，可以吸附在星际尘埃、陨石和彗星的表面上。这些小分子经过宇宙中高能射线的照射，并在星际尘埃和陨石表面矿物质的催化下形成各种复杂的有机物。例如，1969 年 9 月 28 日坠落于澳大利亚默奇森的陨石（被命名为“默奇森陨石”，Murchison meteorite）分裂为多个碎片，总重超过 100 千克。取样检测发现，陨石上有多种氨基酸，包括组成蛋白质的甘氨酸、丙氨酸、谷氨酸，而且没有检出丝氨酸和苏氨酸（这两种氨基酸容易在取样过程中混入样本

中，造成样品污染，没有检出说明陨石样品没有被地球上的物质污染），说明这些氨基酸的确来自太空。此外，这些氨基酸大部分是没有旋光性的，即两种镜面对称的分子都有，更是说明了这些氨基酸是非生物来源的，很可能是碳、氢、氧、氮等元素的化合物被高能射线照射，发生化学反应而形成的。除氨基酸以外，默奇森陨石上还检测出嘌呤和嘧啶，即地球生命的遗传物质——脱氧核糖核酸（DNA）和核糖核酸（RNA）的组成部分。此外，该陨石还含有大量芳香型（环状）碳氢化合物、直链型碳氢化合物、醇类化合物和羧酸（含有羧基的碳氢化合物）。

美国的“星尘号”探测器（Stardust Mission）所收集到的星际尘埃也含有芳香化合物和脂肪类化合物，以及甲基和羰基等含碳的功能基团。科学家还在距离地球400光年的原始恒星IRAS 16293-422周围探测到了羟基乙醛（glycolaldehyde）。羟基乙醛是一种糖类物质，它可以在由两个缬氨酸组成的二肽的催化下变成四碳糖和五碳糖，如核糖。宇宙中还存在大量的甲酰胺（formamide），当有矿物质存在时，在足够高的温度下，就可以产生组成RNA的4种碱基——腺嘌呤、鸟嘌呤、胞嘧啶、尿嘧啶。这些事实都说明，生命所需要的复杂有机物可以在太空中产生。

在实验室中模拟太空环境也得到了类似的结果。1953年，美国科学家米勒（Stanley Lloyd Miller，1930—2007）在无氧环境中将甲烷、氨、氢和水混合。他先将水烧开，再对混合溶液进行放电，以模拟闪电。1周后，混合溶液变成了黄绿色。米勒利用纸层析检测到有氨基酸形成，如甘氨酸、丙氨酸、天冬氨酸。1972年，米勒重复了他在1953年做的实验，并且使用了精度更高的检测手段（如离子交换层析、气相层析加质谱分析）检测实验产物，结果发现了33种氨基酸，其中有10种是生物体所使用的。1964年，美国科学家福克斯（Sidney Walter Fox，1912—1998）采用与米勒不同的方法模拟地球早期的情况。他将甲烷和氨的混合气体穿过加热至1000℃的沙子，以模拟火山熔岩，再利用冷冻的液态氨吸收气体，检测发现生成了蛋白质中使用的12种氨基酸，包括甘氨酸、丙氨酸、缬氨酸、亮氨酸、异亮氨酸、谷氨酸、天冬氨酸、丝氨酸、苏氨酸、脯氨酸、酪氨酸和苯丙氨酸。

四、核糖核酸很可能是最早的生命分子

早期的生命分子很可能是多功能的，因为分子之间各种功能配合还没有建立。RNA 可以自我复制，可以催化氨基酸连接成肽链，还能把氨基酸连接到 RNA 分子上，成为 tRNA 的前身，所以早期的生命分子很可能是以 RNA 为中心的。

科学家在实验室中发现由 RNA 片段 A 和片段 B 连成的 RNA 片段 T 具有连接酶（ligase）活性，能够把片段 A 和片段 B 连成片段 T；核酶（ribozyme）B6.61 能够以核酸为模板合成新的 RNA 链，相当于具有现在由蛋白质组成的 RNA 聚合酶（RNA polymerase）的功能。

现今，地球生命的蛋白质是在核糖体（ribosome）中合成的。真核细胞的核糖体分为“小亚基”和“大亚基”两个部分。小亚基含有 33 种蛋白质，大亚基含有 46 种蛋白质。核糖体中还含有 RNA，小亚基含 1 个 RNA 分子，大亚基含 4 个 RNA 分子，总的蛋白质的量和总的 RNA 的量大约是 1∶1。以往的观点认为，核糖体中的 RNA 只起结构构成的作用，并不起催化作用，因为“酶（蛋白质）催化一切反应”的观点已经根深蒂固，几乎得到所有实验事实的支持。然而后来实验发现，去除核糖体中的蛋白质只会降低但不能消除核糖体的合成蛋白质的功能，但是去除 RNA 却会使核糖体合成蛋白质的功能完全消失。对核糖体精细结构的分析表明，在合成蛋白质的“反应中心”（实际把氨基酸加到合成中的蛋白质链上的地方）只有 RNA 分子，没有蛋白质分子，说明蛋白质的合成是由 RNA 催化的。也就是说，似乎无所不能的蛋白质竟然不能催化蛋白质自己的合成！从最初的生命出现到人类的产生，其间有几十亿年的时间，蛋白质的合成仍然是由 RNA 催化的，这也说明 RNA 很可能是生命最早的核心分子。

除了催化活性外，RNA 分子中的核苷酸序列也可以储存信息。例如每 3 个核苷酸编码 1 个氨基酸（密码子），这样 RNA 的核苷酸序列就可对应蛋白质中氨基酸的序列。由于 RNA 能把氨基酸连接到另一个小 RNA 分子上（相当于现在的 tRNA），tRNA 上的核苷酸序列又与储存信息的 RNA 分子上的密码子进行碱基配对，这样就能把 tRNA 分子上携带的氨基酸带到对应的密码子附近，再由另一个 RNA 分子催化形

成肽链，所以说，最早的蛋白质可以完全由 RNA 分子编码和催化合成。

五、生命的演化：蛋白质接管绝大多数催化功能，DNA 接管信息储存功能

RNA 分子的“一身多能”虽然对早期的生命是必要的，但也有缺点，即效率太低。RNA 仅由 4 种核苷酸组成，虽然分子内的碱基配对可以使 RNA 分子形成各种空间结构并具有催化功能，但是分子结构的复杂性仍然有限，可催化的化学反应种类和催化效率也有限。而蛋白质由于含有 20 种氨基酸，空间结构的复杂性和催化功能都远比 RNA 强大。目前生物合成 RNA 皆由蛋白质组成的酶进行催化，RNA 不再催化自身的合成。

RNA 作为储存信息的分子也不理想。RNA 催化化学反应的能力与其核糖上第 2 号碳原子上的羟基有关。该羟基不仅能够催化其他分子的化学反应，也能攻击 RNA 分子自身的磷酸二酯键，使 RNA 逐渐水解。如果将该羟基除掉，就相当于敲掉了 RNA 催化化学反应的“牙齿”，分子失去了催化功能，自身也变得稳定，就可以成为储存信息的分子了。该羟基被除去后由 1 个氢原子取代，相当于分子失去了 1 个氧原子，所以除去了该羟基的核苷酸就是“脱氧核苷酸”，由脱氧核苷酸组成的核酸就是“脱氧核糖核酸”，也就是 DNA。与 RNA 分子以单链形式存在不同，DNA 可以和它的互补链结合，形成双螺旋结构，其稳定性亦大幅增加。目前地球上的细胞生物（除病毒以外的生物）都使用 DNA 储存信息和作为遗传物质。与现有生物体中 RNA 的合成一样，DNA 的合成也是由蛋白质（DNA 聚合酶）催化的。

蛋白质虽然在催化上几乎“无所不能”，但却不能催化自己的复制，因为蛋白质分子不能作为模板复制自己。虽然像谷胱甘肽这样的小肽链可以由蛋白质催化形成（说明由蛋白质组成的酶可以催化肽链的形成），但是由数百个氨基酸组成的蛋白质却不能通过这种方法合成。蛋白质的合成必须经历由 DNA 编码、信使 RNA 指导、在核糖体中被 RNA 亚基催化合成等步骤。因此，RNA、DNA 和蛋白质各自执行自己特有的功能，彼此依存，互相配合，谁都不再能复制自己。这

“三驾马车”的彼此配合，实现了后来地球上生物高效的信息储存、信息读取和信息实现系统。

六、现在地球上所有的生物都来自一个共同的祖先

从以 RNA 为核心的原初生命，到 DNA、RNA、蛋白质分工合作的“三驾马车”，从某种意义上来说，这是极其巨大的进步，从此生命的运行有了坚实可靠的基础，也赋予了最初拥有这种体系的生物极大的优越性。在生命形成的初期，也许有各种各样生命形式的存在，但最后只有发展出“三驾马车”系统的生物在竞争中胜出，其他形式的生命逐渐被淘汰。目前所有的地球生命都是这个最初具有“三驾马车”系统的生物的后代，也就是说，所有的地球生命都来自一个共同的祖先，都是或近或远的亲戚。

因此，现在地球上所有的生物都使用同样的 4 种核苷酸建造 RNA；使用同样的 4 种脱氧核苷酸建造 DNA；使用同样的 20 种氨基酸建造蛋白质；使用同样的密码子为蛋白质编码；使用同样的脂肪酸作为生物膜的主要建造材料；都以葡萄糖为主要的“燃料”分子；都使用 ATP 作为主要的供应能量的分子；都使用三羧酸循环作为化学反应的“转盘路”。

由于地球上所有的生物都使用相同的基本分子建造自己的身体，所以这些分子“零件”也能够在不同生物之间通用。原则上，一些生物可以完全依靠其他生物的零件生活，这就是异养生物能够出现并且不断发展壮大的原因。人类就是典型的异养生物，人类所有的食物都来自其他生物。所谓吃饭，其实就是拆掉其他生物体的“零件”建造自己的身体。原则上所有的生物都可以“吃”其他的任何生物，只要实际上可行，并且将其中的有毒物质去除。动物可以吃植物（如各种草食动物），动物可以吃动物（如各种肉食动物），动物可以既吃植物也吃动物（如各种杂食动物），植物可以吃植物（如菟丝子寄生），植物也可以吃动物（如捕蝇草吃小昆虫），原生动物可以吃微生物（如变形虫吃单细胞藻类），微生物可以吃动物（如结核杆菌感染），微生物也可以吃植物（如小麦黑粉菌导致小麦黑穗病）。

因此，地球上的生物虽然看上去丰富多彩，在分子水平上其实是

非常单调的，只能被当作同一大类生物。尽管人类的数量超过 70 亿，还是感觉到孤单，这也许就是人类总是热衷于探索外星生命，想找到和自己不一样的生命形式的原因。

七、生命在我们的宇宙中出现应为必然

既然星际尘埃和陨石都含有形成生命所需要的各种复杂分子，那么地球生命的出现就不会只是一个偶然，而是人类所处宇宙运行规律的必然后果。只要有合适的条件，生命就有可能在地球以外的行星或卫星上诞生。能满足这个条件的就是“宜居带”。所谓宜居带，是指与恒星保持合适的距离，使行星接受恒星所辐射的热量能够使水以液态存在的这样一个空间范围。不同恒星的宜居带位置不同。恒星的亮度越强，宜居带距离恒星就越远；恒星的亮度越弱，宜居带的位置就距离恒星越近。

人类可见的宇宙含有数千亿个星系，仅银河系就有 1000 亿～2000 亿颗恒星。据估计，其中约有 1/5 的恒星宜居带内有行星。从星际空间中有机物质广泛存在、类似地球的星球数量极大的情况来看，生命在其他星球上出现几乎是必然的。在一块来自火星的陨石上，科学家发现了有机物，而且这些有机物中的碳-12 和更重的碳同位素的比例要高于同一陨石上的碳化合物，这就是火星上曾经存在过（或者现在仍然有）生命迹象强有力的证明，因为生物在利用碳同位素时，总是偏好轻的同位素。

八、对外星生物的一些猜想

谈到外星生物，一些科幻小说往往把它们描写为无所不能，好像可以不遵守地球上生物所遵循的规律，随心所欲。其实，这些外星生物既然出现在我们这个宇宙中，就必然被这个宇宙的运行规律所限制。以下是对外星生物的一些猜想。

（1）外星生物也是由同一个元素周期表中的元素所组成。到目前为止，元素周期表中原子序数 1～118 的位置已经被填满，这些是人类所处宇宙中的基本元素，所以外星生物也只能由这些元素中的一些组成，也必须受到这些元素性质的限制。他们也不能用元素周期表以外

的元素建造宇宙飞船。

（2）外星生命很可能也是以碳为基础的。生命需要数千种不同的分子协同作用才能维持。能够生成这么多种分子的元素最有可能还是碳元素，所以外星生命很可能也是以碳为基础的。硼和碳同周期并且位置相邻，但硼烷为笼状化合物，不太可能成为线性大分子的骨架。硅和碳同族，也可以生成类似的长链或环状化合物，但是硅烷在空气中会自燃，在水中会分解，因此以硅为基础的生命必须在无水、无氧的环境中才能存在。从水在宇宙中普遍存在的情况看来，以硅为基础的生命出现的机会不大。

（3）外星生命很可能也是以水为介质的。由于水在太空中广泛存在，又具有许多特殊的物理化学性质，适合作为化学反应的介质并且能广泛介入这些反应，所以外星生物很可能也是以水为介质的。“宜居带”也主要是依据液态水的存在来定义的。

（4）外星生命很可能也是由细胞组成的。生命存在的首要条件就是把身体的内容物和外部环境分开。所以生命必须以细胞的形式存在。由于分子在液态水中通过扩散进行有效位移的距离很短，所以细胞的尺寸不能太大，应该是微米级的。更大的生物也应该是多细胞的，即走细胞联合和分化这条路，而不是细胞自己变大、变复杂。

（5）外星生命也会有主要进行催化作用的分子和储存遗传信息的分子。为了使生命活动能够有效地进行，进行催化活动的分子和储存遗传信息的分子必须彼此分开，而遗传信息又必须由某种方式转化为催化分子的结构信息。

（6）遗传物质的交换有利于物种生存，有性生殖估计也会出现。由于有性生殖的复杂性，估计外星生命的性类型也不会超过两种。不太可能有分为“三性”或“多性”的生物。

（7）如果光照充足，光合作用早晚会出现。由于不同恒星的发射光谱不同，进行光合作用的生物必须发展出最能有效利用这些光辐射的色素，所以外星植物不一定是绿色的。

（8）生物之间也会有对资源的竞争。捕食别的生物，获取现成“零件”的生物（即异养生物）早晚会出现。生物之间也一定会有对于资源的竞争。如果有外星的智慧生物，他们对人类的态度不一定是友好的。

当然这些只是根据地球上的生命形式进行的猜想。这些猜想是否正确，只有见到了真正的外星生命才能知道。目前科学家的思维方式多局限于地球上的生物，而地球上的生物又只是同一类型的，所以无从进行比较。如果能够见到外星生命，人类对生命现象的理解会更加深刻。

九、结束语

（1）组成人体的元素不能在太阳系中产生。地球生命真正的祖先是比太阳重很多、现在已经死亡的星球。

（2）在元素周期表的 100 多种元素中，只有碳元素能够形成复杂分子的骨架。地球上的生命是以碳为基础的。

（3）最初的生命可能是 RNA 的世界，后来蛋白质取代了 RNA 的大部分催化功能，DNA 取代了 RNA 成为储存信息的分子。但是蛋白质不能复制自己。

（4）所有的地球生命都来自同一个祖先，所以都是或近或远的亲戚。组成所有生物的基本分子都相同，所以这些“零件”可以通用。

（5）外星生命也是由周期表里面的一些元素构成的，也要受到这些元素性质的限制。地球生物发展的许多基本规律，对外星生物也可能适用。

主要参考文献

[1] Gregorio B T D, Stroud R M, Nittler R L, et al. Variety of organic matter in Stardust return samples from comet 81P/WILD2. 40th Linar and Planetary Science Conference, 2009, https://www.lpi.usra.edu/meetings/ lpsc2009/pdf/2260.pdf.

[2] Paul N，Joyce G F. A self-replicating ligase ribozyme. Proceeding of the National Academy of Sciences USA，2002，99 (20): 12733- 12740.

[3] Zaher H S，Unrau P J. Selection of an improved RNA polymerase ribozyme with superior extension and fidelity. RNA, 2007, 13: 1017-1026.

[4] Muller U F，Bartel T P. Substrate 2′-hydroxyl groups required for ribozyme-catalyzed polymerization. Chemistry & Biology, 2003, 10 (9): 799-806.

先有鸡还是先有蛋

先有鸡还是先有蛋？这是一个困惑人类几千年的问题。古希腊哲学家亚里士多德（公元前384—前322年）说过：“不可能有第一只产生鸟的蛋，因为那样就必须先有能生出这第一只蛋的鸟。”虽然并没有具体提及鸡，但由于所有鸟类（包括鸡）都生蛋，且所有的鸟都由蛋孵化而来，所以他谈的是同一个逻辑难题。亚里士多德的逻辑悖论在一定程度上也代表了许多人的观点：鸟由鸟蛋孵化出来，而鸟蛋又是鸟产下的；没有鸟蛋就不可能有鸟，没有鸟，鸟蛋也无从产生，如何判定它们的先后？

按照佛教的说法，这个世界是没有起始也没有结束的。生命也是如此，“一切世间如众生、诸法等皆无有始”（《佛光大辞典》）。佛教认为任何事物都有前因，也有后果，而这种因果关系构成了一个无始无终的链条。鸟和蛋也是这样一种因果关系，并且一直存在着，无始无终，也就没有谁先谁后的问题。

与佛教的说法不同，基督教认为世间万物都是上帝造的，所以是“有始”的。《圣经》“创世记”中写道：“神说，水要多多滋生有生命的物，要有雀鸟飞在地面以上，天空之中。神就造出大鱼和水中所滋生各样有生命的动物，各从其类；又造出各样飞鸟，各从其类。神看着是好的。”在这里，神“造出各样飞鸟”，并没有说神先造出鸟蛋，再孵化成鸟。按此说法，这个世界上就先有鸟，后有鸟蛋。

科学研究表明，鸟类不是一开始就有的。鸟类出现在大约1.6亿年前，而恐龙出现在大约2.3亿年前。也就是说，在鸟类出现之前，恐龙已经在地球上生活了7000多万年。目前，多数科学家仍相信鸟类是从恐龙而且最可能是从“兽脚亚目恐龙”（theropod）演化而来的。

和鸟一样，恐龙也是产蛋的，而且恐龙蛋和鸟类蛋（如鸡蛋）都属于“羊膜卵”。羊膜卵外部有坚固耐水的钙质硬壳，上有气孔，供胚胎呼吸；蛋黄存在于外壳内，为胚胎提供营养；胚胎浸泡在由羊膜包裹而成羊膜囊的羊水中；此外还有尿囊，用于储存代谢废物。羊膜卵的这些构造特点使其可以在陆地的干燥环境下生存，从而使脊椎动物的生殖过程摆脱对水环境的依赖。鱼类和两栖类动物（如青蛙）这些低等脊椎动物的卵不是羊膜卵，只能产在水里。青蛙还必须经过蝌蚪的变态发育阶段，才能在陆地上生存。

具有羊膜卵结构的恐龙蛋，在鸟类出现之前就已存在很久了。也就是说，脊椎动物从海洋登陆所需要的卵在结构上的改变，在爬行动物（包括恐龙）阶段就已经完成了，鸟类只是继续使用而已。恐龙蛋和鸟蛋在构造上的一致性说明，从恐龙蛋变为鸟蛋，并没有结构上的障碍需要跨越。所以现在鸟和鸟蛋的问题就变为：是恐龙先变成鸟，再产出鸟蛋，还是恐龙先产下鸟蛋，再孵化出鸟？要回答这个问题，就需要了解生物繁殖的过程和物种变化的机制。

生物的性状是由 DNA 决定的。之所以“种瓜得瓜，种豆得豆”，是因为瓜和豆的 DNA 不同。现代的动物克隆技术可以仅从一滴鼠血（实为血液中白细胞的 DNA）就“变”出克隆鼠，说明 DNA 是决定生物性状的关键物质。从恐龙到鸟的变化，也一定是由于 DNA 序列的改变。问题在于改变在什么阶段发生，在什么细胞里发生，以及这些改变对下一代的影响。

每个生物体，尤其是脊椎动物（包括鱼类、两栖类、爬行类、鸟类和哺乳类动物）这种高度复杂且寿命较长（多以年计）的生物，在生存环境中，由于身体会受到内部（如活性氧）和外部（如高能射线）持续不断的侵袭，再加上细胞分裂时 DNA 复制错误等原因，总会有一些细胞的 DNA 序列发生突变。所以随着年龄增长，身体内一些细胞的 DNA 就会发生变化，不再与受精卵阶段的 DNA 完全相同。

与其他脊椎动物一样，恐龙体内也有两类细胞。一类是构成身体的体细胞，例如构成心脏、肝脏、大脑、皮肤等的细胞，体细胞在数量上占据绝对优势，具体执行各种生命活动；另一类是生殖细胞，它们肩负着繁殖后代的使命，并不负责其他生理功能。这两类细胞中的

DNA 都会发生突变，但后果却完全不同。

体细胞内 DNA 的突变是零星和随机的，不同细胞内 DNA 突变的情况也不相同，所以没有大规模统一的 DNA 序列改变，也不会出现某个基因在所有细胞内都发生某种突变的情形。一个细胞内发生 DNA 突变并不会使相邻细胞发生同样的突变，即 DNA 突变不会“扩散”，因而是“彼此隔绝”的。而物种的改变需要相关组织中所有细胞的 DNA 都发生同样的变化，显然这是体细胞的零星突变不可能达到的。总体来看，从出生到死亡，生物个体的体细胞 DNA 仍会与受精卵保持高度一致。利用成年动物的体细胞可以克隆出该种动物（即从体细胞发育出的个体与受精卵发育成的个体相同）充分证明了这一点。所以某只恐龙从蛋中破壳而出后，这一生就只能是恐龙，不会因其体细胞 DNA 发生零星随机的突变就变成一只鸟。

与体细胞不同，生殖细胞内 DNA 的改变会通过受精卵的分裂出现在子代生物体的所有细胞中，从而稳定地影响下一代的性状表达。这种出现在子代体内所有细胞统一的 DNA 改变，正是形成新个体和新物种的先决条件。

但是，生殖细胞 DNA 突变带来的性状改变只能在后代中表达，而对生殖细胞 DNA 发生突变的亲代个体并没有影响，因为亲代个体的体细胞中并未发生生殖细胞中的那种突变（体细胞和生殖细胞同时发生相同突变的概率极小，所有的体细胞和生殖细胞发生相同突变的概率为零）。如果生殖细胞 DNA 中的某个突变使其子代变成了鸟，那么产生这个生殖细胞的恐龙仍是恐龙，而不是鸟。也就是说，由于生殖细胞 DNA 发生的突变，不是鸟的动物也可以生出鸟蛋来。而受精卵和发育成的个体其实是一回事，它们的 DNA 完全一致，只是发育阶段不同而已。所以说，有了第一颗鸟蛋之后，才孵化出了第一只鸟。

例如从恐龙变成鸟，恐龙体表覆盖的鳞片变成了鸟的羽毛。恐龙鳞片和鸟类羽毛都是由 β-角蛋白（β-keratin）组成的，但是鳞片和羽毛里的 β-角蛋白在氨基酸序列和蛋白质结构上都有差异，所以从鳞片 β-角蛋白到羽毛 β-角蛋白的转变需要经历 DNA 序列的变化。如果某个恐龙（即亲代恐龙）生殖细胞中某个鳞片 β-角蛋白的编码基因发生突变，突变后的基因成为羽毛 β-角蛋白的编码基因，那么下一代恐龙

（即子代恐龙）会因为所有的细胞都携带羽毛 β-角蛋白基因，体表便可能会长出羽毛。当然，这只是一个简化了的模型，实际过程远比此复杂。亲代恐龙因为体细胞内没有羽毛 β-角蛋白的基因，所以体表覆盖的仍是鳞片，长不出羽毛。

如果将体表有羽毛覆盖的恐龙定义为鸟，亲代恐龙因为没有羽毛，所以还不是鸟。但亲代恐龙的生殖细胞内带有羽毛 β-角蛋白基因，可以使下一代长出羽毛，所以蛋里孵出了鸟。由于受精卵被包裹在蛋里，所以这个蛋从某种意义上来讲，就不再是恐龙蛋了，而是鸟蛋。

恐龙与鸟的另一个重大区别，是恐龙有牙齿而鸟没有牙齿。釉质，即包裹在牙齿外面那层坚硬的物质，是牙齿的重要成分之一。釉质的形成需要釉蛋白（enamelin），如果釉蛋白的编码基因发生突变而丧失功能，就会影响牙齿的形成。研究发现，爬行动物都有正常表达的釉蛋白基因，但是这些基因在鸟类中却丧失功能，变成“伪基因”，这便是鸟类没有牙齿的原因之一。

如果亲代的生殖细胞中某个釉蛋白基因发生突变（前提是这个釉蛋白基因不在性染色体上），会使该基因丧失功能，但是子代仍然是有可能长出牙齿的。因为受精卵是由精子和卵子结合而成，发育成的动物个体是二倍体，即有 2 份遗传物质，每个基因也有双份。如果卵子中的釉蛋白基因丧失功能，但精子里的釉蛋白基因仍然是正常的，受精卵及其发育成的动物个体仍保留了 1 个正常的釉蛋白基因，子代就仍然能长出牙齿。只有当精子和卵子的釉蛋白基因同时丧失功能时，二者结合产生的具有缺陷的受精卵发育出来的动物个体才长不出牙齿。

假设釉蛋白基因存在与否是牙齿能否生长的唯一决定性因素，并把牙齿消失作为恐龙变成鸟的标志。在 2 个釉蛋白基因都丧失功能的动物出现之前，一定存在只携带 1 个釉蛋白基因丧失功能的雄恐龙和雌恐龙。它们因为仍保留了 1 个正常的釉蛋白基因，都还有牙齿，所以仍然是恐龙。在它们形成单倍体（只有 1 份遗传物质）的生殖细胞时，正常的釉蛋白基因和非正常的釉蛋白基因进入生殖细胞的机会是均等的。如果精子和卵子恰好都携带丧失功能的釉质蛋白基因，由它们形成的受精卵中就没有正常的釉蛋白基因，其子代个体就不长牙，所以变成了鸟。在这里，也是恐龙产下了鸟蛋。

“先有鸡还是先有蛋”的问题之所以使人困惑，是因为把鸡（或者鸟）看作一成不变的动物，鸟和蛋周而复始地循环，使人得不出这个问题的答案。但是如果从演化的观点重新审视鸟类的起源，并且了解生殖细胞 DNA 的变异对其后代性状表达的影响机制，这个问题便有了答案，那就是：先有鸟蛋，后有鸟。

主要参考文献

[1] Godefroit P, Cau A, Yu H D, et al. A Jurassic avian dinosaur from China resolves the early phylogenetic history of birds. Nature, 2013, 498: 359-362.

[2] Prum R O, Brush A H. The evolutionary origin and diver sification of feathers. The Qarterly Review of Biology, 2002, 77 (3): 261-295.

[3] Al-hashimi N, Lafont A G, Delgado S, et al. The enamelin genes in lizard, crocodile, and frog and the pseudogene in chicken provide new insights on enamelin evolution in tetrapods. Molecular Biology and Evolution, 2010, 27 (9): 2078-2094.

[4] Pennnisi E. The birth of birds. Science, 2014, 346 (6216):1444-1445.

植物和动物的殊途同归

植物和动物都是从原生生物（单细胞的真核生物）演化而来的，但是它们的原生生物祖先却不相同。植物的祖先绿藻属于双鞭毛生物（bikont），其外部特征是游动细胞前端有 2 根鞭毛，在基因上拥有胸苷酸合成酶（thymidylate synthase，TS）的基因和二氢叶酸还原酶（dihydrofolate reductase，DHFR）的基因融合而成的基因 *TS-DHFR*；而动物的祖先领鞭毛虫（choanoflagellate）为单鞭毛生物（unikont），其外部特征是游动细胞只有 1 根鞭毛，在基因上拥有氨甲酰磷酸合成酶（carbamoyl phosphate synthase）的基因、天冬氨酸转氨甲酰酶（as partate carbamoyltransferase）的基因和二氢乳酸酶（dihydroorotase）基因融合而成的基因 *CAD*（以每种酶名称的第 1 个字母组成）。

除了鞭毛数和所含的融合基因不同，植物和动物的祖先还带给它们遗传物质份数上的差异。最原始的多细胞动物，如海绵、丝盘虫、水螅等，就已经是二倍体，高等动物则都是二倍体。因此，当初发展成为多细胞动物的那个细胞应该是二倍体状态的，这使得后来所有的多细胞动物都是二倍体。二倍体动物也有单倍体的阶段，即动物细胞通过减数分裂产生单倍体的精子和卵子。但是除了少数例外（见后文），精子和卵子并不进行有丝分裂（不改变遗传物质份数的细胞分裂）生成更多的单倍体细胞，形成多细胞的单倍体生物形式，而是直接彼此融合，再变回二倍体。例如人的精子和卵子除了彼此融合变为受精卵以外，是没有其他发展前途的。

植物的祖先绿藻却是单倍体的。不仅是单细胞的衣藻（chlamydomonas）是单倍体的，最初的多细胞绿藻，例如团藻（volvox）、水绵（spirogyma）、轮藻（charophyte）也都是单倍体的，故形成多细胞植物的那个细胞也应该是单倍体的。最初的多细胞植物也有二倍体的阶段，但那只是精子和卵子结合形成的二倍体受精卵（合子）。合子并不进行有丝分裂变成多细胞的二倍体绿藻，而是直接进行减数分裂（遗传物质减半的细胞分裂）形成单倍体的孢子，再萌发成单倍体的多细胞植物。

这些事实说明，多细胞动物和最初的多细胞植物，尽管都有单倍体和二倍体的阶段，但是进行有丝分裂的时机不同。动物是由二倍体的细胞进行有丝分裂，形成多个二倍体的细胞，再由这些细胞组成二倍体的身体；而最初的植物是单倍体细胞进行有丝分裂，形成多个单倍体的细胞，再由这些细胞组成最初植物的单倍体身体。也可以换一个说法：最初植物的受精卵直接进行减数分裂，而动物的受精卵却延迟进行减数分裂，而且只在生殖细胞中进行，在体细胞中永不发生。其中一定有一个机制控制动物和植物在遗传物质份数不同的情况下进行有丝分裂和减数分裂，使得组成动物身体的细胞都是二倍体的，而组成最初植物身体的细胞都是单倍体的。

与单倍体生物相比，二倍体生物具有一定优势。单倍体生物只拥有一份基因，如果一个关键基因发生突变就可能影响生物的生存；而二倍体生物拥有双份基因，如果其中的一个基因有功能缺陷，还有另一个完好的基因可以工作。但是，单倍体生物的这个缺点对单细胞生物关系不大，因为单细胞生物繁殖较快，可以通过细胞淘汰的方式让那些有缺陷基因的细胞自然消失。但是对于多细胞生物来说，包括动物和植物，生命周期较长，要淘汰的生物体也许含有成万甚至成亿的细胞，个体淘汰的代价太大，因此拥有双份基因的二倍体生物生存的可能性就高很多。这就是为什么所有的动物都是二倍体。既然一开始就占有遗传物质双份的优势，动物自然没有理由改变它。最初的植物尽管只是单倍体，一开始就处于“不利地位”，但经过漫长的“努力”，也逐步“纠正”了这个“错误”，因此所有的高等植物（这里指裸子植物和被子植物，总称种子植物）都变成了二倍体。通过此过程，植物和动物殊途同归，都拥有了双份的遗传物质。

植物要“纠正错误”，就必须发展出在二倍体阶段进行有丝分裂的能力，而不让受精卵直接进行减数分裂。这种能力在最初登陆的植物——苔藓中出现了。

一、苔藓植物的世代交替

苔藓植物（mosses，学名 bryophytes）是从绿藻登陆发展而来的。平时人们看见的有“叶片”的苔藓植物，与绿藻一样，都是单倍体的多细胞生物。苔藓植物只进行有性生殖，分为雌性和雄性，它们分别通过有丝分裂产生精子和卵子，统称配子，所以产生这些配子的植物体称为配子体，即单倍体细胞直接通过有丝分裂产生配子的多细胞植物体。配子中遗传物质的份数不变，也是单倍体，精子和卵子结合后，形成二倍体。至此，苔藓植物和衣藻的有性生殖过程是一样的。

与衣藻不同的是，苔藓植物的受精卵并不直接进行减数分裂，变回单倍体的细胞，而是像动物的受精卵那样进行有丝分裂，产生多个二倍体的细胞，形成二倍体的结构，其中包括孢子囊。孢子囊里的一些细胞进行减数分裂，才形成单倍体的孢子。这些孢子像受精卵直接进行有丝分裂形成的孢子一样，可以萌发，形成单倍体的配子体。由于这些孢子不是从受精卵直接进行减数分裂而来，而是从二倍体的苔藓产生，因此，这些产生孢子的二倍体多细胞结构就称为孢子体（sporophyte）。衣藻的受精卵不进行有丝分裂，衣藻也就没有孢子体。

配子体的出现给登上陆地的苔藓植物以巨大的“好处”。一是能增加孢子的数量，二是能增加孢子遗传物质的多样性。绿藻的受精卵直接进行减数分裂，只能形成 4 个单倍体的孢子，而苔藓植物的受精卵先进行繁殖，生成大量的二倍体细胞，再让这些数量巨大的二倍体细胞进行减数分裂，相当于将一个受精卵先变成千千万万个，由它们生成的孢子数量自然也成千上万倍地增长。苔藓植物在陆地上生活，释放出的孢子不一定都能遇到湿润的环境，孢子数量的增加可增加苔藓植物成功繁殖的机会。细胞在进行减数分裂时，会进行“同源重组”，即来自父亲和母亲的基因进行“洗牌”，重新组合，因此形成的单倍体细胞在遗传物质的组成上已经与父母不同，且彼此不同，这也增加了生物适应环境的能力。

苔藓植物出现在约 4.7 亿年前的奥陶纪（Ordovician period）。科学家在阿根廷西北部中安第斯盆地的谢拉-亚安第斯山脉上的沉积物样本中发现了远古苔类孢子化石，其构造和现代苔类植物的孢子很相像，且孢子壁都含有孢子花粉素（sporopollenin），说明这些孢子能够耐受陆地干燥的环境，而不是水生藻类的孢子。含有这些孢子的岩层不是海生岩，而是陆生岩，形成时间在距今 4.73 亿～4.71 亿年前，孢子的数量随着离海岸的距离增大而减少，说明它们是由离海岸近的原始陆生植物产生的。从对阿曼和瑞典发现的孢子化石研究中也得出了类似的结论，证明苔藓植物的确是在大约 4.7 亿年前在陆地上出现的。

二倍体孢子体的出现，是植物发展历程中的重大事件，从此开始了植物身为二倍体的阶段，这也是植物纠正单倍体“错误”的开始。由于苔藓植物的生活要交替经过单倍体（配子体）和二倍体（孢子体）这两个多细胞形式，这种生活方式称为苔藓植物的世代交替（alteration of generation）。世代交替从苔藓植物中诞生后，就一直为植物所使用，包括最高级的被子植物（开花植物），因此所有的陆生植物都有世代交替。而绝大多数动物的精子和卵子不进行有丝分裂，没有单倍体身体的阶段，也没有世代交替。

苔藓植物虽然有了单倍体和二倍体的世代交替，但苔藓植物的孢子体还相对弱小，也不进行光合作用，不能独立生活，只能“寄生”在配子体上，由配子体提供营养。它也没有一个完整植物的“模样”，而只是一个由细梗支撑的孢子囊。但是在孢子体的细胞中，进行光合作用所需要的基因仍然存在，如果这些基因被激活，孢子体也可以进行光合作用，从而可独立生活。这种变化在蕨类植物中开始出现，且蕨类植物的孢子体还成为了主要的生命形式。

二、蕨类植物的孢子体独立生活，成为主要的生命形式

苔藓植物是水生植物（绿藻）“转战”陆地的“先头部队”，在迈出这重大的一步之后，植物在陆地上的发展就有了根据地。苔藓植物虽然登陆了，但还没有完全适应陆地环境，它们缺乏输送水分和养料的管道，也没有真根，水分和无机盐仍然要靠身体表面直接吸收；大部分细胞自己进行光合作用制造养料，也没有输送有机物的管道。由于这些原因，苔藓植物都较矮小，一般株高只有数毫米。苔藓植物的精子仍然有鞭毛，通过身体表面的水膜游到卵子处，即苔藓植物的繁殖还不能完全离开液态水的环境，故苔藓植物只能生活在阴暗潮湿的

地方。

苔藓植物登陆之后，发生了另一个重大变化，即孢子体细胞中进行光合作用的基因被激活了，开始制造有机物，从而摆脱了对配子体的依赖，成为独立生活的植物，这就是蕨类植物。科学家在3.6亿年前的晚期泥盆纪地层中发现了蕨类植物的化石，说明蕨类植物的出现早于3.6亿年前。在苔藓植物出现在陆地上（约4.7亿年前）之后也许不到1亿年，这说明孢子体激活进行光合作用所需要的基因并不是很难的事情。

蕨类植物的孢子体能独立生活，有了“自主权”，二倍体的优越性就体现出来了，不仅能进行光合作用，还发展了专门输送水分和养料的维管组织（vascular tissue）。蕨类植物孢子体茎的中央有专门输送水分的管道，由管胞组成。管胞是由细胞死亡后留下的纤维素和木质素组成的细胞壁围成的空管，管胞上下相连，以细孔相通，将水分和无机盐从根部输送到植株的各个部分。除了输送水分，管胞还能起到支撑作用，组成植物的木质部。有了管胞输送水分和提供机械支持，蕨类植物的孢子体株高大于配子体，常见的蕨类植物，都是二倍体的孢子体。在泥炭纪时期，蕨类植物高达20～30米，甚至达到40米，形成蕨类植物的森林。

植物长高了，叶片制造的有机物需要输送至茎和根部，这是由包围在管胞周围的筛管完成的。筛管细胞是管状的活细胞，通过它们的两端彼此相连。相连部分的细胞壁上有孔，便于有机物通过，使得这部分细胞壁像筛子，所以这些细胞被称作筛管。筛管的细胞壁中没有木质素，较为柔软。由筛管组成的组织称为韧皮部。木质部和韧皮部合称为维管组织，具有维管组织的植物称为维管植物（vascular plant），与没有维管组织的苔藓植物相区别。维管组织也使植物具有真叶和真根（具有维管组织的叶和根）。真叶远比苔藓植物的“叶”大，可吸收更多的阳光，制造更多的有机物，而真根不仅能固定植物，还能从土壤中吸取水分和无机盐。

但是，蕨类植物的配子体却与苔藓植物的配子体一样，没有维管系统，没有真正的根、茎、叶，大小也与苔藓植物的配子体相似。蕨类植物的配子体平时不易被发现，以致人们很容易忽视它的存在。从苔藓植物到蕨类植物，单倍体的配子体并没有发生大的变化，但二倍体的孢子体却“异军突起”，成为蕨类植物的主要的生命形式，矮小的配子体反而成了“弱势群体”。

蕨类植物的孢子和苔藓植物的孢子一样，都可经空气传播至新的地方安营扎寨。但在配子体阶段，蕨类植物的精子仍然必须依靠配子体表面的一层水膜才能游到卵子所处的位置，使卵子受精而发育成孢子体，这就使得蕨类植物的繁殖在配子体阶段仍然摆脱不了对水环境的依赖。虽然高大的孢子体可为配子体遮阴，落叶也有助于保持地表水分，以利于配子体的生长，但单独生活的配子体仍然是蕨类植物生活周期中的“薄弱环节”，因为孢子体虽强大，但长成孢子体的受精卵必须在弱小的配子体上形成。

克服此缺点的一种方法，就是将苔藓植物中配子体和孢子体的关系反转，让生活力相对强大的孢子体“收容”相对弱小的配子体，使其不再独立生活，这样受精卵就可在生活力强大的孢子体上形成，植物的生活能力就会有进一步的提高。这在裸子植物中得到了实现。

三、最早“收容”弱小的配子体，让受精卵在自己身上形成种子的植物——裸子植物

如上所述，由生活力相对强大的孢子体收容相对弱小的配子体，是消除配子体这个“薄弱环节”最好的方法，但要做到这一点却并不容易。配子体是由孢子萌发产生的，而孢子又可离开孢子体随风飘荡，在距离孢子体很远的地方落脚。由于孢子体自己不能运动，即使配子体在离自己几十厘米的地方形成，孢子体也无法将其收容，而只能“望配兴叹”。要让孢子体有效地收容配子体，最有效的方法就是废除由孢子长成配子体这条途径，在孢子体身上直接产生配子体。这就是裸子植物的“发明”。松树是典型的裸子植物，以此为例说明孢子体是怎样收容配子体的。

松树在进行繁殖时，先长出由多个鳞片组成的圆锥形结构，名为松果（cone）。松果其实不是“果”，而是松树的繁殖器官。松果分雌、雄两种，雌松果较大，长在松树较高的枝上，雄松果较小，比较细长，长在松树靠下的枝上。在雌松果每个鳞片状物的基部，长有胚

珠，相当于蕨类植物的孢子囊，称作大孢子囊。胚珠由珠被包裹，里面为珠心，珠心内有一个大孢子母细胞。所有这些结构的细胞都来自母体，即二倍体的孢子体。大孢子母细胞进行减数分裂，形成单倍体的细胞。至此，裸子植物的胚珠和蕨类植物的孢子囊内产生孢子的过程是类似的，都是由孢子母细胞通过减数分裂产生单倍体的细胞核。

但从此往下就不一样了。在蕨类植物中，每个单倍体的细胞核和一些细胞质都被分别“包装”，形成有壁的孢子，被释放到新的地方再进行有丝分裂，长成单倍体的配子体。而在裸子植物中，这些细胞核并不形成孢子被释放，其中一个变成大孢子，其余的核退化。大孢子在胚珠中进行有丝分裂，产生数千个单倍体的细胞核。这些细胞核中的一些成为卵细胞，其余的则没有繁殖能力，以后变为胚乳。这数千个细胞核和卵细胞就构成了单倍体的雌配子体，内有卵细胞。这个配子体没有叶片，不进行光合作用，更没有茎和根，即没有一株植物的“模样”，不能独立生活，而是留在孢子体提供的珠被内，由孢子体提供营养。这就是松树的孢子体收容雌性配子体的方式，让雌性配子体在自己身上形成，并产生卵细胞。这与苔藓植物中孢子体在配子体身上生长的情形正好相反。

松树的雄松果上长有许多小孢子囊。小孢子囊内有小孢子母细胞。小孢子母细胞进行减数分裂，生成 4 个单倍体的小孢子。但这些小孢子并不被释放长成单倍体的雄配子体，而是其中的 1 个进行有丝分裂，形成 1 个营养细胞和 1 个生殖细胞，其余的 3 个小孢子退化。生殖细胞再进行有丝分裂，形成 2 个精子。所以 1 个单倍体的小孢子经过有丝分裂，形成由 3 个细胞组成的单倍体的雄配子体。这也是松树的孢子体收容雄性配子体的方式，即让 1 个单倍体的孢子在自己身上“萌发”（细胞进行有丝分裂），形成多细胞（尽管最后只有 3 个细胞）的雄配子体并产生精子。这个由 3 个细胞组成的雄配子体也不进行光合作用，更没有根、茎、叶，而是寄生在孢子体上，由孢子体提供营养。

孢子体收容配子体的问题解决了，但又产生了新的问题：雌性配子体和雄性配子体相距甚远，精子如何遇到卵子？且不说松树的表面难有水膜，即便有水膜，精子游动的距离也太长了。从理论上讲，松树可在精子外面包裹保护层，使其可像孢子那样通过空气传播，到达卵子处再萌发，并与卵子结合。但因种种原因，也许是单个精子难以完成这样的任务，让精子“单打独斗的”途径并未被松树采用。松树采取的办法仍然是利用空气传播精子，但不是传播精子本身，而是将整个雄性配子体，包括 2 个精子和 1 个营养细胞，进行“打包”，成为可在空气中传播的颗粒，即花粉。当花粉遇到卵子，由花粉中的营养细胞长出花粉管，精子通过花粉管到达卵子处。这种方法似乎更有效，所以被所有的高等植物（包括裸子植物和被子植物）所采用。

将精子在水中游动变成整个雄配子体（花粉）在空气中移动，并由雄配子体的细胞（营养细胞）通过花粉管为精子“开路”，使其到达卵子处，是裸子植物的另一个重大“发明”。花粉的出现使精子摆脱了对液态水环境的依赖，不仅解决了在雄性配子体和雌性配子体被孢子体收容后距离增大的问题，而且可以使植物向陆地上更干旱的地方发展。

即便这样，裸子植物的繁殖问题也仍然没有完全解决。松树的雌性配子体是长在孢子体上的，由雌性配子体产生的卵子在受精后自然也在孢子体上。若受精卵在孢子体上萌发，就会产生“孢子体长在孢子体上”的情形，不利于植物的下一代在新的地方安家。在苔藓植物和蕨类植物中，是孢子使得配子体在新的地方安家，所以即使受精卵直接在配子体上萌发，新的孢子体也已经不在原来孢子体的地方了。而在裸子植物中，由于没有自由移动的孢子将配子体转移到新的地方，受精卵就面临如何离开孢子体到达新地方生长的问题。当然从理论上说，松树是可以将受精卵“包装”后像孢子那样释放出去，但是就像将单个精子“包装”后释放出去效果不佳一样，受精卵也会面临一个细胞“单打独斗”的不利状况。为此，裸子植物采取的办法是让受精卵在胚珠的珠被内萌发，形成胚胎，即已经有根、茎、叶雏形的植物，再为胚胎带上“粮食”（由配子体中其他单倍体的细胞形成的胚乳）和“盔甲”（即种皮，由来自孢子体的珠被变化而来），形成种子（seed），这时才让种子离开孢子体开创新的生活。所以种子由 3 代植物的细胞组成：种皮来自孢子体（第 1 代），胚乳来自配子体（第 2 代），而胚胎是新的孢子体（第 3 代），所以胚胎是在“母亲”（配子体）和“姥姥”（原来的孢子体）细胞的护送下开创新生活的。

种子的出现，使得仍然有世代交替的植物从二倍体的孢子体“生出”新的二倍体孢子体，类似于动物中二倍体的鸟生出二倍体的鸟蛋，蛋里有动物的胚胎，还有为胚胎发育准备的营养。用种子繁殖的植物称为种子植物（seed plant，专业术语为 Spermatophyte）。种子也可以看成是植物的“蛋”。种子是裸子植物的第 3 个重大“发明”。有了这个发明和上文所述的 2 个发明（孢子体收容配子体和形成花粉），种子植物就彻底消除了蕨类植物配子体弱小的缺陷，可在干旱的环境中生存繁衍。

种子植物的“前身”的化石是 1968 年在比利时被发现的，名为 Runcaria heinzelinii，其枝条的顶端有被瓣状物包裹的大孢子囊，其生活的时间大约距今 3.85 亿年前。真正的种子植物的出现约在 3.2 亿年前。早期的种子植物很矮小，不能与巨大的蕨类植物竞争。到泥炭纪晚期和二叠纪早期（约 2.9 亿～2.5 亿年前），地球气候变得干燥，不利于蕨类植物的生活。这时种子植物发挥其优越性取代了蕨类植物，成为地球上的优势植物。

裸子植物的种子是裸露的，如松子和榧子（榧树的种子），故称“裸”子植物（gymnospermae，其中 gymno-在希腊文中就是裸露的意思）。为了更好地传播种子，有些裸子植物的种子也长出了“翅膀”，如松树的种子就是带翅的，便于借风的力量将其带到更远的地方。然而这样的结构毕竟较为简单，若要更有效地传播种子，植物又在裸子植物种子的基础上进行了“改进”，在种子外面加上各种结构，这就是被子植物的诞生。

四、给种子包上“外套”的植物——被子植物

裸子植物的种子里面已经有具雏形的下一代植物，又自带胚乳为植物落地生根时提供最初的营养，其外还有种皮抵抗陆上干燥的环境，可以说是具有了相当完备的繁殖手段，比孢子的生命力强大了很多。然而，较大的种子不易像孢子那样随风飘扬而被传递到远处。要使种子也能容易地传播到远处，有的裸子植物（如松树）“想”出了办法，种子长了“翅膀”，借助风力传播。另一个办法是利用动物，让动

物搬运种子，如在种子上加上带钩的刺，使种子能附在动物身上被带到远处；或是给动物“好处”，即提供能够食用的外部结构，这样动物在进食时会将种子吞入，种子就随着再随动物的粪便排到新的地方。

为达到这些目的，植物发展出了新的结构，即在胚珠的外面再包上一层包被，形成子房（ovary，和动物的卵巢是同一个词）。子房壁的作用类似于动物的胎盘，叫作胎座（placenta，和动物的胎盘是同一个词）。胚珠通过胚珠柄与胎座相联系以获取营养，类似于动物的脐带。当然这只是从营养获取角度所做的比喻，在动物中，脐带和胎盘来自要发育为新动物的受精卵，而植物的胎座和胚珠柄则是母体组织。

在胚珠发育成种子时，胎座则发育为包在种子外面的果皮。果皮可演化为随风飘动的结构，例如柳絮、蒲公英的“小伞”、翅果的“翅膀”，以及“鬼针草”钩在动物身上的带倒钩的刺等。果皮也可变为多汁的果肉，例如桃、西瓜、西红柿的可食部分。这样形成的含有种子的结构叫作果实（fruit），种子是包裹在果实之内的。每个子房可以含有一个胚珠，也可以含有多个胚珠，这样每个果实可以含有一个种子（桃、李）或者多个种子（如西瓜、西红柿）。形成果实的植物因其种子是有包被的，所以称为被子植物（angiosperm，其中 angio-在希腊文中就是包被的意思）。

除了胚珠是包裹在子房之内，被子植物和裸子植物还有几点差别：①裸子植物的孢子体是在身体的不同位置形成雄性配子体和雌性配子体的（如松树的雄松果和雌松果），而被子植物产生雄性和雌性配子体的结构常存在于同一个叫作花的结构内。②子房长在花的中央，上有接受花粉的柱头，通过花柱与子房连接。这三个部分组成雌性的生殖器官，统称为雌蕊。产生雄配子体的结构长在雌蕊周围，称为雄蕊。雄蕊的顶部有花药，称为花粉囊，是产生花粉的地方。为了吸引昆虫前来传粉，花还具有各种颜色的花瓣，有的花在花轴上还长有蜜腺。花的这些结构使得传粉更为有效，也是果实形成的位置，所以被子植物也被称为开花植物（flowering plant）。③被子植物胚珠的发育情形也与裸子植物有些不同。裸子植物的大孢子母细胞在进行减数分裂后，所产生的大孢子又进行多轮有丝分裂，形成数千个单倍体的细胞核，其中少数成为卵细胞，多数后来变成胚乳；而被子植物的大孢子母细胞进行减数分裂后，所形成的4个单倍体细胞核中，有3个退化，剩余的1个经过3次有丝分裂，形成8个单倍体的细胞核。这8个单倍体的细胞核中，有6个变成细胞，其余2个细胞核变成极体核（polar nuclei），位于胚珠中央。在6个细胞中，3个位于胚珠的珠孔附近，中间的一个是卵细胞，两边各有1个助细胞（synergid cells）。助细胞能分泌化学信号，引导花粉管的生长。另外3个细胞位于胚珠的另一端，称为反足细胞（antipodal cell），后来退化。所以被子植物的雌配子体含有6个细胞和8个细胞核。④被子植物花粉形成的过程与裸子植物相似，当花粉落到柱头上时，若与接收植物匹配，花粉则会萌发，长出花粉管。在裸子植物中，花粉管直接进入胚珠；而在被子植物中，花粉管还要通过花柱才能到达胚珠，所走的路程相对较长。花粉管到达胚珠后，里面的2个精子从胚珠孔进入雌配子体，其中一个精子与卵子结合，形成受精卵，另一个精子与位于胚珠中央的两个极核结合，形成三倍体的细胞核，后来发育成为胚乳。所以被子植物的胚乳是三倍体的，与裸子植物胚乳是单倍体的不同。有的被子植物的种子主要利用胚乳储存营养（如小麦、玉米），但是有很多被子植物利用长得很大的子叶（胚胎的一部分）储存营养，胚乳几乎消失（如豆类）。子叶在种子萌发时形成植物最初的叶，除提供发芽阶段的营养外，子叶还可进行光合作用，帮助新植物度过幼年时期。有一片子叶的被子植物称为单子叶植物，例如小麦；有两片子叶的被子植物称为双子叶植物，例如豆类。

被子植物大约出现在1.9亿年前，是植物发展的最高阶段，从种子变成果实，植物对下一代的帮助和照顾又进了一层，使得被子植物的繁殖更加有效，成为地球上主要的种子植物。已知的被子植物约有30万种，而已知的裸子植物仅约1000种，相比之下差距甚大。花的出现更使这个世界五彩缤纷。被子植物的这些改进只是在裸子植物的基础上“锦上添花”而已，真正困难的部分，即孢子体收容配子体，花粉和种子的形成，则是在裸子植物阶段完成的。

五、植物从单倍体变二倍体的基因调控

上文介绍的，是植物从单倍体到二倍体的转变历程，是植物为

“改正错误”而作出的“漫长努力”（其实还是随机突变加自然选择）。如果从基因调控的角度审视植物的这个转化历程，就会发现实现这些步骤非常不易。植物要从最初的单倍体变为后来的二倍体，有三个关键的任务必须完成。第一个任务是使受精卵不立即进行减数分裂，而是像动物那样延迟（在生殖细胞中）或者取消（在体细胞中），并且代之以有丝分裂，形成多个二倍体的细胞，这样才有建造二倍体身体的材料。第二个任务是有了许多二倍体的细胞后，还需要有将这些细胞组建成二倍体身体的发育程序，这样二倍体世代才能拥有自己的形态结构。第三个任务是即使有了为二倍体植株发育的程序，由于为单倍体发育的程序仍然存在（基因仍然在那里，在单倍体植株的发育中就会被采用），植物还必须有机制控制二倍体只使用自己的发育程序，而不采用单倍体植株的发育程序。下文分别对这三个任务的研究状况进行介绍。

1. 是进行有丝分裂还是进行减数分裂

想知道最初植物的受精卵是如何以有丝分裂取代减数分裂的，就需要知道有丝分裂和减数分裂控制机制的差别，而这是一个相当困难的任务，到现在还没有答案。有丝分裂和减数分裂的基本过程相同，都是通过纺锤体中的微管将染色体拉到两个子细胞中去，故减数分裂其实也是广义上的有丝分裂，只是要进行两轮细胞分裂，且染色体分离的方式不同。有丝分裂和减数分裂的基本机制相同的证据是：无论是在植物中还是在动物中，这两个细胞分裂过程都是由促成熟因子（maturation-promoting factor，MPF）的蛋白复合物驱动的。MPF 由两个亚基组成：一个是起调节作用的细胞周期蛋白 B（cyclin B），另一个是起催化作用的依赖于细胞周期蛋白的蛋白激酶（cyclin-dependent kinase，CDK）。在有丝分裂或减数分裂开始前，CDK 不与细胞周期蛋白 B 结合，没有活性；在细胞进入有丝分裂或减数分裂时，CDK 磷酸化的状态改变，与细胞周期蛋白 B 结合，形成具有活性的蛋白复合物，其 CDK 激酶的活性使细胞分裂所需要的蛋白因子磷酸化，启动有丝分裂或减数分裂。

MPF 是在 1971 年由两个美国实验室发现的。孕酮能激活青蛙的卵母细胞，使其进入可以受精的状态，即卵母细胞的成熟（maturation），故其中起作用的因子被称作“促成熟因子”（maturation promoting factor，MPF）。此过程中，卵母细胞进行减数分裂（meiosis），MPF 也可以作为“减数分裂促进因子”（promoting factor）的缩写。随后的研究发现，MPF 的活性在体细胞中也存在，能让体细胞进入有丝分裂期（即 M 期），所以 MPF 又可以代表 M phase promoting factor 或者“有丝分裂促进因子”（mitosis promoting factor）。类似的 MPF 复合物后来也在植物中被发现。有丝分裂和减数分裂都由 MPF 启动的事实说明，这两个细胞分裂的基本过程是高度重合的。

MPF 被激活时，细胞是进行有丝分裂，还是进行减数分裂，一定有相应的控制机制，但到目前为止，这个控制机制是什么还不清楚。减数分裂是一个极为复杂的过程。例如，小鼠的精母细胞变为精细胞时，有大约 60% 的基因（12 776 个）的表达发生变化。要从如此众多的基因表达变化中找出负责决定减数分裂的基因相当困难。

不仅如此，减数分裂还分为几个阶段，每个阶段都有控制机制。例如，女婴在出生时，卵巢中已有初级卵母细胞。这些初级卵母细胞是四倍体的，说明卵母细胞已进入减数分裂的程序，完成了 DNA 的复制，但是停止在第一轮减数分裂前。到了青春期，在排卵前 36～48 小时，初级卵母细胞才进行第一轮减数分裂，形成次级卵母细胞。卵巢排出的卵实际上是尚未完成减数分裂的次级卵母细胞。进入输卵管之后，次级卵母细胞才进行第二轮减数分裂，形成单倍体的卵细胞。整个减数分裂的过程可在 DNA 复制后和第一次减数分裂后停止，后面的步骤可延迟启动，由此可以说明减数分裂的启动（DNA 复制）、第一轮减数分裂和第二轮减数分裂都各有控制机制，这使得对整个减数分裂控制机制的研究变得非常困难。

2. 控制植物二倍体结构发育的基因

植物从单倍体变为二倍体要完成的第二个和第三个任务分别是要形成二倍体身体发育的程序和强制二倍体细胞采用这个程序的机制。苔藓植物的配子体是单倍体的，像多细胞的绿藻一样，已经有发育成单倍体植株的程序，让单倍体细胞长出有类似根、茎、叶结构的植物体，有叶绿体可进行光合作用而独立生活。在受精卵延迟进行减数分裂，代之以有丝分裂，产生大量的二倍体细胞后，就面临如何将这些二倍体细胞组成一个新植物体的问题。由于这样的二倍体植株以前没有存在过，这就要求苔藓植物发展出新的建造身体的蓝图，而且在新的蓝图发展出来以后，还必须要有机制以避免二倍体细胞再采用单倍体植株的蓝图。这两个任务是彼此相连的：没有发育出二倍体植株的蓝图，二倍体的细胞就无法形成有用的结构；而没有制止植物向单倍体结构方向发展的机制，即使新的蓝图发展出来也不能保证被二倍体的细胞所使用。

苔藓植物二倍体发展的蓝图（即形成孢子囊和支撑孢子囊的梗）是如何形成的，现在还不得而知，估计这是一个不断尝试的过程。一开始也许是受精卵原地进行有丝分裂，产生大量的二倍体细胞，这些二倍体的细胞再进行减数分裂，产生单倍体的孢子。比起受精卵直接进行减数分裂，这种延迟的减数分裂已经是一个巨大的进步，可增加孢子的数量和增加孢子遗传物质的多样性。如果一些二倍体细胞能聚合形成杆状结构，位于杆端的细胞就可以从配子体上伸出，由这些细胞产生的孢子就可以从配子体植株的上面，即从较高的位置散发孢子，使孢子有更好的机会被传播到较远的地方，这样就增加了植物繁殖后代的机会。如果在杆状结构的顶端形成孢子囊，二倍体细胞就会形成梗、孢子囊壁，以及孢子囊内部负责进行减数分裂形成孢子的组织，这就是最初的孢子体，但是形成这样的孢子体的分子控制机制尚不清楚。

在二倍体发育的程序形成后，二倍体细胞是如何采用该程序避免发育成单倍体的配子体结构的，现已有一些有趣的初步研究结果。苔藓植物中的小立碗藓，和其他苔藓植物一样，配子体和孢子体有不同的结构。配子体是有“叶片”和假根的植株，而孢子体没有“叶片”和假根，只有梗上的孢子囊。当 KNOX2 蛋白的基因发生突变后，二倍体的细胞就会发育出配子体的形状，即长出“叶片”和假根，而不是形成孢子囊的结构。这说明小立碗藓的二倍体细胞也可采用单倍体配子体身体的发展蓝图，而 KNOX2 蛋白的作用就是防止二倍体采用单倍体配子体的身体发育程序，而向形成孢子囊的方向发展。检查

KNOX2 基因的表达状况，发现它只表达于受精卵和孢子体中，而不表达在配子体中，说明 KNOX2 蛋白为二倍体的身体发育所必需。

KNOX2 蛋白并非单独发挥作用，而是与 BELL 蛋白结合，形成异质二聚体，二聚体的形成使得 KNOX2/BELL 蛋白能够进入细胞核，结合于 DNA 上，发挥它们的调节功能，启动二倍体的发育程序。研究发现，KNOX2 蛋白和 BELL 蛋白都含有一个由 63 个氨基酸残基组成的 DNA 结合域，这个 DNA 结合域与由 60 个氨基酸残基组成的"同源异形域"蛋白（homeodomain proteins）的 DNA 结合域基本相同，只是中间有 3 个氨基酸残基的插入，故被称为 TALE（three amino acid extension）蛋白。同源异形域蛋白是一类非常重要的蛋白，在生物体结构的发育中起关键的控制作用。它们有些像"包工队队长"，一旦将任务交给它们，它们就能动员相关基因完成该结构的建造。最著名的例子就是果蝇的触角足（antennapedia）基因，它是负责形成果蝇腿的"包工队队长"。若该基因发生突变，原来应长腿的地方就会被长触角的程序所取代而长出触角。若在原来应长触角的地方活化该基因，则在原来应长触角的地方会长出腿。homeo-这个前缀来自果蝇由于基因突变引起身体结构的变化，英文叫 homeosis，意思就是某个这样的基因发生突变，身体的一部分就会被另一部分取代而导致身体异形，在中文中被译为"同源异形"。为同源异形域（60 个氨基酸残基）编码的 DNA 序列（180 碱基对）被称作同源异形框（homeobox），因此同源异形基因也被称作 homeobox gene，简称 Hox 基因。上述谈及的 TALE 蛋白的基因也含有同源异形结构，只是多出了为 3 个额外的氨基酸残基编码的 DNA 序列（9 个碱基对），所以是 Hox 基因的"近亲"，与 Hox 基因一起控制生物身体结构的形成。

KNOX2 基因是在 1991 年从一个玉米的突变种中提取到的，因为突变种玉米的叶子呈结节样（knotted）变形，突变的基因也被称为 *KNOX* 基因，是 KNOTTED-like TALE homeobox gene 的简称。由于 Hox 基因在动物的身体发育过程起非常重要的调控作用，在植物中 Hox 基因 *KNOX* 的发现引起了科学家广泛的兴趣，掀起了研究植物同源异形框的热潮。

研究发现，植物中 TALE 蛋白的历史非常悠久。单倍体的衣藻

（Chlamydomonas，一种单细胞的绿藻）在环境不利（如营养缺乏）时进行有性生殖。细胞先进行有丝分裂，形成配子（gamete）。配子分正（plus）、负（minus）两种，它们彼此融合，形成二倍体的受精卵（合子），受精卵再发育成为能抵抗恶劣环境的孢子，以等待适宜的生活环境。这就需要启动为形成孢子壁的建造所需要的蛋白质的基因。所以即使是在单细胞的衣藻中，单倍体细胞和二倍体细胞也有不同的“身体”结构。受精卵启动二倍体的发育程序形成孢子，是由 TALE 蛋白控制的。衣藻的正配子表达 Gsp1（gamete-specific plus 1）蛋白，负配子表达 Gsm1（gamete-specific minus 1）蛋白。正、负配子融合后，Gsp1 蛋白与 Gsm1 蛋白结合，进入细胞核，启动受精卵形成孢子的程序。若在负配子中也表达 Gsp1 蛋白，负配子就会向形成孢子的方向变化，表达为孢子壁形成所需糖蛋白的基因，说明 Gsp1/Gsm1 二聚体能使细胞向形成孢子的方向发展，无论细胞是单倍体的还是二倍体的。比较 Gsp1、Gsm1 的氨基酸序列与其他 TALE 蛋白的氨基酸序列发现，Gsp1 相当于 BELL 蛋白，而 Gsm1 相当于 KNOX 蛋白，这说明 KNOX/ BELL 类型的二聚体在单细胞的衣藻中就已经存在，并在二倍体细胞的发育方向上起作用，而且 Gsm1/Gsp1 异质二聚体的工作方式也与 KNOX/ BELL 二聚体相同，都是形成二聚体后才进入细胞核与 DNA 结合。

绿藻只有 1 个 *KNOX* 基因，而在植物中，*KNOX* 基因被复制，形成 2 个 *KNOX* 基因，分别称作 *KNOX1* 和 *KNOX2*。在被子植物中，KNOX1 蛋白存在于分生组织的细胞内，维持分生组织不断进行细胞分裂的能力，它与 KNOX2 蛋白一起，使植物形成茎、叶等二倍体组织。*KNOX* 基因在配子体（胚珠和花粉囊）中没有表达，说明在高等植物中，*KNOX* 基因仍然控制着二倍体植株形态的形成。

在动物中，单倍体的精子和卵子也有不同于体细胞的发展路线。例如，精子必须长出鞭毛，浓缩和包装 DNA，在鞭毛的根部包裹上许多线粒体等；卵子体积增大，直径可以达到 100 微米，外面包有由糖蛋白组成的透明带，其作用是结合同种动物的精子，并启动精子进入卵子的过程，因此单倍体的卵细胞必须表达编码透明带蛋白的基因。这说明动物单倍体的细胞和二倍体的细胞各有不同的发育蓝图，虽然这些蓝图所需要的基因在单倍体的细胞和二倍体的细胞中都存在。一个有趣的情形是一些昆虫（例如蚂蚁），卵细胞在没有受精的情况下也可进行有丝分裂，发育成为单倍体的雄性蚂蚁，而受精卵则发育成为雌性的蚂蚁（工蚁和蚁后）。这说明单倍体的细胞（卵子）也可采用二倍体细胞的身体发育程序，发育成为二倍体动物，所以这些昆虫一定拥有改换发育程序的机制。

这些例子都说明，无论是动物还是植物，单倍体的细胞和二倍体的细胞各有发展蓝图，形成不同的结构。由于所有这些细胞都同时含有两种蓝图的基因，每种细胞一定有某种机制，只选择适合自己功能的发展蓝图。如果调控机制发生变化，同一种细胞也可以采用另一种发展蓝图。在植物中，二倍体蓝图的选择是由 *KNOX* 基因控制的。

六、结束语

从绿藻的单倍体生命，到苔藓植物以单倍体的配子体为主的生命，到蕨类植物以二倍体为主的孢子体生命，再到二倍体种子植物（包括裸子植物和被子植物）中单倍体的配子体被孢子体“收容”，而且高度退化，植物的生活方式越来越像动物。从表面上看，动物和种子植物都是二倍体的生物体产生二倍体的下一代，植物单倍体的配子体几乎退化干净，而且隐藏在胚珠和花粉之中。这说明二倍体的遗传物质构成更加适应复杂生物体的需要，所以动物和植物虽然开始时不同，动物是二倍体，植物是单倍体，但是后来它们殊途同归，最后都采用了二倍体的生活方式。

之所以植物的配子体还没有完全退化干净，不能像动物那样只产生单倍体的精子和卵子，完全取消世代交替，是因为植物不能运动，无法像动物那样通过交配将精子送到卵子处，陆生植物的精子必须通过风力或者动物传播，而裸露的精子是无法在这样的条件下生存的，必须有保护和萌发的结构，这就是花粉，即残存的雄配子体。陆生动物的卵子是深藏体内而裸露的，精子通过在生殖道中长途游泳可以直接到达卵子处，而陆生植物的卵子却不能长时间裸露，否则会脱水，所以植物的卵子是藏在胚珠内的，精子只能通过花粉管的延长到达卵子，这就使得植物必须有相应的结构实现精子和卵子的相遇，这就是胚珠的作用。胚珠内的单倍体结构就是残存的雌配子体。

主要参考文献

[1] Niklas K J, Kutschera U. The evolution of the land plant life cycle. New Phytologist, 2010, 185 (1): 27.

[2] Bürglin T R, Affolter M. Homeodomain proteins: An update. Chromosoma, 2016 (125): 497.

[3] Lee J H, Lin H, Joo S, et al. Early sexual origins of homeoprotein heterodimerization and evolution of the plant KNOX/BELL family. Cell, 2008 (133): 829.

[4] Linkies A, Graeber K, Knight C, et al. The evolution of seeds. New Phytologist, 2010, 186 (4): 817.

什么是“表观遗传学”

按照经典遗传学理论，DNA 是生物遗传信息的携带者，通过生殖细胞传给下一代。DNA 所传递的其实就是编码蛋白质的信息，以及在何种细胞何时表达何种蛋白质的控制机制。DNA 只是建造下一代生物身体的“设计手册”，而上一代人精神活动的产物，包括知识、经验，为人处世的态度、感情，都不能传给下一代。数学家的孩子不会生下来就懂数学，钢琴家的孩子也不会生下来就会弹钢琴。你认识和爱戴的人，你的孩子不一定认识和爱戴，你的理念和对事物的好恶，下一代也不一定会继承。

原因很简单，人的知识、经验、思想和技能，是后天形成的，是“这一世”的精神积累。它们被存储在大脑中神经细胞之间的联系和回路中，无法被传输到生殖细胞中去。而且储存在神经细胞联系和回路中的信息，也不能通过“格式转换”而被“输入”到生殖细胞里面的 DNA 序列（4 种核苷酸的排列顺序）中，自然也就无法遗传给下一代。

除了精神活动的产物，这一代人的生活对自己身体的一些影响，也不会遗传给下一代。因外伤失去一只眼睛的人，后代不会生下来就少一只眼睛；某处皮肤烧伤的人，其后代该处的皮肤也不会有瘢痕。因为 DNA 是很稳定的分子，细胞里也有一整套修复受损 DNA 的机制，在高等生物中，DNA 被复制时的精确度也很高，因此 DNA 序列的变化，特别是那些影响基因序列的变化，发生的速度很慢，不是在一两代中就可以完成的。这一代失去一只眼或一条腿，受伤害的只是这一代的身体，并不能改变生殖细胞中 DNA 的序列。所以下一代得到的仍然是建造“完整”身体的 DNA 蓝图。

看到这里，也许有些人就会感到庆幸了。这一辈子不管有多少不健康的生活习惯，例如抽烟、喝酒、暴食、熬夜等，最多是自己的身体受到影响，而不大可能影响后代。然而许多最新的研究结果却表明，父母的生活经历是可以经由 DNA 序列以外的方式遗传给后代的。2001 年，瑞典科学家拜格林（Lars Olov Bygren）发表了对位于瑞典北部的诺伯顿（Norrbotton）地区的居民寿命进行研究调查的结果。诺伯顿位于北极圈以内，此处地广人稀，粮食收成极不稳定。由于当地交通困难，饥荒时外部的粮食很难运至那里，而丰收时粮食又无法运出。所以如果年景歉收，人们就会挨饿；如果获得大丰收，他们又会大吃大喝。

拜格林的研究表明，如果祖父辈在 9～12 岁时有大吃大喝的经历，那么他们孙子的寿命就会比较短，患糖尿病的概率也会相应增加。而在青春期前挨饿的男性，其孙子患心血管疾病的概率就会相应降低。同样，在青春期前曾大吃大喝的祖母，她们的孙女死于心血管病的概率会明显增加。这说明祖辈的生活状态对身体产生的影响可以遗传给孙辈，而且祖辈在进入青春期之前的生活经历对这种遗传印记的影响最大。随后，拜格林与伦敦大学著名遗传学家裴瑞（Marcus Pembrey）合作进行研究。研究发现，受试者中如果父亲在 11 岁之前（即进入青春期之前）就开始抽烟，那么他们的儿子在 9 岁时体重超重的概率就会增加。这些事实说明，在父亲产生精子之前，他的某些生活经历就会在遗传物质上打下烙印，这些烙印可以经由生殖过程传给他们的儿子，甚至孙子。

科学家在动物身上也发现了类似的现象。例如让雌性小鼠摄入高脂肪的食物，它们第三代的雌性（“孙女辈”）会出现体型变大和对胰岛素敏感度下降的现象。

用格尔德霉素（geldanamycin）对果蝇进行处理，处理后的果蝇的眼睛上就会长出赘疣。格尔德霉素是热激蛋白 Hsp90 的抑制剂，能干扰眼睛的正常发育。即使这些接触过格尔德霉素的果蝇的后代不再接触格尔德霉素，热激蛋白 Hsp90 的功能也恢复正常，这些果蝇后代的眼睛上还是会长赘疣，这种现象甚至可以传到第 13 代。如果给线虫喂食某种细菌，线虫就会变得又小又圆，即使这些被喂食过该细菌的线虫后代不再接触到这种细菌，但这种体型上的变化仍可持续40代。

用小鼠做的实验表明，即使像记忆能力（注意，不是记忆的信息）这种与精神活动有关的特性也可以通过上一代的生活经历遗传给下一代。例如给有遗传性记忆缺陷的小鼠提供玩具，让它们做练习，用各种方法激发它们的记忆能力，结果发现这些小鼠的后代在记忆能力上也有明显的改进，即使它们的后代并没有做过这些练习。

以上这些研究结果表明，即使亲代遗传给后代的DNA序列没有改变，亲代在生活中身体状况的变化也会通过某种途径遗传给下一代。这是达尔文的演化学说无法解释的，因为繁殖一两代人也就是几十年的时间，对于演化的时间尺度来说太短了，这些影响不可能通过DNA序列的变化实现。那上文所述的事实又该如何解释？

在原核生物（如细菌）中，DNA基本上是“裸露”的。控制基因表达的蛋白质，即转录因子可以直接结合到基因的“开关”即启动子（promoter）上。启动子本身也是DNA序列，但可以与转录因子结合，让基因中为蛋白质编码的信息转录到信使核糖核酸（mRNA）上，而mRNA又可以在核糖体中指导蛋白质的合成。

在人类及其他真核生物的细胞中，DNA分子并不是“裸露”的，而是与一些蛋白质结合在一起。带负电的DNA分子“缠绕”在带正电的蛋白质（如组蛋白）分子上，使原来细长的DNA分子卷成紧密的结构。如此，基因和它的“开关”就被隐藏起来了。这有点像一本书，DNA内储存的信息就好像是书中的文字，而蛋白质就是书页。文字是印在书页上的，众多的书页装订在一起成为一本书。当你拿起一本书时，里面的信息是看不见的，除非你把书翻开阅读。

人体是由200多种类型的细胞组成的。虽然细胞的种类各式各样，但是细胞内所包含的遗传信息（DNA序列）是完全一样的。之所以细胞会彼此不同（如神经细胞和肌肉细胞），是因为它们打开的“页码”不同。你打开的是这个页码，读取了这些页码内的信息；我打开的是另外一个页码，读取了另外一些信息。这种对遗传信息的“选择性使用”，就形成了不同类别的细胞。那么细胞如何有选择性地打开一些特定“页码”呢？这就和“书页”自身的性质有关。

在细胞里，打开指定“页码”的一个重要“开关”，就是组蛋白的乙酰化。从化学上来讲，就是给组蛋白中的一些带正电基团（如氨基—NH_2）上戴一顶“帽子”，用乙酰基把这些基团上的正电荷屏蔽掉。组蛋白的正电荷一旦减少，与带负电分子（包括 DNA）缠绕成紧密结构的力量就会相应减弱，这一部分的 DNA 就会“松开”，相当于“书页”被打开，里面的信息即可以被读取。

除组蛋白之外，真核细胞基因的“开关”即启动子也可以被修饰。如果给启动子中的胞嘧啶（用字母 C 表示）也戴个“帽子”，转录因子就无法识别这个“戴帽子”的启动子了，也就不能与启动子中的 DNA 序列结合。这个 DNA 上面的“帽子”就是由 1 个碳原子和 3 个氢原子组成的“甲基”基团（—CH_3）。给 DNA 戴上甲基“帽子”的活动叫作 DNA 的甲基化。这相当于给 DNA 戴上“隐身帽”，使基因内储存的信息无法被读取。

所以 DNA 内储存的信息能否被读取，除了打开基因的开关（启动子）和直接读取信息的 RNA 聚合酶（把 DNA 内的信息转录到信使 RNA 中）外，还与 DNA 的甲基化状况和组蛋白的乙酰化程度有关。这些修饰并没有改变 DNA 分子中核苷酸的顺序，但是却能影响基因中信息的读取。

而人们的生活经验，无论是精神上还是身体上的，都有可能改变组蛋白乙酰化和 DNA 甲基化的程度，影响人们的精神生活和身体状况。这些不通过 DNA 序列改变而影响身体性状，有时能遗传给后代的变化就叫作“表观遗传”修饰，即发生在 DNA 序列外的变化。

这些表观遗传修饰对身体的影响很大。例如，同卵双胞胎的 DNA 序列是完全相同的，按理说他们患病的类型和概率也应该是相同的。但医生却发现，双胞胎中有时一个人会患上某些疾病（如白血病和系统性红斑狼疮），而另一个人却未患病。后续研究表明，这是他们的 DNA 甲基化程度不同所导致的。DNA 甲基化的异常也和其他类型癌症的发生有关。例如，一个负责 DNA 修复的基因叫作 *MLH1*，它的异常甲基化与结肠癌的发生有关；具有同样遗传物质的小鼠，毛色却常常不同，研究发现这是一个名为 *agouti* 的基因的甲基化程度不同引起的。

表观遗传因素也影响植物的性状。例如，一种名为“柳穿鱼”

（*Linaria vulgaris*）的植物，它的花有两种形式，一种是左右对称的，另一种是中心对称的。这两种花的细胞内的 DNA 序列完全相同，区别在于一个名为 *Lcyc* 的基因的甲基化程度不同。

所以说，表观遗传因素的作用，就是影响 DNA 内存储的信息如何被读取，这与 DNA 中存储的信息量同样重要。这就像读一本建造身体的“使用说明书”，里面的内容都是一样的，但是表观遗传因素能决定你是否能打开应该“读”的那些书页，或者能否避免打开错误的书页。

如果 DNA 序列以外的修饰能够通过生殖细胞遗传给下一代，那就有了一种与 DNA 遗传不同的遗传方式，它可以把这一代身体的状况遗传给下一代。但实际上，我们的身体是极力避免这种情况发生的，并且会在生殖的两个阶段“消除”这些表观遗传的修饰作用。这样，下一代才能“重新开始”。

在身体形成精子和卵子的时候，DNA 上面的甲基化和组蛋白上面的乙酰化都是要被消除再重新设定的，以适应生殖细胞的功能。同样，受精卵在发育成胎儿时，DNA 的甲基化和组蛋白的乙酰化也要重新设定，以适应胎儿发育的需要。

以往的研究认为，这个“抹去”印记的过程是非常彻底的。例如在精子形成的过程中，不仅要先消除 DNA 原先的甲基化，而且还用另一种碱性蛋白质——精蛋白，替换组蛋白。这相当于把书本中印有文字的书页纸都替换成了新纸，那么原本在书页上做的“记号”（乙酰化）也同时被消除了。但是在本文中所列举的上一代的生活经历和身体状况对后代的影响却表明，细胞在消除这一生的“记忆”上并非100%有效。有一些信息能够成为“漏网之鱼”，“逃”到下一代的细胞中去，从而影响基因的功能。这种“逃”出的机制目前还不完全清楚，但是也有了一些初步的研究结果。例如，精子活动所需要的基因所结合的蛋白就仍然是组蛋白，这就说明精子中的组蛋白并没有完全被精蛋白所取代。

表观遗传机制可以使动物打破 DNA 序列变化缓慢这一限制，使得后代能迅速获得上一代生物对环境因素做出反应而发生的变化，这对生物种群的生存和繁衍也许是有利的。但是通过“表观遗传”因子传递下去的效果并不总是有利的，上一代的不良环境和生活习惯对后代的健康会产生不利影响就是明显的例子。

当然，表观遗传并不是演化。一方面，在外因消失以后，这些表观遗传现象也会逐渐淡化消失，DNA 又会回到原先的调控状态。但它在以后数代或数十代中造成的影响仍是不能被忽视的，有可能会对后代的健康状况造成不良的后果。另一方面，表观遗传状况的改变又是可逆的。不良的生活习惯（如吸烟）虽然会改变有关基因的表观遗传状态，但是一旦这些不良习惯被消除，这些表观遗传的改变又会逐渐减弱直至消失。所以无论是为了自己的健康还是后代的健康考虑，都应该改掉不良的生活习惯。

对于表观遗传学的研究目前还处于初期阶段，其中的许多机制还不是很清楚。而且，表观遗传的作用机制也不仅限于组蛋白的乙酰化和 DNA 的甲基化，还包括小分子核糖核酸（snRNA）的作用等。近年来的研究已经开始改变人们对于遗传的传统思想和观念。了解一些表观遗传学方面的知识，对自己和后代的健康，都是很有帮助的。

主要参考文献

[1] Bygren L O, Tinghog P, Carstensen J, et al. Change in paternal grand-mothers’early food supply influenced cardiovascular mortality of the female grandchildren. BMC Genetics, 2014, 15: 12.

[2] Pembrey M E, Bygren L O, Kaati G, et al. ALSPAC study team, sex-specific male-line transgenerational response in humans. European Journal of Human Genetics, 2006, 14 (2): 159-166.

[3] Dunn G A, Bale T L. Maternal high fat diet effect on third generation female body size via paternal lineage. Endocrinology, 2011, 152: 2228-2236.

[4] Sollars V, Lu X, Xiao L, et al. Evidence for an epigenetic mechanism by which Hsp90 acts as a capacitor for morphological evolution. Nature Genetics, 2003, 33 (1): 70-74.

动物的痛觉和痒觉感受机制

动物在不断变化的环境中生存，必须有感受环境变化的机制，这就是动物的感觉。动物的感觉包括视觉（接收电磁波传递来的信息）、听觉（接收物质振动传递的信息）、嗅觉（感知空气中外来分子结构的信息）。这些感觉不需要动物直接接触发出信息的物体，就能接收到远距离传来的环境信息。另一类感觉则需要与外界物质直接接触，其中味觉通过与外来分子的直接接触以获得分子结构特点的信息，是微观的；而触觉通过体表与外界物体的直接接触感知外部物体的存在，是宏观的。这些基于不同机制的感觉综合起来，给动物提供了外部环境变化的各种信息。

动物可以通过触觉获得动物所接触物体的大小、形状、软硬、质地、冷热等信息，这些信息是非伤害性的（innocuous stimuli）。但动物仅有触觉还不够，还要具备感知伤害性刺激（noxious stimuli）的能力。这种感觉也依赖动物与外界物质的直接接触，但与身体接触的刺激因素有可能对动物造成伤害，如刺、掐、拧、扯、高温、低温、强酸、强碱、电击等。动物之所以需要这种能力，是因为与植物相比，动物更经受不起身体的伤害。植物的构造相对简单，身体也没有固定的形状，失去一根树枝，甚至拦“腰”折断，都不会危及植物的生命。而动物的身体构造复杂，还有通过血液和淋巴流动形成的循环系统，身体一旦受到伤害会造成血液外流，危及生命。动物的运动需要身体构造完整平衡，断肢通常会影响动物的生存能力。如果动物无法感知对身体有威胁的外源伤害，就不会主动做出躲避伤害源的动作，以致持续受到伤害甚至危及生命。动物对伤害没有感觉，便不会从伤害中学习，主动避免同类伤害。为了让动物感觉到伤害且记忆深刻，这种感觉必须足够强烈到难以忍受，这就是动物的痛觉。痛觉使动物做出激烈反应，迅速离开伤害源（如火烧和电击）以保护自我。

除了痛觉，动物还需要感知较轻微的、对身体有潜在威胁的刺激。这种刺激也是动物与外界物质直接接触引起的，通常不会危及生命，如蚊虫叮咬、蚂蚁爬过、真菌感染（如各种癣）、植物释放出的刺激性物质等，但这些刺激也可能对身体造成一定程度的局部伤害，所以也不能置之不理。这种只是提醒身体有不良刺激存在，不需要身体做出激烈反应的感觉就是痒。动物对痒的反应不是逃离刺激源，而是伸向刺激源，这就是抓挠。因此痛和痒都是对身体有潜在伤害的刺激的感觉，但两者又有明显区别。

一、痛觉

1. 各种伤害都归结为痛

由于触觉是动物感知世界的重要手段，所以触觉不仅灵敏度高，即使轻微触碰也能感觉得到，而且身体对各种触觉的分辨能力很强，这样才能从触摸中获得尽可能多的外部信息。例如，皮肤中的环层小体［lamellar corpuscle，又称帕奇尼小体（Pacinian corpuscle）］负责感受物体的光滑度和皮肤的快速变形；迈斯纳小体（Meissner corpuscle）负责感受轻微触摸；鲁菲尼小体（Ruffini corpuscle）和梅克尔细胞（Merkel cell）负责感受持续的压力；克劳泽终球（Krause’s end bulb）负责感知低频振动等。这些感受器中的神经细胞所感受的都是机械力，但由于感受器的结构不同，感受到的接触信息也不一样。这些感觉器官中的神经纤维与各种特异结构相连，通过这些结构分别传递和放大各种机械力，如拉伸、压迫、滑动、高频和低频振动等。触觉的敏感度很高，即活化阈值低。通过触摸，人类可以知道摸到的东西是木头还是玻璃、是金属还是棉花、是光滑还是粗糙、是坚硬还是柔软。经验丰富的中医甚至可以根据手腕处桡动脉 3 个部位（分别叫作寸、关、尺）的跳动情形获知患者的身体状况。

但对于能够造成伤害的痛觉来讲，感觉的阈值应该比较高，要达到组织受到伤害的程度才触发感觉。如果日常生活中的接触都会引起伤害感，那就不仅是“谎报军情”这么简单了，而是会严重干扰到正常生活。为避免这种情况出现，动物的方式就是不给伤害感受器提供任何集中和放大外部刺激的物理结构，只用裸露的神经纤维末梢感受器直接感受伤害性的刺激。由于没有放大结构，刺激只有达到足以造成组织伤害的程度，才能活化这些感受器，这样就避免了“谎报军情”的问题。

与触摸感知物体的各种性质不同，对于各种组织伤害来讲，及时向身体发出警示，让身体立即做出反应是最重要的，具体是何种伤害倒不需要第一时间知晓，身体也不必等到弄清刺激的性质再采取行动。无论是电击、火烧还是刺伤，动物的本能反应都是立即缩回，而不必先去思考分辨是何种性质的伤害，否则将会延缓躲避逃离伤害源的时间，所以各种伤害都会引起同样的感觉，那就是痛。针刺刀割会引起疼痛，掐拧撕咬也可会引起疼痛；火烧水烫会引起疼痛，寒风冰霜也能引起疼痛；酸碱腐蚀会产生疼痛，辣椒入眼也会产生疼痛。这些刺激可以分为机械刺激、极端温度刺激和化学刺激。除此以外，电位的突然改变（电击）也会引起疼痛。虽然刺激的性质彼此不同，但后果都是对身体组织造成伤害，人体的感觉也都是疼痛。因此痛就是告诉身体：现在受到伤害，马上采取行动躲避逃离伤害源。只有这样的即时反应才能最大程度地保护自我。

细胞表面的受体通常只和能与其结合的分子起作用，要将机械力、化学物质、极端温度和电位变化的刺激都使用一种细胞表面的受体，看似对信号接收器的要求过高。但实际上，生物在演化过程中已经发展出了这样的多功能信号接收器，这就是瞬时受体电位通道（transient receptor potential channel，TRP 通道）。TRP 通道在动物的触觉和听觉这些非伤害性刺激中担任感受机械力的受体，且都需要特殊结构放大感受到的机械力。研究表明，TRP 通道也是感受伤害性刺激的主要受体。

2. 感受各种伤害性刺激的 TRP 通道

TRP 通道最先从果蝇的一个突变体上被发现。正常果蝇在受连续光照时会发出持续的神经信号，而这个突变体却只能发出很短暂的神经信号。研究发现，突变的是一种细胞表面受体，为一类离子通道，因此这类蛋白质就被命名为“瞬时受体电位通道”。后来，类似通道在所有动物体内都有发现，种类有数十个之多。

但是该名称有一个缺点，“瞬时受体电位”本来是果蝇的一个突变体表现出来的性质，用它作为这类离子通道的名称，会使人误以为正常的离子通道也会产生瞬时电位变化。为了避免这个缺点，本文中不再用“瞬时受体电位通道”这样的用语，而只称之为 TRP 通道。

TRP 蛋白的共同特征是都位于细胞表面的细胞膜上，都含有 6 个跨膜区段（trans-membrane domain，TMD），而且两端（氨基端和羧基端）都位于细胞内。TRP 蛋白形成四聚体，由每个单体的 TMD5 和 TMD6 围成离子通道，所以每个通道由 8 个跨膜区段组成。这些通道平时处于关闭状态，一旦刺激达到一定强度便会打开，让阳离子进入细胞。这些强刺激包括强的机械力、酸碱度的大幅变化、温度的剧烈波动、能够与 TRP 通道结合的化学物质等。这些刺激通过改变细胞膜的结构和直接作用于 TRP 通道本身，使离子通道的形状发生改变，通道开启，让带正电的离子通过。带正电离子的进入会改变细胞膜两侧的电位差，使细胞膜去极化（depolarization），继而在神经细胞中触发神经电信号。TRP 通道对于带正电离子的选择性不高，可以让 Ca^{2+}、Na^{+}、K^{+}等离子进入细胞，但不同类型的 TRP 通道对这些离子的偏好不同。

TRP 通道大约有 28 种，分为 7 个大类，分别是 TRPC（canonical）、TRPV（vanilloid）、TRPA（ankyrin）、TRPM（melastatin）、TRPP（polycystin）、TRPML（mucolipin）和 TRPN（nompC），每个大类又有若干种。例如，果蝇有 2 种 TRPV 类型的离子通道，小鼠和人类则有 6 种，分别是 TRPV1、TRPV2、TRPV3、TRPV4、TRPV5 和 TRPV6。

动物实验表明，对于伤害性刺激感受最重要的离子通道是 TRPV1。TRPV1 可以感受强机械力刺激对细胞膜和受体分子的扰动，既可以被组织受到伤害时释放出来的物质（如氢离子）所活化（pH<5.2 时），也能被 43℃（感觉到“烫”）以上的温度活化。TRPV1 对电位变化相当敏感，因此也能被电流活化。TRPV1 还能被化学物质（如辣椒素，辣椒中引起“辣”感觉的物质）所激活，所以“烫”和“辣”是由同一种受体感受的。这些刺激通过改变细胞膜和 TRP 通道

的形状使离子通道打开。因此，TRPV1 是真正的多功能受体（polydomal receptor），可以将各种伤害性刺激综合起来，产生痛觉。TRPV1 除了表达于皮下的神经纤维上，还表达于肌肉、骨骼、关节和内脏，所以也可以接收这些地方的病理信号。

但 TRPV1 并不是唯一能感觉伤害性刺激的 TRP 通道。例如，温度达到 52℃（烫得发痛的温度）时，TRPV2 通道被激活，向身体报告高温危险，以提醒及时躲避；在温度低于 17℃时，TRPA1 通道被激活，向身体报告低温；当温度更低时，TRPM8 通道被激活，向身体报告可能受到的冻伤。薄荷醇能够激活 TRPA1 和 TRPM8 通道，因此在吃薄荷时会有冷凉的感觉，尽管实际温度并没有降低。这类似于吃辣时辣椒素激活 TRPV1 通道时产生烫的感觉。

TRP 通道的变种也很有趣。例如，鸟类的 TRPV1 通道对辣椒素不敏感，所以鹦鹉能够以辣椒为食，并且散布传播辣椒种子。吸血蝙蝠有正常的 TRPV1 离子通道感受伤害性刺激，包括 42℃以上的温度，但吸血蝙蝠在鼻唇区还有一个缩短了的 TRPV1 离子通道的变种，在 30℃时就被激活，用于探测被捕食对象身体所散发出的热量。

3. 传输痛觉信号的神经纤维

在感觉神经中，传输非伤害性机械刺激和传输伤害性刺激的神经纤维也是彼此分开的。感觉信号从外周传输到中枢神经系统的神经纤维叫作传入纤维，分为 Aα、Aβ、Aδ 和 C 这 4 种，它们的结构和粗细不同，传输的信号也不同。Aα 神经纤维最粗，直径为 13～20 微米，有髓鞘包裹，传输速度最快，能够达到 80～120 米/秒，主要传递自体感觉，如从肌梭和筋腱结合处的高尔基腱器（Golgi tendon organ，也称作神经腱梭，不要和细胞中的高尔基体混淆）传递来的信息。Aα 神经纤维也可以是传出神经纤维，传输从中枢神经系统到肌肉的信号。这些信号都与动物的运动平衡、捕食和逃跑有关，与动物生存的关系最为密切，所以用速度最快的神经纤维来传递信号。Aβ 类神经纤维稍细，直径为 6～12 微米，有髓鞘包裹，传输速度为 35～75 米/秒，主要传输非伤害性刺激，如触觉信号。Aα 和 Aβ 神经纤维传递的都是非伤害性刺激的信号。传输痛觉（伤害性）信号的是 Aδ 和 C 神经纤维。

Aδ 纤维是 A 类神经纤维中最细的，直径为 1～5 微米，有薄的髓鞘包裹，传输速度为 5～35 米/秒。C 类神经纤维是所有神经纤维中最细的，直径为 0.2～1.5 微米，外面没有髓鞘包裹，传输速度最慢，为 0.5～2.0 米/秒。Aδ 纤维末端的分支聚集在皮下较小的区域内，所以传输的痛觉信号可以精确定位。而 C 纤维的分支分布较弥散，痛觉难以准确定位。由于这两种神经纤维在皮下的分布特点、传输信号的速度不同，在皮肤受到伤害时，首先会感觉到 Aδ 纤维传递的尖锐且定位精确的痛感，然后才是 C 纤维传递的弥散的钝痛。

4. 痛觉信号的接收和一级放大

在触觉和听觉感受器中，机械力需要通过特殊结构来集中和放大，如使用鞭毛、纤毛和刚毛的杠杆作用，利用鼓膜集中振动能量的作用等。那么 TRP 通道是如何感受到各种伤害性刺激的呢？

接收伤害性刺激的 TRP 通道是没有任何特殊的物理结构（如纤毛）用于放大信号的。这些 TRP 通道位于感觉神经末梢上，这些末梢是裸露的，没有髓鞘包裹，而且高度分支，直接埋藏于皮下。由于没有放大结构，这些 TRP 通道不像触觉和听觉感受器中的 TRP 通道那样容易被激活，而是要经受巨大的机械力、极端的温度，以及某些特定物质（如辣椒素）的结合才能够被激活。这就保证了一般非伤害性的刺激不会产生痛觉。由于阈值高，这些强刺激虽然可以活化 TRP 通道使膜电位降低，但还不足以触发动作电位让神经细胞发出信号脉冲，因此需要将信号放大到能够触发神经脉冲的程度。伤害性刺激的信号需要放大，但不能在 TRP 通道接收信号之前放大，那样会将非伤害性刺激误报为伤害性刺激，只能在接收到伤害性刺激的信号，TRP 通道被活化之后再放大。这样既能保证 TRP 通道的高阈值，不至于“谎报军情”，又可以在 TRP 通道被激活后，向动物报告伤害性刺激。这种放大作用叫作一级放大，主要是通过位于同样的传输痛觉信号的神经纤维（Aδ 和 C 纤维）上的另一种离子通道而实现。

放大 TRP 通道效果的离子通道是膜电位控制的钠离子通道（电压门控钠通道，voltage-gated sodium channels，简写为 Na_v，其中 v 代表 voltage）。电压门控钠通道能够感受到 TRP 通道活化所引起的跨膜电位部分降低（未达到阈值），从而打开钠通道，让更多钠离子进入细胞，使膜电位的变化到达阈值，进而触发动作电位。

电压门控钠通道（Nav）分 1 型、2 型、3 型，每型又有多种亚型。人类有 9 种 1 型通道（Nav1.1～Nav1.9），其中 Nav1.7 和 Nav1.8 表达于传递伤害信息的神经纤维中，放大 TRP 通道开启时引起的膜电位降低，触发神经脉冲。从它们的突变效果可以看出这两种钠离子通道在传递痛觉中的重要性。使 $Na_v1.7$ 失去功能的突变能够使人丧失一切感觉痛的功能，例如在巴基斯坦北部发现了 3 个有血缘关系的家庭，部分家族成员完全感觉不到疼痛，这些人可以在燃烧的煤炭上行走，刀叉刺入肌体也不觉得疼。研究发现，这些人体内为 Nav1.7 编码的基因（*SCN9A*）发生了突变，使蛋白产物的功能丧失；相反，如果 Nav1.7 发生了使其处于自然激活状态（即功能获得，gain of function）的突变，就会使患者在没有伤害的情况下感到疼痛，即红斑性肢痛病症和阵发性剧痛症。这两种病症都会使患者感觉到强烈的灼烧性疼痛。Nav1.8（由 *SCN10A* 基因编码）功能获得性突变也会使患者有痛性周围神经病。利多卡因之所以具有镇痛作用，是因为它能够抑制 Nav1.7 和 Nav1.8 的活性。

除了能放大 TRP 通道的信号，Nav1.8 还能报告身体遭受寒冷冻伤的信息。在温度接近 0℃时，许多 TRP 通道都失去了功能，所以人体在寒冷环境中受冻的部分会感到麻木。但是在低温环境中，Nav1.8 离子通道仍然保持功能，而且能够被低温活化，所以 Nav1.8 离子通道是在寒冷环境下向身体报告低温的离子通道。

5. 痛觉信号的第二级放大

除了痛觉信号的第一级放大，动物还会将痛觉信号进一步放大，使其强度更大、持续时间更长，这就是痛觉信号的第二级放大。它能够强烈且持续地提醒动物伤害的存在，不要去触碰受伤的区域，让其自然痊愈，同时也让动物记忆深刻，以尽量避免同样伤害发生。痛觉的第二级放大是通过传输伤害性刺激信号的神经元之间的相互作用而实现的。

虽然传入神经纤维的粗细和结构（有髓鞘和无髓鞘）不同，但它们有一个重要的共同点，即细胞体（含细胞核的膨大部分）的位置和传输信号的神经纤维构成不同于其他神经细胞。中枢神经系统中的神经元细胞是多极的，由细胞体发出多根神经纤维，其中绝大多数是树突，用于接收各种信号，而传出神经信号的只有一根轴突。但是感觉神经细胞不同，其细胞体并不位于中枢神经系统内，而是在脊髓之外靠背部的神经节内，这些神经节叫背根神经节（dorsal root ganglion，DRG）。这些细胞没有树突，而是从细胞体发出一个凸起，在离细胞不远处呈 T 形分为两支，一支通向皮肤或内脏器官（即周围突），接收从这些地方传递的感觉信号；另一支通向脊髓（即中枢突），将来自皮肤和内脏的信号输送到脊髓的背角，在那里与中继神经元建立突触联系，由中继神经元将信号传输到丘脑，再传输到大脑的感觉中心。由于这类感觉神经细胞只发出一个突起，又很快分为两支，所以被称作假单极神经元。感觉神经元的这种结构保证它们接收和传出信号的神经纤维都是轴突，而不像多极神经元那样，用树突接收信号，用轴突传出信号。这些感觉神经元的轴突都聚集成束，细胞体又都聚集于背根神经节内，彼此靠近，这样就可以通过分泌的化学物质相互影响。

传输伤害性刺激信号的 C 神经纤维被活化时，会发出神经脉冲向中枢神经系统传输信号，通过突触联系处分泌的谷氨酸盐实现信息的快速传递。除此之外，活化的 C 纤维还会分泌多种肽类神经递质，包括缓激肽、神经生长因子（nerve growth factor，NGF）、P 物质（substance P，SP）、降钙素基因相关肽（calcitonin gene-related peptide，CGRP）。这些都是由氨基酸组成的蛋白或肽类物质。例如，神经生长因子是蛋白质；缓激肽由 9 个氨基酸残基组成；P 物质是由 11 个氨基酸线性相连组成的多肽分子；而 CGRP 则是由 37 个氨基酸相连而成。这些物质分子量较大，扩散速度缓慢，不一定通过突触发挥作用，它们可以扩散到邻近的感觉神经元，通过细胞体上的受体起作用。这些分子与相邻神经元上特异性受体结合，启动下游信号通路，降低那些神经纤维上 TRP 通道被活化的阈值，增加感觉神经纤维的敏感性，使其更容易被激发。

组织伤害也会招募免疫细胞来到受伤部位，如巨噬细胞、肥大细胞和嗜中性粒细胞。这些细胞能够分泌多种引起炎症的物质，如组胺、5-羟色胺和前列腺素，在受伤部位造成红肿。这些变化与肽类神经递质，不仅能够降低TRP通道的阈值，还能活化平时处于静默状态的TRP通道（silent TRP），使得非伤害性的信号也能够产生痛感，进一步放大痛觉效果，这种现象叫作痛觉过敏。例如，前列腺素能够通过G蛋白活化蛋白激酶A（PKA），使Nav1.8磷酸化，增加钠离子进入细胞，从而放大该离子通道的作用。阿司匹林能够抑制前列腺素的合成，因此能通过减轻第二级放大达到一定程度的镇痛效果。

在日常生活中，人类也可以感受到痛觉信号二级放大的效果。例如在身体受伤红肿处，即便是轻微的触摸和温水刺激也会感到疼痛；还有，在吃有辣味的食物时，会对同一份有辣味的菜感到越来越辣，而且这时喝温水都觉得烫，就是TRP通道的阈值降低和处于休眠状态的TRPV1通道被二级放大过程所激活的缘故。通过二级放大作用，平时的良性刺激，如轻微触摸、温水等，会变成痛觉信号，但这已经不是“谎报军情”，而是因为伤害已经造成，需要用更大的“声音”来报告已经有的“军情”。

由于内脏和皮肤感觉神经元的细胞都位于背根神经节内，它们之间也可以互相影响。内脏的疾病可以使平时感觉非伤害性触碰的神经细胞被活化，使这些触摸在皮肤的某些特定位置上产生痛感，这就是中国传统的经络学说中，内脏疾病引起相关穴位疼痛的原理；同时也是西方医学中所说的牵涉痛的产生机制。

当然，痛觉信号也不是越强越好，过强的刺激对身体也无益。因此除了对痛觉信号的放大机制，身体内也有镇痛物质，这就是内啡肽，内啡肽是神经系统分泌的多肽类化学物质，在与受体结合后，使得传输伤害信号的神经细胞超极化，使其更不容易被激发，从而抑制P物质和降钙素基因相关肽的释放，减少痛觉信号的二级放大，进而达到镇痛效果。一些体外物质，如吗啡（morphine），也是通过结合于这些内啡肽的受体而达到镇痛效果。由于吗啡镇痛效果的发现早于内啡肽，所以这些受体被称为阿片样受体（opioid receptor），体内的这些镇痛多肽也被称作内啡肽，意思是体内的吗啡样物质。

6. 低等动物能够感受到痛吗

组织受到伤害时其本身并不会产生痛觉，如果切断传输痛觉信号的神经纤维，尽管感受伤害性刺激的神经末梢和末梢上的 TRP 通道仍然完整，机体也感受不到痛。这说明组织受伤的信号只有被传输到中枢神经系统以后，才能被“解读”为痛觉，进而从中枢神经系统发出行动指令给肌肉或者腺体（如肾上腺），引起动物的反应，做出“战斗或逃跑”的动作。

哺乳动物和鸟类都有发达的神经系统“解读”伤害性刺激，有感知伤害性刺激的神经纤维和 TRP 通道，还表达具有镇痛效果的阿片样受体，更能够迅速从过去的伤害中学习并记住这些伤害事件，在生活中主动避免。这些事实都说明痛觉并不是人类的专利，至少高等动物也是有痛觉的。问题是低等动物的神经系统要简单得多，像线虫只有 302 个神经元，这样的神经系统能够“解读”伤害性信号吗？也就是说，低等动物能够感觉到痛吗？

痛觉是动物一种不愉快的主观感觉，目前还没有任何指标直接测定一个人是否感觉到痛，疼痛的程度如何，只能依靠患者本人的描述反馈，根据不痛到最痛自己打分，将最强烈的疼痛定为 10 级。除此以外，只能根据人的表现与反应，如躲避、叫喊、表情等，间接获知一个人是否感觉到痛。人类如此，不能说话的动物就更无法报告它们是否感受到痛了，但从本文对于疼痛的研究结果可知，科学家还是能够利用一些方法推测动物是否能感觉到痛。

判断的指标之一是动物对潜在的伤害性刺激是否有躲避动作。如果动物有躲避动作，这种刺激很有可能被动物理解为不愉快或难受的。例如，水螅在接触到食物时会射出刺细胞的尖刺，并用触手将食物送到“口”中，但当水螅受到刺戳等外源刺激时却会收缩触手和身体，蜷缩成一个胶质的球状物，以尽量减少暴露面积，降低被伤害的可能性。如果用秋水仙碱对水螅进行处理，除去了神经细胞的水螅再受到外源刺激就不再有收缩反应，说明这种反应是通过神经细胞做出的。鲤鱼、寄居蟹、海蜗牛、淡水螯虾等动物在受到电击时都和人一样会收缩躲避，并有逃跑动作，说明它们像人一样，将电击感觉视为一种难受的刺激。

当圆网蜘蛛的腿被蜂蜇后，会自行将受蜇的腿断掉，这种行为叫作自切（autotomy）。在实验室中，如果给圆网蜘蛛的腿部注射黄蜂的毒素，蜘蛛也会将被注射了毒素的腿断掉，但如果注射的是生理盐水，这些蜘蛛就不会有自切行为。这说明蜂毒在圆网蜘蛛腿上引起了非常难受的感觉，以至于要将伤腿断掉以消除这种感觉。有趣的是，在蜘蛛腿上注射引起人皮肤疼痛的物质，如 5-羟色胺和组胺，也会使这些蜘蛛断腿，似乎这些能引起人疼痛的物质也会使蜘蛛感到疼痛。在岩虾的触须上涂抹乙酸或氢氧化钠，岩虾便会梳洗（grooming）这些受影响的触须，还会让这些触须与水箱壁摩擦，以除掉这些物质，这说明这些化学物质同样引起岩虾产生不适感。

高温或强烈的机械刺激也会使动物有躲避动作。例如，用尖锐的物体刺扎或用镊子捏夹果蝇的幼虫，会使幼虫有翻滚动作；用加热到 38℃的探针触碰果蝇幼虫，也会引起同样的翻滚动作，且在接触探针后的 0.4 秒就出现翻滚动作；而用常温的探针轻轻触碰只会使果蝇幼虫停止爬动，或改变爬行方向，不会出现翻滚动作。这说明果蝇幼虫能够将强烈的机械刺激和高温感觉为伤害性刺激而加以逃避。同样，让蜗牛在 40℃的物体上爬动，蜗牛会抬起它的伪足，以尽量减少与高温表面的接触。

看动物是否有类似人体内具有镇痛效果的阿片受体，以及阿片类物质是否能有效减轻或消除动物的难受刺激反应，也可判断动物能否能够感觉到痛。研究表明，所有的脊椎动物，包括鱼类、两栖类、爬行类、鸟类和哺乳类动物都有阿片受体，无脊椎动物中的线虫、蜗牛、虾蛄体内都有阿片受体，说明低等动物也有自己的镇痛机制，且阿片类物质也能降低这些动物对伤害性刺激的反应，从而支持这些动物也有痛觉的假设。例如，吗啡能够减少寄居蟹对电击的反应；给岩虾涂抹了乙酸或氢氧化钠的触须局部注射吗啡，能够减少岩虾对这些触须的梳理动作；给蜗牛注射吗啡后，它们对 40℃的物体表面反应性降低，抬起伪足的时间延后，而阿片受体的抑制剂纳洛酮则能消除吗啡的镇痛效果，使蜗牛恢复对高温表面的敏感性。吗啡的这些作用并非因为吗啡麻醉了这些动物，因为用吗啡处理过的动物在运动和行为上并没有变化，这说明吗啡在这些无脊椎低等动物体内的作用与在高等动物中一样，主要是降低痛觉。

脊椎动物主要通过 TRP 通道感受伤害性刺激，如果无脊椎动物也具有 TRP 通道，它们也就具备可能感受伤害性刺激的受体。研究表明，在单细胞的动物祖先领鞭毛虫（*Choanoflagellate*）体内，就有 5 种类型的 TRP 通道，分别是 TRPA、TRPC、TRPM、TRPML 和 TRPV。在水螅中，TRPN 类型的离子通道就已经出现。线虫有 5 种 TRPV 类型的基因（*osm-9* 和 4 个 ocr，即 *osm-9/capsaicin related* 基因）。这些基因如果发生突变，能使线虫不再对高浓度盐水和伤害性化合物（如苯甲醛、酸性的环境、SDS 细胞裂解液等）产生反应；而将脊椎动物的 TRP 通道的基因编辑到 TRPV 的基因突变的线虫基因中，可使线虫恢复这些反应，这说明线虫和脊椎动物的 TRP 通道具有相似的感受伤害性刺激的功能。果蝇感受伤害性刺激的受体名叫 painless 受体，意为如果这个基因突变会使果蝇感觉不到伤害性刺激，例如该基因发生突变能使得果蝇幼虫不再对 38℃的探针有反应。painless 受体属于 TRPA 类型通道，负责感受伤害性的高温和机械刺激。表达 painless 受体的神经纤维也是裸露的，高度分支，埋于外皮下，类似于人类感觉伤害的神经纤维。

最能够证明动物能够感觉到痛的是动物能够根据记忆伤害性刺激，有针对性地避免这些刺激。既然动物会主动避免，一定程度上说明了这些刺激是不愉快的。例如，滨蟹会本能地避开有光照的地方，寻找庇护所，如果将滨蟹放在两个庇护所之间，头朝向实验者，它们会向左或向右转，进入两边的庇护所。如果在左边的庇护所给予它们电击刺激，它们会迅速逃出。经过几次电击后，再将它们放在两个庇护所之间，头部仍然朝向实验者，它们向左转的次数会大大减少，而是更多地进入右边的庇护所；如果放置它们时将方向调转 180°，头背朝着实验者的方向，它们仍然会更多地向右转，尽管这会使它们进入时遭受电击。这说明，滨蟹能够记住转动方向和电击之间的联系，从而尽量避免再次受到电击，而不是记住庇护所的气味或地理位置（例如用磁场进行判断）。果蝇能够将气味和电击相联系，如果气味总是在电击前出现，果蝇一旦闻到这种气味就会逃离，说明它们记住了电击的不愉快经历，在电击有可能出现时会做出逃避动作。这些反应本身也说明动物在遭受电击时的感觉是不好的，需要尽量避免。鲤鱼的学习更快，通常一次电击就能学会躲避，并且这种记忆至少可以维持三天。

综上，各种无脊椎动物也具有感觉伤害性刺激的神经纤维和 TRP 通道，它们也能够感受到伤害性刺激并产生不适感，体内也有减轻痛苦的阿片受体。尽管无从得知这种体验与人类的痛觉有什么不同，但可以肯定的是这些体验是不愉快的，很可能也是痛苦的，不然动物不会逃离和主动避免。动物都有避免身体伤害的需要，用痛觉警示动物有伤害发生是演化的必然，是对动物生存的有利机制，会被保留且不断完善。

二、痒觉

1. 痒不是“微痛”

痒和痛类似，也是皮肤感受到的一种不愉快的感觉，传输痛和痒的神经纤维都是 Aδ 和 C 神经纤维，而且都通过脊髓丘脑束传递至大脑的感觉中枢。痒和痛一样，也没有一种指标测定一个人是否感到痒及程度如何，过去研究人员也缺乏适当的工具和手段研究痒这种感觉的发生和传递机制，所以在长时期中，痒被许多人认为是“微痛”，即痒和痛由同样的神经纤维感受和传递，刺激强度大到一定程度就引起痛的感觉，没有达到一定程度时，引起的感觉就是痒，这种理论叫作强度理论。例如抓、挠引起的疼痛可以止痒，就可以解释为将刺激强度增大到疼痛的程度，痒的感觉就没有了。

但是一些现象却无法用这种理论解释。例如，痛引起的身体反应是逃避，即躲开伤害源，而痒引起的身体反应是肢体伸向痒源去抓挠。痛觉可以来自皮肤，也可以来自肌肉、关节和内脏，而痒觉只来自皮肤和接近体表的黏膜（如口腔、鼻腔、喉头和肛门的黏膜），不会来自于肌肉、关节和内脏。如果痒只是“微痛”，为什么只有皮肤和靠近体表的黏膜能够感觉到痒，而同样能够感受到痛的肌肉、关节、内脏和远离身体表面的黏膜（如食道黏膜、肠黏膜）却不会痒？

如果将相同的物质注射入皮肤不同的位置，既可以引起痒，也可以引起痛。例如，能够使 TRPV1 通道活化引起痛觉的辣椒素，在注射进皮肤比较深（进入真皮层）时会引起疼痛，而只注入表浅层（上皮或上皮与真皮的交界处）却只引起痒。组胺（histamine）是引起荨麻疹患者感觉痒的主要物质，在注入皮肤表浅层时会引起痒的感觉，但如果注射到较深的真皮层，却能引起疼痛。这些事实表明，感觉痛和痒的神经末梢不同，所以对同一种物质感觉为痛还是痒主要取决于被哪种神经纤维所感受。感觉痛和痒的神经纤维在皮肤中的位置也有差别，感觉痒的神经末梢主要位于上皮与真皮的交界处，而感觉疼痛的神经末梢的位置则要更深一些。

这种认为痛和痒由不同神经纤维感受和传递的理论叫作特异理论，或者叫作标记理论，即传递痛和痒信号的神经纤维是分别被标记的。近年来多项研究结果都支持特异理论。在具体介绍这些研究成果之前，我们先来了解动物是如何感觉到痒的信号的。

2. 感觉痒的受体有许多种

痛觉信号即伤害性刺激的信号，主要由 TRP 通道，特别是 TRPV1 通道感受和接收，引起痛觉的原因也相对简单，主要是机械性创伤、极端温度和化学伤害。但能够引起痒的因素却很多，例如蚊虫叮咬可以引起痒，接触某些植物也会感到痒，蚂蚁爬过可以引起痒，鼻孔受到细纤维的轻微刺激也可以引起痒，皮肤感染（如各种癣）、皮肤病变（如湿疹、荨麻疹、银屑病、皮肤干燥）也可以引起痒，伤口愈合时会感到痒、胆管阻塞（胆汁流通不畅，胆汁酸在血液和皮肤中聚集）也会造成痒，治疗疟疾的氯喹会引起痒，镇痛的吗啡也会引起痒，淋巴瘤可以引起痒，黑色素瘤也可以引起痒。对于各式各样的致痒因素，身体也有多种受体感知这些刺激，产生痒的感觉。目前对各种致痒因素及其受体的研究还远不完全，但科学家已经发现了一些能够引起痒感觉的受体。

例如，荨麻疹的致痒化学物质主要是组胺。当皮肤受到刺激时，肥大细胞会分泌组胺。组胺是一种致炎物质，会使皮肤红肿，也使人感觉到痒，在正常皮肤的浅表处注射组胺也会引起强烈的痒感。有抑制组胺作用的药物能够减轻这种痒感，所以荨麻疹引起的痒可以用抗组胺药物治疗。皮肤中有 4 种与组胺结合的受体，分别是 H1R、H2R、H3R、H4R，其中将与组胺的结合转变成为痒信号的主要是 H1R。与有 6 个跨膜区段的 TRP 通道不同，组胺受体有 7 个跨膜区段，是G蛋白偶联受体（G-protein coupled receptor，GPCR）家族的成员。它通过G蛋白中的一种（Gq）活化磷脂酶C（phospholipase C，PLC）升高细胞内钙离子的浓度，使神经细胞活化。5-羟色胺（5-HT），在动物的炎症反应中被释放，也可存在于菠萝、香蕉等多种植物中。注射5-羟色胺会在动物身上引起痒的感觉，这主要是通过它的第2型受体（5-HT2R）起作用。5-HT2R也是G蛋白偶联受体家族的成员，通过G蛋白增加细胞中肌醇三磷酸（IP3）和二酰甘油（DAG）的浓度，使细胞活化。

皮肤中的角质形成细胞和内皮细胞能够分泌一种由21个氨基酸残基组成的多肽，名为内皮素（endothlin，ET）。在慢性瘙痒症患者中，组胺的作用较小，用抗组胺的药物对慢性瘙痒症的治疗效果也不明显。研究表明，慢性瘙痒症患者感觉神经纤维末梢表达内皮素的受体ETA和ETB，这两个受体也是G蛋白偶联受体家族成员，通过G蛋白提高细胞内钙离子的浓度，使神经细胞活化，产生痒的感觉。

胆管阻塞时，胆汁酸在皮肤内聚集也会使人发痒。胆汁酸能够结合在神经末梢细胞膜上的胆汁酸受体（membrane-type bile acid receptor，M-BAR）。该受体也是G蛋白偶联受体（GPCR）家族的成员。胆汁酸与其受体结合，通G蛋白使细胞内的钙离子浓度升高，活化神经细胞，产生痒的感觉。

氯喹是治疗疟疾的特效药，其副作用是会在一些患者身上引起难以忍受的瘙痒，且抗组胺药对缓解瘙痒无效，这说明这种痒的感觉不是组胺引起的。将氯喹注入小鼠皮肤中也会引起瘙痒，表现为小鼠的抓挠行为。研究表明，氯喹引起的痒和另一种G蛋白偶联受体，即与Mas蛋白相关的G蛋白偶联受体（Mas related G protein-coupled receptor，Mrgpr）有关。Mrgpr家族成员众多，例如小鼠就有约24个*Mrgpr*基因，主要分为A、B、C三大类，研究较多的是*MrgprA3*和*MrgprC11*。人类约有10个*Mrgpr*基因，研究较多的是*MrgprX*系列的基因，如*MrgprX1*和*MrgprX2*基因。无论小鼠还是人，这些基因都只表达在背根神经节的感觉神经元中，说明它们很可能与动物的感觉有关。如果敲除小鼠的12个*Mrgpr*基因，其抓挠行为减少了65%，说明其中含有感受氯喹作用的基因。在这些小鼠中特异地表达单个*Mrgpr*

基因，看哪个基因能够恢复小鼠的抓挠行为，最终发现是小鼠的 *MrgprA3* 基因与氯喹引起的瘙痒有关。氯喹能与人的 MrgprX1 受体结合，说明人的 MrgprX1 是接收氯喹化学信号引起瘙痒感觉的受体。

刺毛黧豆（*Mucuna pruriens*）的种子能够在人和动物身上引起剧烈瘙痒。刺毛黧豆的豆荚为黧黑色，外面有硅质的尖刺，能够刺入皮肤表层，带入一些化学物质，引起强烈的痒感。研究表明，致痒的主要物质是黧豆蛋白酶，其作用对象是一种特殊的 G 蛋白偶联受体，名为蛋白酶激活受体（protease-activated receptor，PAR）。PAR 的特殊之处在于，与其他受体需要与受体以外的分子结合才能够被活化不同，使 PAR 活化的分子就存在于 PAR 之内。PAR 在细胞膜外有一个自由摆动的氨基端“尾巴”，通常情况下，这个尾巴不与受体的主要部分相互作用。但如果蛋白酶将这个尾巴切掉一段，暴露出里面的氨基酸序列，这段氨基酸序列就可以结合在受体自身上，作为配体使受体活化，所以 PAR 是“自带”配体的受体。人有 4 种类型的 PAR，分别是 PAR1、PAR2、PAR3 和 PAR4，其中 PAR2 是引起痒感的主要受体。组织有炎症时，肥大细胞分泌类胰蛋白酶；在与其他生物接触时，其他生物的蛋白酶也能作用于 PAR2，使其活化，引起痒感。皮肤干燥时，PAR2 表达上调，使得皮肤更容易被内源或者外源的蛋白酶激活，产生痒感。

从以上例子可以看出，痒信号最初接收都是通过各种 G 蛋白偶联受体实现的。无论是组胺受体 H1R、5-羟色胺受体 5-HT2R、内皮缩血管肽的受体 ETA 和 ETB、胆汁酸受体 M-BAR、氯喹受体 Mrgpr，还是感受刺毛黧豆致痒作用的 PAR2，都是 G 蛋白偶联受体。虽然现在还不能说所有对致痒因素感受的受体都是 G 蛋白偶联受体，但是也可以看出这类受体在痒感觉产生过程中的重要作用。这与痛觉主要通过 TRP 离子通道感知具有明显的不同。

3. TRP 通道协同 G 蛋白偶联受体发出痒的信号

虽然感受各种致痒因素的大多是 G 蛋白偶联受体，但仅靠这些受体还不够，还需要 TRP 通道的帮助，才能让神经细胞发出痒的信号。

例如，氯喹在小鼠身上引起的痒感通过 MrgprA3 受体实现，但是 *TRPA1* 基因敲除的小鼠却对氯喹不敏感。如果将这两个基因同时表达在其他细胞中，如人胚肾上皮细胞 HEK293，氯喹可以触发膜电位的降低，但 *MrgprA3* 或 *TRPA1* 基因单独表达都无此效果。组胺引起的痒感不仅需要组胺受体 H1R，还需要 TRPV1。*TRPV1* 基因敲除的小鼠对组胺的致痒作用不敏感。单独表达其中任何一个基因在 HEK293 细胞中都不会产生组胺引起的膜电位降低，只有这两个基因同时表达在 HEK293 细胞中时，才会产生对组胺的反应。

这种情形与痛觉感受中 TRP 通道的信号还需被放大的情形有些相似。在神经细胞感受伤害性刺激时，TRP 通道被活化，引起跨膜电位降低，但还不足感觉纤维发出神经脉冲，由电位控制的钠离子通道 Nav1.7 和 Nav1.8 感受到这种膜电位变化后被活化并开启钠离子通道，使膜电位降低到可以触发神经脉冲的程度，该过程叫作一级放大。在痒的感受中，G 蛋白偶联受体自身不足以产生神经脉冲，还需要 TRP 通道的协同作用。

TRP 通道在痛和痒感受中的作用不同。在感受痛时，TRP 通道尤其是 TRPV1 和 TRPA1，作为第一线受体感受伤害性刺激，电压控制的钠离子通道是第二线离子通道；而在感受痒时，G 蛋白偶联受体是第一线的受体，而 TRP 通道是第二线的离子通道。这也说明，痛和痒的感受机制不同。

4. 痒的感觉由专门的神经纤维传递

痒的感觉要通过神经细胞的几级“接力”，才能被传输到大脑的身体感觉中枢。身体感觉即除了视觉、听觉、味觉等感觉以外的其他感觉，包括触觉、自体感觉、痛觉和痒觉。一级神经元是细胞体位于脊髓旁边的背根神经节内（dorsal root ganglion，DRG）的感觉神经元，它们发出的轴突在离开细胞体后很快分为两支，一支伸向皮下，高度分支形成裸露的神经末梢，以感受非伤害性的感觉（如触觉）和伤害性感觉（如痛觉和痒）；另一支伸入脊髓，在脊髓灰质的背角中与二级神经元建立突触联系。背角分为许多区带，用于传输不同信息。感觉神经纤维主要与第Ⅰ区和第Ⅱ区带内的神经细胞联系，并且以谷氨酸盐作为神经递质，通过突触将感觉信号传递给二级神经元。第二级神经元通过脊髓丘脑束传至丘脑，然后再将信号传递给三级神经元，并将信号传输到身体感觉中心。如果能够在一级神经元和二级神经元的神经纤维中鉴定出专门传递痒信号的神经纤维，即可证明痛和痒的感受机制不同，传递至大脑的神经纤维也不同。

2001 年，华裔美国科学家董欣中用白喉毒素特异性地杀死小鼠表达 MrgprA3 蛋白的感觉神经纤维，再观察小鼠对各种致痒物质的反应。白喉毒素是由 535 个氨基酸残基组成的蛋白质，与细胞表面受体结合后，能够进入细胞并结合于核糖体抑制蛋白质的合成。细胞一旦失去合成蛋白质的能力，就会在 1～2 周后死亡。为了特异地杀死只表达 MrgprA3 蛋白的神经细胞，董欣中将受 *MrgprA3* 基因启动子控制的白喉毒素受体基因引入感觉神经元中。既然白喉毒素受体基因 *MrgprA3* 基因启动子控制，白喉毒素受体的基因也就只能在表达 MrgprA3 蛋白的细胞中表达，让白喉毒素进入这些细胞并将其杀死。2 周后，表达 *MrgprA3* 基因的感觉神经（感受和传递痒信号的一级神经元）基本死亡。这些小鼠对各种能够引起痛觉刺激所做出的反应没有受到影响，但是对各种致痒物质的反应都大幅度降低，无论致痒物质是组胺还是非组胺类物质（如氯喹）。小鼠实验结果说明，表达 MrgprA3 蛋白的神经元是专门传递各种痒感的一级神经元。

2007 年，华裔美国科学家陈宙峰证明了脊髓背角第 I 区带的神经元（即传输感觉信号的第二级神经元）中，也有少量神经细胞是专门传输痒信号的。在他开展此实验之前，科学家已知从欧洲铃蟾身上获取的铃蟾肽（bambesin）能够在动物身上引起痒的感觉。铃蟾肽是一个多肽分子，由 14 个氨基酸残基组成，哺乳动物（包括小鼠和人）身上也有类似的多肽物质，叫作胃泌素释放肽（gastrin-releasing peptide，GRP）。GRP 由 27 个氨基酸残基组成，将其注射入小鼠脊髓后也能够产生痒的感觉。在一级神经元中，表达 GRP 的神经纤维也表达 TRPV1 和 MrgprA3 这两个与痒感有关的受体（TRPV1 与组胺引起的痒有关，MrgprA3 与非组胺引起的痒有关），所以这些神经纤维可能是传递痒信号的。而 GRP 受体（GRPR）表达在脊髓背角第 I 区带里的少数二级神经元中。在脑脊液中注入 GRP 受体拮抗剂可以抑制 GRP 和一些致痒物质的作用。这些事实说明表达 GRP 受体 GRPR 的二级神经元很可能是专门传递痒信号的。

然而，敲除小鼠的 *GRPR* 基因只能减轻非组胺类物质（如氯喹）引起的痒感，对组胺引起的痒感无效。这有两种可能性，一种可能是传递组胺引起痒感的神经元和传递非组胺物质引起的痒感神经元（即表达 GRPR 的神经元）是不同的神经元，所以敲除表达 GRPR 的神经元对组胺引起的痒信号传递没有影响；另一种可能是传递痒感的一级神经元也会与表达 PRGR 的二级神经元建立突触联系，但敲除 *GRPR* 基因并不会杀死这些神经元，所以它们仍然能够传递组胺引起的痒信号。要想验证究竟是哪种可能，可采取的办法就是杀死这些表达 GRPR 的神经元，再看组胺和非组胺类物质引起的痒信号是否都无法再被传递至大脑。

陈宙峰所用的办法与董欣中类似，也是将一种能够杀死细胞的毒素特异性地引入目标神经细胞并将其杀死。陈宙峰使用的不是白喉毒素，而是皂草毒蛋白。皂草毒蛋白能够结合在细胞内的核糖体上，阻止蛋白质的合成，将细胞杀死。皂草毒蛋白自身不能进入细胞，所以对细胞没有毒性，而如果将皂草毒蛋白连在胃泌素释放肽 GRP 分子上形成 GRP-皂草毒蛋白混合分子，就可以通过 GRP 部分结合在 GRPR 受体上，与 GRPR 分子一起被细胞“吞”进细胞内，皂草毒蛋白就可以发挥杀死细胞的功能了。由于不表达 GRPR 的细胞不能结合 GRP-皂草毒蛋白，它们也不会被杀死，所以 GRP-皂草毒蛋白能够特异地杀死表达 GRPR 的神经细胞。

在注射 GRP-皂草毒蛋白 2 周后，表达 GRPR 的神经元基本都已死亡。这些小鼠对各种痛刺激的反应完全不受影响，但是对各种致痒物质无论是组胺类型的还是非组胺类型的反应都基本消失。这证明了脊髓背角中表达 GRPR 的二级神经元是专门用于传递痒信号的神经细胞。

这两位华裔美国科学家的研究表明，无论是传递感觉信号的一级神经元还是二级神经元中，都有少数是专门传递痒信号的。更关键的是，一级感觉神经纤维中表达 MrgprA3 的神经纤维在脊髓背角的第 I 区带中，是特异地与表达 GRPR 的二级神经元联系的，这样就将专门传递痒感的一级神经细胞和专门传递痒感的二级神经元相联系，形成将痒觉传输至大脑的专用信号通道。这些神经元与痛觉信号的传输无关，证明了痛和痒这两种感觉的确是通过不同机制和不同的神经纤维传递的。痒并不是“微痛”。

5. 轻微触摸引起的痒感由脊髓中的专一神经元控制

组胺和氯喹都是化学物质，这两种致痒源都分别有自己的特异受体。但是有时轻微的触摸也能引起痒感，如蚂蚁爬过皮肤，或毛发轻触皮肤。这样的刺激并未伤害浅层皮肤，也未引入化学物质，这样的痒感是如何产生的？

美国科学家 Martyn Gouding 发现，脊髓中有一些神经元表达神经肽 Y（neuropeptide Y，NPY）。如果将小鼠脊髓中这些神经元选择性地去除，小鼠就会将所有的轻微接触感受为痒信号从而不断地抓挠。组织学研究也表明，脊髓中表达 NPY 的神经元和感觉神经纤维接触密切，这说明表达 NPY 的神经元能以某种方式对多数轻微触摸感觉为痒的机制有抑制作用，而只让某些轻微接触引起的痒感觉通过。表达 NPY 的神经元并不表达 GRPR，说明这些神经细胞并不是用于传递痒的感觉，否则表达 GRPR 的神经元被杀死后仍然会感觉到由轻微触摸引起的瘙痒感。这表明，表达 NPY 的非传递痒感觉的神经元能够控制表达 GRPR 的神经元，从而传递痒的感觉。

该事实表明，脊髓中（也可能在中枢神经中）对痒的感觉有控制门（gate）存在。这与痛觉能够抑制痒觉的控制门理论是一致的，即不同的神经信号之间可以相互作用，决定一种信号是否能通过。抓挠引起的疼痛能够止痒，可以解释为，因为痛和痒的信号由不同的神经纤维传递，以痛止痒可能就是传输痛觉的神经纤维在脊髓中或大脑中影响传输痒信号的神经纤维，从而抑制痒信号。即便是触觉也能够抑制痛觉，被人重重捏掐、揪耳朵，或者被人掌掴脸以后，人会反射性地立即用手捂住那些部位，就是用触觉抑制痛觉。

6. 痒觉的演化历程

痛觉的功能相对容易理解，是为了使动物及时逃离和避免伤害，而痒觉的功能则相对难以理解。许多慢性瘙痒症患者所感受到的痒对身体并没有任何好处，反而会严重影响生活质量。演化过程为什么会发展出这样的机制？为什么动物体内会演化出多种受体，将各种刺激转化成为痒的感觉？

如果回顾一下主要的致痒源及其受体出现的时间，也许能找出一些线索。脊椎动物体内引起痒的组胺在秀丽隐杆线虫体内还不存在。线虫既不合成组胺，从外部给线虫组胺也没有观察到任何效果，而其他简单的胺类分子，如5-羟色胺和多巴胺，却能影响线虫的排卵、进食和运动，说明线虫能够吸收这些物质并让它们在体内发挥作用。组胺没有作用说明线虫体内没有相应的受体。线虫也没有感受非组胺的致痒物质的 Mrgpr 受体，说明线虫也不能感受其他致痒物质（例如氯喹）造成的痒感。很有可能线虫是没有痒感的，但是线虫已经有触觉和痛觉，也许这两种感觉可以代替痒的功能。

许多昆虫（如果蝇、蝗虫、蟑螂、蟋蟀、蜜蜂、苍蝇等），体内已经有组胺，且在中枢神经系统里有组胺受体。但与脊椎动物用G蛋白偶联受体（如 H1R）作为组胺的受体不同，昆虫结合组胺的受体是配体活化的氯离子通道，在这里组胺是在中枢神经系统中作为神经递质（即在神经细胞之间传递信息的化学物质）使用的。这些受体在传入神经中并不存在，说明组胺与昆虫的感觉神经纤维无关。昆虫也没有 Mrgpr 类型的受体，说明昆虫很可能也没有痒的感觉，而依赖触觉和痛觉代替痒的功能。

即使在脊椎动物中，Mrgpr 类型的受体也只是在四足动物中才出现。硬骨鱼类（如斑马鱼）体内就没有 Mrgpr 类受体，即使是与四足动物更接近的肺鱼也没有。到目前为止，也没有鱼类感觉神经纤维有组胺受体的报道。虽然鱼类有触觉和痛觉，但很可能鱼类没有痒的感觉。Mrgpr 最初出现在蛙类动物中，即两栖类的四足动物。从两栖类动物开始，动物从水中转移至陆上生活。陆上的生活环境与水中有很大差别，动物也面临一些新的问题，如寄生虫的侵袭和部分植物的刺激性。在这种情况下，简单的触觉和痛觉已经不够，需要更加精细的感觉，从而区分无害的触觉和有可能引起局部伤害但还不至于致命的感觉，如蚊虫叮咬和接触刺激性的植物。对于无害的触觉，身体只是获得外部世界的信息而无需做出反应，而对于能够引起身体不适的触觉，身体的反应就是除掉这些刺激源，例如寄生虫和引起不适的植物。这种与良性接触不同的感觉就是痒，身体做出的相应反应就是抓挠。抓挠的最初目的可能就是除去非良性接触。

昆虫爬过皮肤的感觉与动物主动接触外部物体不同，动物也将这种触觉感觉为痒，而用表达神经肽 Y 的神经元来抑制并将其他良性接触感觉为痒。该事实也说明痒的感觉最初从良性触觉发展而来。如果昆虫已经造成局部伤害如叮咬，受伤的部分会分泌组胺，造成痒的感觉，提醒动物用抓挠的办法除去这些昆虫。对于有刺激性的植物，如前文提及的刺毛黧豆，最好的办法就是脱离接触，抓挠也是除去或减少这些接触的方法。这些接触刺激性物质造成的痒感则通过 Mrgpr 实现。所以四足动物发展出痒感，是动物从水生环境到陆生环境转变的结果。

鱼类没有痒感，只有四足动物才有痒感，还有一个重要的原因，就是四足动物有四肢，可以抓挠身体的各个部分，这是没有四肢的鱼类做不到的。在鱼类身上发展出痒的感觉不仅没有用处，还会干扰鱼的正常生活（可以想象一下手被捆住的人脸上发痒的情形）。只有抓挠成为可能时，痒的感觉才出现。昆虫虽然也能用肢脚梳理身体，但昆虫还没有发展出感觉组胺的 GPCR 型受体，也没有 Mrgpr 类型的受体，其神经系统也许不具备分辨良性触觉和痒的能力。

植物的刺激性和毒性是植物对抗动物吞食的方法，不同动物接触到的刺激性植物种类也不同。每种动物都有自己特有的寄生虫，而寄生虫和动物是共同演化的。由于这些原因，动物所拥有的 Mrgpr 在种类和数量上差别都很大。例如，人只有 10 种类型的 Mrgpr 蛋白，而小鼠有 24 种，也许是小鼠的生活环境比人类要复杂；人类有 8 个 *Mrgpr* 的伪基因（即失去了功能的基因），小鼠的 *Mrgpr* 伪基因则多达 26 个，说明随着环境变化，有些 *Mrgpr* 基因由于不再需要而被淘汰。不同动物之间 Mrgpr 蛋白的氨基酸序列的相似性一般只有 50%左右，因此很难确定它们之间的对应关系。例如，小鼠的 MrgprC11 被认为相当于人类的 MrgprX1，只是因为它们都与同一个配体分子结合。

感觉痒刺激机制的出现也带来一个副作用，即部分生理和病理过程也能触发感觉痒的系统，造成对动物没有好处的痒感觉，如人类的湿疹等。但这已经偏离了动物演化出这些机制的初衷，由于生物系统的复杂性，这样的副作用难以完全通过演化过程消除。特别是在身体已经不能够纠正的病理情况下，这些副作用更难以避免。疼痛也是一样，疼痛本来是提醒动物逃离伤害源，但是癌症侵袭正常组织时造成的组织破坏同样会引起痛觉。

目前对于痒的研究还处于初期阶段，还有大量的问题没有答案。但现有研究成果已经开始让人们初步了解到痒感觉产生的原因和机制。

7. 感觉的神秘性

视觉、听觉、触觉、自体感觉、味觉和嗅觉、痛、痒，都是感觉，是大脑对感觉细胞输入神经信号加工的产物。这些对外部世界信息的接收，最初只是通过受体在生物体内产生程序性的反应，如单细胞生物的趋化性。只有当神经系统复杂到一定程度，这些外界信息才被“解释”为感觉，例如冷、热、酸、甜、痛、痒、触碰、声音、颜色。感觉使动物对外界刺激的分类和辨别上升到新的层次，赋予它们不同的主观色彩，从而使动物能够更好地对外界刺激做出反应。

正因为感觉是神经系统对外部刺激加工的产物，不是刺激本身，所以感觉是无法测量的，也无法用语言进行描述。人们无法向盲人描述“红色”是什么感觉，也无法向感觉不到痛的人（如前面谈到的Na_v1.8受体突变的人）描述“痛”是什么感觉。即使人们都知道什么是“甜”的感觉，而且还发明了专门的名词表示这种感觉，但是这个名称只是一个代号，代表糖类物质给人的感觉，此外没有实质性的内容。从未吃过糖或甜味食物的人无法通过语言的描述知道甜到底是一种什么样的感觉。

由于感觉是为动物的生存而产生的，各种动物的生活方式也会影响特殊感觉的形成。有些感觉是动物共有的，如对伤害性刺激动物都会产生痛的感觉。但是有些感觉就会随动物不同而异，如味道就因动物的食物种类而异。人类觉得粪便臭，是因为粪便已经不适合作为人类的食物，但是从粪便中获得食物的苍蝇就会觉得粪便是“香”的，从苍蝇被粪便吸引即可得知。蜣螂（俗称屎壳郎）以粪便为食，也不会觉得粪便是“臭”的。生肉已经不能使人类产生美味的感觉，但是对于吃生肉的动物来说正好相反。人眼是看不到紫外线的，但是蜜蜂能通过紫外线寻找花朵，在蜜蜂眼里紫外线是有颜色的。

感觉的另一个奇妙之处是感觉产生于中枢神经系统，但是人的感觉仍然在接收信号的地方。例如，手被火烧或者电击，手不能产生痛觉，痛觉在中枢神经产生，但人感觉到的不是头痛，而是手痛，而传输神经被切断的人就不会感觉到手痛。同样，尽管声音的感觉是在大脑中产生的，人们仍然觉得声音是在耳朵处的感觉，甚至能够分辨声音来自哪只耳朵。视觉也是在大脑中产生的，但是人的感觉视觉信号来自眼睛。甜的感觉也是大脑产生的，但是人们却感觉甜味在接触甜味物质的舌头上。

以上现象说明，神经系统中定有一种机制，将各种感觉系统和自体感觉系统偶联，这样才能将外界输入的信号在中枢神经系统中产生的感觉仍然归于信号产生处。动物这样做是绝对必须的，否则外来的信号就没有用处了。如果手被火烧了，腿被刺扎了，人们感觉到的却是大脑中的痛觉中枢疼痛，这只能告诉身体有伤害性刺激发生，却无法知道这种刺激来自哪里，因而无法立即做出准确反应，如立即将受伤害的手或脚移开。只有将感觉和刺激信号的位置偶联，动物才能知道刺激来自何处。即使是低等动物如蜗牛，在触角受到刺激时也会缩回，但是另一只没有受到触碰的触角并不缩回，说明蜗牛也能将刺激定位，所以也一定有自我感觉系统，知道全身各部分的位置。

感觉本身和感觉的定位，是神经系统工作的产物，目前还缺乏有效的研究手段，人们也难以描述这些感觉，更不知道感觉是如何产生的。本文仅介绍感觉通路的一端，即信号输入端，而对通路的另一端，即将信号加工为各种不同的感觉，则完全没有着墨。目前人类对感觉最好的描述还是：感觉。

主要参考文献

[1] Basbaum A I, Bautista D M. Cellular and molecular mechanisms of pain. Cell, 2009, 139 (2): 267.

[2] Dubin A E, Patapoutian A. Nociceptors: The sensors of the pain. Journal of Clinical Investigation. 2010, 120 (1): 3760.

[3] Sun Y G, Zhao Z Q, Meng X L, et al. Cellular basis of itch sensation. Science, 2009, 325 (5947): 1531.

[4] Liu T, Ji R R. New insights into the mechanisms of itch: Are pain and itch controlled by distinct mechanisms? Pflugers Arch, 2013, 465 (12): 1671.

动物的视觉

——从电磁波获得外部世界的信息

地球上的生物从诞生之日起就和来自太阳的光照有不解之缘。来自太阳的电磁波辐射使简单的小分子（如氨、甲烷、氢、水等）形成了构建生物大分子的氨基酸、核苷酸、脂肪酸等基本“零件”，还使得地球上的水能够以液态存在，而这是以水为介质的生命形成和发展的首要条件。在最初的生命形成之后，太阳光又很快成为一些生物（如蓝细菌）的主要能量来源，由此演化出的光合作用随后不断完善，成为现今地球上几乎所有生命活动最根本的能源。人类的食物，无论是植物性的（如粮食、蔬菜、水果等），还是动物性的（如肉食、牛奶、鸡蛋等），都是直接或者间接依靠太阳光的能量产生的。

除了供应能量，光的另一个作用是提供信息。由于地球的自转和地轴倾角，地球表面大多数地区都不可能一直被阳光照射，而是要经历昼夜的变化，即光照条件周期性的节律。为了适应这种情况，地球上的生物，无论是植物、动物，还是微生物，都发展出了控制生命活动节律的相应机制，主动调节各自生命活动的昼夜变化，以便与外界光线变化的节律同步。同时，生物还将体内的节律与外界光线变化的节律进行比较，并加以校正（即“对表”），这就是生物钟。对于生物钟，光照强度的昼夜周期性变化本身就是信息。

生物钟只需要获取光照随时间变化的信息，不需要知道光线的方向。而光合作用不仅要有光照，还要了解光照的方向，这样微生物才能游向光照强度适合的地方，植物的叶片才能根据光线的方向调整自己的朝向。但这两种功能都不需要感知不同方向光线强度的细微变化。

生物能通过感知不同方向光线明暗的差别获得外部生存环境的信

息。电磁波，特别是可见光范围的电磁波，在遇到反射面之前只能沿一个方向前进，且穿透能力有限，在物体的迎光面和背光面就会形成有光和无光的差别。同时，电磁波又能被物体表面反射，背光处也可以通过反射光获得一定程度的照射，而且通过多次反射，电磁波几乎能到达所有的角落和缝隙，通过照射和反射，使所有能够接触到空气或水（二者都是对光通透的）的表面都有一定程度的光照射，从而在物体的不同位置产生明暗变化。对于观察者来说，来自不同角度光线的强弱变化可以提供物体的方位、轮廓、大小、质地（如粗糙还是光滑）等信息。对于多数物体的表面来讲，光线一般可以同时向各个方向反射，因此动物就有可能几乎从所有方向（如果没有光线阻挡物的话）获得该物体通过光线传达的信息。由于不同物质对光线中不同波长的波段吸收和反射情形不同，反射光还能传递物体表面颜色的信息。因光可以远距离传输，故动物可以不通过接触而获知较远距离物体的信息。光的传输速度极快（大约为 30 万千米/秒），在可视距离上几乎没有时间差，由光传输的信息可瞬间到达，这对动物极有价值。相比之下，空气传输振动信息的速度（在 20℃时大约为 343 米/秒）大约是光速的百万分之一，气味分子在空气中扩散的速度更慢，听觉和嗅觉信号的到达会与信号源有时间差。动物要捕食、躲避天敌、寻找合适的生活场所、发现配偶、照顾子女，都可以通过光线获得即时直接的信息。动物通过光的这个性质获取外界环境信息的功能，就是视觉，有别于光合作用和生物钟对光线的反应。

生物对光信息的利用并非一步到位，而是从低级发展到高级，视觉功能也从简单到复杂。捕食者出现时带来的阴影、进入能够藏身的洞穴等，都能使光线明暗快速变化，从而给动物提供有用的信息，这种信息只需要生物具有最低级的视觉功能。进一步的视觉功能可辨别光线的方向，使得生物能够朝向或背对光线的方向前进。更高级一些的视觉功能则可以形成简单的图像，使动物能大致辨别物体的大小和形状。而在身体几倍距离之外，捕食者或被捕食者所占据的视角则很小，若想准确地识别对象，就需要形成高解析度图像的功能，即对不同方向光线的差别具有很高的分辨率。

从只能探测到光强度的变化，到进行光线方向的辨别，从大致图像的形成，再到高精度图像的形成，将光线中携带的信息利用到极致，是一个漫长的过程，其间生物进行了各种尝试和“发明”，形成了各式各样的眼睛，最后人类演化出的眼睛不亚于一架精美的照相机，这真是一个奇迹。本文将详细介绍动物视觉功能的出现和发展过程。

一、生物接受光线信息的分子

生物要从光线中获得信息，必须要有分子对光线做出反应。在到达地面的太阳光中，53%是红外线（波长大于 700 纳米），44%为可见光（波长为 390～700 纳米），3%为紫外线（波长短于 390 纳米）。红外线虽然占地表阳光的大部分，但由于其光子的能量太低，不足以在生物分子中激发出适合用于信息传递的变化，不适合用于接收信息。紫外线只占地面接收光能的很小部分，所含的能量又太高，对生物分子（如 DNA 和 RNA ）有伤害作用，易导致碱基结构变化和核酸链断裂，也不太适合用接收信息。最适合于接收信息的是阳光中丰富的可见光。在特殊情况下，也有用紫外光接收信息的例子。

（一）蛋白质

从生物分子的结构来看，许多分子都能够吸收光线。例如核酸（DNA 和 RNA）中的碱基（嘌呤和嘧啶）在 260 纳米有吸收峰，200～210 纳米区域的吸收更强。蛋白质中色氨酸、酪氨酸和半胱氨酸残基的侧链也在 200～315 纳米处有吸收，其中在 230 纳米和 280 纳米处分别有吸收峰。蛋白质的肽键则在 205 纳米处有吸收峰。这些波长都在紫外区（100～390 纳米）的范围内，会给 DNA 造成损伤，因此动物一般不从紫外光中获取信息。对于植物来说，它们无法通过移动躲避紫外光，但却能利用蛋白质本身对紫外光的吸收感知紫外光且做出相应的反应。例如植物蛋白 UVR8，其基因突变后会使植物对紫外线的破坏作用非常敏感。研究表明，UVR8 中第 233 位和第 285 位的色氨酸在紫外吸收中起主要作用。在这两个氨基酸残基附近有 1 个精氨酸残基，在它们之间形成盐桥（即通过正、负电荷形成的联系）。在吸收波长 280～315 纳米的紫外光后，盐桥破裂，蛋白质从聚合状态变为单体，进入细胞核中，与转录因子 COP1 相互作用，启动一些保护植物免受紫外照射伤害的蛋白质合成。因此植物蛋白 UVR8 是真正感知紫外辐射并能使植物做出保护反应的分子。

不过这种光反应蛋白只能感知紫外辐射，还无法满足动物感知可见光信息的需求。要在可见光范围内接收信息，仅靠蛋白分子是不够的，还需要吸收可见光的其他分子。

吸收可见光需要分子中的大共轭系统。分子吸收电磁波需要分子中的电子发生跃迁，即从能量较低的轨道跃迁到能量较高的轨道。分子所吸收的电磁波的波长与化学键有关。单键中电子受束缚比较强，如碳-碳单键和碳-氢单键，因而吸收光能实现电子跃迁需要的能量较多。例如，甲烷的吸收峰在 125 纳米处，其他饱和烷烃的吸收峰在 150 纳米处左右，都在紫外区。

碳-碳双键中电子跃迁需要的能量相对较少，如乙烯的吸收峰就在 185 纳米处。共轭双键中电子跃迁需要的能量相对更少，如丁二烯（2 个双键共轭）的吸收峰就移到 217 纳米处。这种共轭系统在生物对可见光的吸收上扮演关键角色。

参与共轭双键体系的双键数量越多，π 轨道的范围越大，电子跃迁需要的能量越少。例如，1，3，5-己三烯（3 个双键共轭）的吸收峰移到 285 纳米处，癸 5 烯（5 个双键共轭）的吸收峰在 335 纳米处。虽然如此，这些化合物的吸收峰仍然在紫外区内。核苷酸中的碱基是单环或双环的化合物，含有 3～4 个共轭双键，吸收峰在 260～270 纳米处左右，也在紫外区。若要有效地捕获光能，则需要更大的共轭系统将吸收区域移至可见光范围内。色素分子由于含有巨大的共轭系统，成为吸收可见光的最佳选择，但色素只能吸收某些频率的可见光，可见光光谱中未被吸收的部分颜色则被反射，也就是人们所看见的各种颜色的光。例如类胡萝卜素的共轭系统含有 10 个左右的碳-碳双键，吸收从紫到绿的光线（400～550 纳米），人们看见它的颜色就是未被吸收的橙红色。

地球上的生物主要利用两类色素分子捕获光能，即由异戊二烯组成的线性大共轭分子（如视黄醛和类胡萝卜素）和由卟啉环组成的环状大共轭系统（如各种叶绿素）。

（二）叶绿素

在营光合自养的蓝细菌中，已具有吸收可见光的分子——叶绿素。由于其卟啉环所含有的巨大的共轭系统，叶绿素在可见光范围内有很强的光吸收能力。叶绿素和蛋白质结合，光照激发出高能电子，以供 ATP 合成和二氧化碳还原使用。光合作用能够激发细胞内的一系列化学反应，因此叶绿素也可以算作最广义上的光信息接收分子。但其作用更多在于启动光合作用，所以叶绿素并不是生物用于了解周围环境及其变化的分子。

动物体内不含叶绿素，但含有大量类似叶绿素的血红素。例如，在动物线粒体的呼吸链中，许多电子转运蛋白都含有血红素辅基，即细胞色素。肝脏解毒蛋白 P450（因其与一氧化碳结合时在 450 纳米处有吸收峰）也含有血红素辅基。血液中的血红蛋白也利用其血红素辅基中的铁离子输送氧气。虽然这些含血红素的蛋白质在可见光范围内有吸收，但它们的功能并不是从可见光中获得信息以服务于动物的视觉，而是利用血红素巨大的共轭系统及其结合的金属离子转移电子。

（三）黄素

单细胞生物眼虫具有叶绿体，可以利用叶绿素吸收光线进行光合作用，像是植物，但是它又有鞭毛且能游泳，这又像动物。不仅如此，在鞭毛的根部还有一个“眼点”，可以感受光线，且通过旁边色素颗粒的遮挡，可感知光线的方向。黄素是眼点中用于感受可见光的分子，具有 3 个环并在一起的大共轭结构，因此在可见光区域有吸收峰，峰值在 450～470 纳米处，具体峰值由与之结合的金属离子决定。黄素与腺苷酸环化酶结合，并将光线中的信息转移给腺苷酸环化酶。当蓝光激发黄素分子时，合成环腺苷酸（cyclic AMP，cAMP），cAMP 是一种信息分子，可改变鞭毛摆动的方式，使眼虫趋光游动。在这里，从黄素分子到 cAMP，再到鞭毛摆动，已经构成了一条完整的信息传递链，因此眼点已成为真正接收光线信息的结构。这条信息传递链在没有神经系统的情况下就开始起作用，说明依赖神经细胞传递信息的视觉系统是后来才演化出来的。

不过用黄素分子获取光线信息并不是很理想。除了在眼虫的眼点中发挥作用外，黄素还在细胞的氧化还原反应中起传递氢原子的作用。例如，在黄素腺嘌呤二核苷酸（flavin adenine dinucleotide，FAD）和黄素单核苷酸（flavin mononucleotide，FMN）中，黄素与核糖醇结合的分子叫核黄素，为B族维生素的成员，是许多酶的辅基，所以黄素并不是专门接收光信号的分子。因此，使用黄素分子的“眼睛”只限于非常简单的单细胞生物，而动物的眼睛(包括人的眼睛)则需要专门用于接收可见光信号的色素分子——视黄醛。

（四）视黄醛

视黄醛是生物专门用于感知外界环境信息的分子，而且它出现的时间非常早，在原核生物蓝细菌中就出现了，这说明视黄醛至少已有几十亿年的历史了。视黄醛的结构与维生素A非常相似，可由维生素A（视黄醇）脱氢生成。视黄醛进一步氧化，还会变成视黄酸，在动物个体发育中作为信息分子发挥重要作用。

仅从分子结构看，视黄醛似乎并不适合作为接收可见光信息的分子。视黄醛含有2个异戊二烯单位连成的长链，其中有4个双键，该长链与一个带有3个甲基的6碳环相连。这个6碳环中有一个双键，这个双键再加上异戊二烯链上的4个双键，组成一个含有5个碳碳双键的共轭系统。随着共轭系统中双键数目的增加，吸收峰会随之向波长增加的方向移动，即便这样，视黄醛的吸收峰仍然在峰值大约380纳米的紫外区域。之所以视黄醛成为动物专用的视觉分子，与视黄醛和蛋白质分子的结合有关。

维生素A的异戊烯链的末端是一个羟基（—OH），所以也称为视黄醇。羟基不容易与蛋白质分子中的氨基酸侧链结合。如果将这个末端羟基脱氢，变成醛基（—CHO），就可能与蛋白质分子中赖氨酸残基上的氨基以共价键结合，形成席夫碱（Schiff base，由氨基—NH_2和羰基—C═O—缩合而成的C═N键）结构，这样视黄醛就能与蛋白质分子以共价键相连。不仅如此，席夫碱上的氮原子还能与蛋白质中带羧基的氨基酸（如谷氨酸和天冬氨酸）侧链上的氢离子结合，即席夫碱的“质子化”。这一步非常关键，因为它会改变视黄醛吸收光的频率，从原来的380纳米（紫外区域）移至可见光范围内（500纳米或更长）。与视黄醛结合的蛋白质称为视蛋白（opsin）是一个有7个跨膜区段的膜蛋白。由视黄醛和视蛋白共价相连组成的分子即为视紫质。视紫质的名称里虽然有一个“视”字，是因为其主要功能之一与动物的视觉有关，但其实视紫质还具有与视觉无关的其他功能。

之所以结构相对简单的视黄醛能成为接收可见光信息的分子，除了与蛋白质结合后能够吸收可见光以外，视黄醛还有一个特殊功能，就是在受光照时改变形状，其异戊二烯链会从反式变为顺式。由于视黄醛以共价键与视蛋白相连，视黄醛的这种形状变化也会影响蛋白质，可以实现许多生物功能，例如成为质子泵、离子通道、传递视觉信息等。

光照能激活双键中的电子，使双键暂时处于单键状态；当双键恢复时，就可以从反式转变为顺式，视黄醛的长链就“拐弯”了，这个变化可以发生在第11位碳原子所在的双键，即从席夫碱数起的第2个双键，也可以发生在第13位碳原子所在的双键，即从席夫碱数起的第1个双键。

1. 视黄醛的非视觉功能

与蛋白结合的视黄醛由于在可见光照射时会发生构象变化，并能将自身变化传递给与之相连的蛋白质分子，可以发挥多种功能，包括两种与视觉无关的作用。

质子泵——古菌的视紫质。原核生物包括细菌和古菌，许多古菌可以在严酷的环境中生存，例如有些古菌是嗜盐菌，能在饱和盐溶液中生存。其中盐杆菌的细胞膜呈紫色，是因为膜上有大量含视黄醛的视紫质，其名称为细菌视紫红质。视紫质中的蛋白部分有7个跨膜区段，在细胞膜内围成筒状，视黄醛便位于筒的中央，与第216位的赖氨酸形成席夫碱共价连接，该席夫碱上的氮原子能与第96位天冬氨酸残基上的一个氢离子结合，即质子化，使细菌视紫红质中的视黄醛能吸收500～650纳米的光（绿色和黄色），其吸收峰在568纳米处，所以看上去为紫红色。它在受光照射时可以改变形状，从全反式变为13-顺式。将氢离子从蛋白质位于细胞质附近第96位天冬氨酸残基上转移到位于膜另一边第 85 位的天冬氨酸残基上，再释放到细胞膜外。所以细菌视紫红质直接利用光能产生跨膜氢离子梯度，用于合成 ATP，是细菌直接利用光能的巧妙机制。

调节动物生物钟的视紫质。动物体内，含有视黄醛的视紫质能够感知光照的昼夜变化，并将光信号传输到神经系统中，调节动物自身的生物钟。

2. *动物眼睛里的视黄醛*

视黄醛除了在古菌中驱动质子泵和调节动物的生物钟外，在动物的视觉体系中也扮演关键角色，即所有动物的视觉功能都是基于视黄醛的，因此在具体介绍动物的视觉系统之前，先介绍动物视觉系统中的视黄醛及其相连的视蛋白。

动物的视觉系统不仅要接收光线携带的信息，还要将信息传递给神经系统加以解读，以使动物做出适当反应。这就要求由视黄醛和视蛋白组成的视紫质具有传递信息的能力。动物体内与视觉有关的视紫质、古菌的菌视紫红质、衣藻的光敏离子通道都具 7 个跨膜区段且来自共同的祖先。在这类蛋白演化的过程中，与视觉有关的视蛋白获得了与 G 蛋白相互作用的功能，变成 G 蛋白偶联受体（G protein-coupled receptor，GPCR），成为 GPCR 家族的一员，可以通过 G 蛋白传递信息。

为了与 G 蛋白偶联以传递信息，视蛋白与视黄醛结合的席夫碱被质子化的情形与光驱质子泵和光启离子通道有所不同。在光驱质子泵和光启离子通道中是由一个天冬氨酸残基使席夫碱质子化，而在动物的视紫质中，则由一个谷氨酸残基（相当于牛眼视紫质中第 181 位的谷氨酸残基）使席夫碱质子化。视蛋白对视黄醛“变身”的利用方式也不同。在光驱质子泵中，未受光照激发的视黄醛处于全反式的构象，光照使视黄醛从全反式变为 13-顺式。而在动物眼睛的视紫质中，在没有光激发时视黄醛处于 11-顺式，光照视黄醛由顺式变为全反式结构。在原始视蛋白演化的过程中，与 G 蛋白相互作用的方式并非只有一种，而是出现作用机制相似（都与 G 蛋白相互作用传递信息），但信息传递的具体路径稍有差异的两种视紫质：一种是通过活化磷酸二酯酶（PDE）改变细胞中 cGMP 的浓度改变信息；另一种是通过活化磷脂酶 C，生成三磷酸肌醇（IP3）和二酰甘油（DAG）这两种信息分子。

视黄醛是比较小的分子，基本上就是一个 6 碳环带一条 8 个碳原子长的“尾巴”，比叶绿素分子小得多，可见光的光子“击中”视黄醛分子的几率也相应较小。想要增加接收光信号的效率，方法之一就是增加视紫质分子的数量。但是细胞膜的面积有限，即便是填满，也装不了多少视紫质分子。但若细胞膜起皱褶或长出绒毛，增加膜的比表面积，便能解决这个问题。动物细胞采取了两种方式。一种是让纤毛（cilia）横向扩展，长出许多片状结构，这些片状结构的方向与生出纤毛的细胞膜平行，像许多盘子叠在一起，这种感光细胞被称作纤毛型感光细胞（简称 c-型感光细胞），人眼中的视杆细胞和视锥细胞就属于 c-型感光细胞。另一种是细胞的顶端膜长出许多微绒毛，类似于小肠绒毛，方向与长出绒毛的细胞膜垂直，这种感光细胞被称作杆状感光细胞（简称 r-型感光细胞），昆虫复眼中的感光细胞就属于 r-型感光细胞。

动物的两种视蛋白在结构上有细微差别，它们分别进入两种结构不同的细胞膜皱褶中，成为接收光信号的分子。活化磷酸二酯酶，改变细胞中 cGMP 浓度的视蛋白主要进入睫状感光细胞的膜皱褶中，称作 c-型视蛋白；而活化磷酸酶-C，生成 IP3 和 DAG 的视紫质则主要进入杆状感光细胞中，称作 r-型视蛋白。动物眼睛中的这两种视蛋白都被用于吸收光线，眼睛的类型不同，使用的视紫质类型也不同，但是从低级到高级的眼睛，c-型和 r-型的视蛋白都被使用。

从低等动物到高等动物，眼睛的构造也经历了从简单到复杂的变化，从单细胞生物的“眼睛”，到多细胞动物一个细胞的“眼睛”，到动物两个细胞组成的“眼睛”，到动物的杯状眼、贝类的反射眼、昆虫的复眼、脊椎动物的单透镜眼（照相机类型的眼），最后到能够在视网膜上形成高分辨率图像的人眼，中间经历了多阶段、多方向的演化过程。从功能上看，从只能感受光线强弱但不能感知光线方向，到能够感知光线方向但不能形成图像，再到大致图像的生成，最后到高解析图像的生成，中间也经历了多个步骤和发展方向。无论眼睛的构造和功能是简单还是复杂，都能够给生物提供有用的信息，以增加它们的生存机会，所以即使在现在，这些不同类型的眼睛在动物身上仍然可以找到。除了少数单细胞生物外，这些眼睛所使用的都是 c-型和 r-型这两种视蛋白。后续将从原核生物的光线感受机制讲起，以显示真核生物眼睛的演化历程。除了衣藻使用黄素作为感光分子，其他单细胞生物和所有动物的视觉系统都使用视黄醛。

二、没有眼睛的“视觉”

(一) 嗜盐菌

最原始的视觉不需要什么特殊结构，但需要视黄醛。原核生物古菌中的嗜盐菌含有视紫质分子，但却没有与视觉有关的结构，视紫质简单地位于细菌的细胞膜上，因此无法检测到光线的方向。但这些视紫质分子也能给嗜盐菌提供有用的信息以避免紫外线的伤害，例如在光线较弱时游向光线强的方向，而光线过强时又能向光线稍弱的方向游动。既然视紫质分子并不能测定光线的方向，嗜盐菌是如何游向光线适宜处的呢？

嗜盐菌含有两种与光线接收有关的视紫质分子，即 SR1（sensory rhodopsin 1）和 SR2（sensory rhodopsin 2），分别接收橙色光和蓝色光。由于海水对蓝光的反射程度要高于橙光（这也是海水呈蓝色的原因），橙光一般代表海水较深处的光环境，而蓝光一般代表海水较浅处，通过感知橙光和蓝光，嗜盐菌即可判断自己所处的海水深度，并做出相应的反应。也就是说，嗜盐菌虽然没有眼睛，却具有彩色“视力”。

嗜盐菌对两种不同光线的感知又是如何转换成生物对不同光线的应激反应？SR1 和 SR2 分别有各自的信息传递分子 Htr1 和 Htr2。这两个信息传递分子也是膜蛋白，含有 2 个跨膜区段，其在细胞质中的部分与组氨酸激酶 CheA 相互作用。CheA 能改变控制鞭毛摆动方式蛋白 CheY 的磷酸化程度，当 CheY 磷酸化程度高时，鞭毛摆动方式变化频繁，嗜盐菌不断改变游泳方向，当 CheY 磷酸化程度较低时，鞭毛改换摆动方式的频率降低，嗜盐菌便能较长时间地维持原有的游泳方向。在海面以下，橙光强于蓝光，嗜盐菌体内的 SR1 被激活，并通过

Htr1 抑制 CheY 激酶的活性，使 CheY 磷酸化程度降低，嗜盐菌能够长时间维持同样的游泳方向，以游向橙光更强处。如果嗜盐菌离海面很近，蓝光较强，则有更多的 SR2 被激活，使得 CheY 的磷酸化程度升高，嗜盐菌的游泳方向会更频繁地改变，以增加其逃离强光的机会。这就是不同波长的光线在嗜盐菌无法感知光线方向的情况下影响其游泳方向，即趋光性。嗜盐菌这种对光线的反应也使用了信息传递链，被认为是广义上的“视觉”，但这里并没有测定光线方向的机制，只是利用了在不同海水深度中光线颜色的变化达到趋光性的目的，真是一个非常“聪明”的做法。

（二）水螅的“视觉”

水螅是多细胞的真核生物，身体呈辐射对称，是相对低等的动物（与两侧对称的动物相比较而言）。虽然水螅已经具有神经系统，即由神经细胞组成的网络，但它并没有用于视觉的结构，这也许跟水螅是固定在水中物体上并不游动有关。水螅的触须在碰到猎物时会射出刺细胞中的尖刺，被击中的猎物便会释放出还原型谷胱甘肽，这种谷胱甘肽就是一种化学信号，“告诉”水螅有食物，从而激发水螅的捕食反应。

尽管如此，水螅的 DNA 中仍有编码视紫质的基因，而且水螅对光照有反应。当用波长 550～600 纳米的光照射水螅时，其触须收缩的频率会增加，同时带动身体收缩。一旦切除触须，身体对光的反应就会消失，这说明感受光线的细胞在触须上。用针对视紫质的抗体进行检查，发现视紫质的确表达于触须上皮中的感觉神经细胞。触动这些细胞同样会使触须和身体收缩，说明这些细胞能够感受不同类型的刺激。水螅对光线的这种反应也不涉及光线的方向，更没有图像生成，但是它能启动信息传递链，引起身体的反应，所以与嗜盐菌一样，这也只是广义上的“视觉”，是视觉最初的发展阶段，真正的视觉就是在这样的基础上演化的。

（三）单细胞生物——能够辨别光线方向的“眼睛”

单细胞真核生物虽然只由一个细胞组成，但有些单细胞生物已演化出能够感知光线方向的结构，并据此判定游动的方向，从而游向光线较强（趋光效应）或光线稍弱的地方（避光效应）。这就比原核生物高明多了。真核细胞之所以能够做到这一点，是因为除细胞膜外还有复杂的膜系统，可在细胞内形成具有方向性的感光结构。视紫质不再像原核生物那样位于细胞膜上，而是位于细胞内专门感觉光线的膜系统中。

为辨别光线的方向，单细胞真核生物在视紫质聚集区域的旁边有色素颗粒用以遮挡光，这样光线就不能从所有的方向进入。通过细胞自己的摆动，色素颗粒遮光的程度会有所变化，细胞便能借此判断自己相对于光线的方向。

例如，眼虫的“眼点”是橙红色的，这个橙红色并不是视紫质的颜色，而是来自用于遮光的色素颗粒——类胡萝卜素。真正接收光信号的结构在鞭毛根部，由多层折叠的膜组成，含有感光色素黄素。与黄素结合的蛋白将光信号转变为信息分子 cAMP，改变鞭毛的摆动情形，使眼虫朝着光线进入的方向游动，并在游动过程中根据光线的方向不断调整自己的游动方向。

真核单细胞生物中的莱氏衣藻（*Chlamydomonas reinhardtii*）利用具有离子通道功能的视紫质分子来感受光线，即光敏离子通道。这些视紫质分子位于叶绿体外侧的膜上，在其内面叶绿体的膜之间，有许多由类胡萝卜素组成的色素颗粒。这些颗粒遮挡住来自叶绿体方向的光线，同时将来自细胞外的光线反射到视紫质分子上，使衣藻能够辨别光线的方向。衣藻的光敏离子通道在细胞膜上有 7 个跨膜区段。研究人员从莱氏衣藻中克隆出了 2 个光敏离子通道基因 *ChR1* 和 *ChR2*，其中 *ChR2* 基因的蛋白产物吸收蓝光，吸收峰在 480 纳米处。蓝光的激发使原来全反式的视黄醛分子变成 13-顺式视黄醛，即分子从“直棍”形变成了“弯棍”形，蛋白质分子的形状也随之变化，在分子 7 个跨膜区段围成的管状结构中“拉”开一个直径为 0.6 纳米的通道，各种正离子例如氢离子、钠离子、钾离子和钙离子等从该通道通过细胞膜，使膜电位去极化（即减少膜电位的幅度），影响鞭毛的摆动方式，使衣藻向光游动（趋光性）。

如果将辨别光线的结构定义为最基本的“眼睛”，眼虫和衣藻就具有最原始的眼睛。这种眼睛由两个基本部分组成，即含有视紫质感受光线的膜结构和含有遮光色素的结构，二者缺一不可。无论是最简单的眼睛还是最复杂的眼睛，都含有这两个最基本的结构。

单细胞生物的“眼睛”也可以很复杂。一些腰鞭毛虫就有一个构造类似人眼的“眼睛”。这种“眼睛”具有类似角膜和晶状体的结构，还有一个由膜折叠而成类似视网膜的结构，这个结构外还包有一个半球面形状的色素杯，用于遮光。这种“眼睛”还与由肌动蛋白（actin）组成的细胞骨架相连，通过肌动蛋白改变形状。虽然整个生物不过是一个细胞，这些特点使得腰鞭毛虫的“眼睛”像是一个微型的人眼。这个眼睛在细胞内占据相当大的体积，如果将腰鞭毛虫比作一个人的话，它的眼睛有人的头部那么大。这种“眼睛”的构造特点使腰鞭毛虫具有高度的方向性，而且有在视网膜上形成某种图像的可能。

腰鞭毛虫门的生物有2000多种，大多数生活于海洋中，也有少数生活在淡水里。有些含有叶绿体，可以进行光合作用营自养生活；有些则是捕食者，以其他原生生物（如藻类）为食。有趣的是，只有异养的涡鞭毛虫*Warnowiaceae*科中的腰鞭毛虫具有结构如此复杂的眼睛。腰鞭毛虫下面的3个属，*Warnowia* sp.、*Erythropsidinium* sp.和*Nemato-dinium* sp.都靠捕食其他生物为生。如此大且高度复杂的“眼睛”，很可能是为了定位猎物。一个单细胞生物居然能演化出类似高等动物结构复杂的眼睛，很令人惊讶，显示了生物演化的巨大力量，同时也展现了生物会使用同样的物理学原理建造视觉结构。可惜这些腰鞭毛虫从海中捕获后会很快死亡，还无法在实验室中培养，使科学家难以进一步的研究，否则长着“人眼”的单细胞生物还会揭示更多有趣的信息。

三、有眼睛的视觉

（一）箱型水母浮浪幼体的单细胞眼睛

刺细胞动物（Cnidarians）是比较低等的生物，包括水母、水螅这种身体构造呈辐射对称的动物。上文提到像水螅这样的固着底生生物虽然没有眼睛，但也具有广义上的视觉，能够感受光线。与水螅同为刺细胞动物，但是能够游动的水母却长有眼睛。水母的生长周期比较复杂，平时看到的游动水母是其成体，即有伞状盖和触手的伞盖体，伞盖体通过有性繁殖，受精卵发育成浮浪幼体，浮浪幼体能够游泳，在海底遇到合适的地方时便附着于海底，长成类似水螅那样的水螅虫，水螅虫再发育成水母成体，脱离海底，自由游动。不游动的水螅虫像水螅那样没有眼睛，而能够游动的浮浪幼体和成体都长有眼睛，这说明眼睛最初的功能是为游泳定方向。

箱型水母（如 *Tripedalia cystophora*）的伞盖类似一个立方体，因此得名箱型水母。其触手从立方体上长出，最多可达 15 根，每根触手含有多达 5000 个刺细胞，其毒液是最致命的毒液之一，能麻痹神经和心脏，因此箱型水母也被称为海黄蜂。虽然箱型水母很危险，但却是科学家研究眼睛的好材料。

在箱型水母的生长周期中，浮浪幼体只需附着在海底几天后就会长成水螅虫，所以它对眼睛的要求也比较低，每只眼睛只由一个细胞组成。而箱型水母的成体要生活一年或更长，还要捕食，因此对视觉的要求也更高，所以箱型水母成体的眼睛也更复杂。本文先介绍浮浪幼体的单细胞眼睛。

浮浪幼体像一个扁碗，前端比后端宽，主要由两层细胞组成，每个细胞上有一根鞭毛，用于游泳。在身体后端散布着十几个视觉细胞。这些视觉细胞也带有鞭毛，在鞭毛根部附近围绕含有 r-型视紫质的微纤毛。围绕着微纤毛的是许多色素颗粒，起到遮光的作用，使光线只能从鞭毛的方向进入，细胞从而得以感知光线的方向。一个细胞内同时含有感光结构和遮光结构，所以是一个细胞的眼睛。

不仅如此，对光线的反应也在同一个细胞中进行。感光结构捕获光信号后，直接传递到鞭毛上并影响鞭毛的方向和摆动方式。虽然浮浪幼体体表的每个细胞都可以用鞭毛游泳，但“掌舵”的是感光细胞，使浮浪幼体向海底方向游动。

浮浪幼体的眼睛虽然只由 1 个细胞组成，但也能接收光信号（包括光线方向），使其有方向性地游动。虽然浮浪幼体没有神经细胞，但这些说明了该过程可以在没有神经系统的情况下完成。

在这个“眼睛”细胞中，既有感光结构，又有遮光结构，还有执行对光反应的鞭毛，是“一身而三任”。没有信息输出，说明这个细胞还不是神经细胞。这对于只需找到海底的浮浪幼体来说已足够。演化的下一步是将这些功能分割开并由不同的细胞担任，如此才能形成由多种细胞组成具有复杂结构的眼睛。

（二）低等动物两个细胞的眼睛

腕足类动物是类似双壳类动物的软体动物，它们都有2只外壳，但双壳类动物的2只壳一般是左右对称分开的，如常见的贝壳。而腕足类动物的2只壳分上下，腹壳在下，与附着有关，背壳在上，一般小于腹壳。两壳之间有肉茎伸出，好像动物的“足”，所以称作腕足类动物。

腕足类动物 *Terebratalia transversa* 的幼体在前端长有数个（3～8个）由两个细胞组成的眼睛。其中一个细胞含有一个晶状体样的结构，但是不含色素颗粒，可称之为晶状体细胞；另一个细胞含有色素颗粒，但是没有晶状体结构，称之为色素细胞。为了获得良好的遮光效果，尽量挡住从多数方向射来的光线，色素细胞形成凹陷，在凹陷处密布色素颗粒。晶状体细胞则形成由纤毛扩张而成的多层膜结构，其中含有视紫质，成为细胞的感光区。这个感光区“埋”在色素细胞的凹陷中。色素细胞在凹陷处也发展出由纤毛扩张而成的多层膜结构，与晶状体细胞的多层膜结构相邻，因此这两个细胞都是c-型感光细胞。这两种膜结构都含有视紫质，共同形成眼睛的感光部分。不仅如此，这两个细胞还分别发出轴突，将信号传输到幼体的“脑”中。

相对于水母浮浪幼体的单细胞眼睛，腕足动物幼体的眼睛已有重大进步。最明显的是细胞之间有了初步的分工：晶状体细胞含有类似晶状体的结构，用于汇聚光线，且有感光结构，还用轴突将信息输送至神经系统，已然是“专业”感光细胞的雏形。色素细胞没有晶状体，却含有大量色素颗粒，是“专业”色素细胞的雏形。不过这两个细胞的分工还不彻底，因为色素细胞还含有感光结构，并与晶状体细胞一样，需要通过轴突将信息传输到神经系统，还有一些感光细胞的功能。这两个细胞都通过轴突输出信息，因而已经具有神经细胞的性质。这种具有感光结构，又含有色素颗粒的细胞在一些更加复杂的眼中依然被使用。

沙蚕（*Platynereis dumerilii*，一种环节动物）的幼体也长有两个细胞的眼睛。与腕足动物幼体的二细胞眼睛不同，沙蚕眼睛的这两个细胞已经有了明确的分工，即专门的感光细胞和专门的色素细胞。感光细胞也不是腕足动物幼虫的 c-型感光细胞，而是 r-型感光细胞。感光细胞也发出轴突，但轴突并不连到神经系统，而是直接与纤毛带上的纤毛细胞接触，通过神经递质乙酰胆碱将信息传递给纤毛细胞，改变纤毛的摆动方式，使沙蚕幼虫向光线进入的方向游动。

感光细胞用轴突传递信息，说明其已经具备了感受信息的神经细胞的基本特点，但是它与效应细胞之间的信息传递是直接的，并不通过其他神经细胞，其使用的 r-型视紫质也说明 c-型和 r-型的视紫质都能够担负起接受光信号的任务，所以都被动物所采用。

虽然色素细胞的遮光作用可使生物辨别光线的方向，但是生物必须要摆动身体，并通过身体摆动时光线强度的变化（色素颗粒在光线来路上时光线强度最低，色素颗粒在感光细胞后面时光线强度最高），才能够获得光线方向的信息。如果感光细胞数量增多，又有机制使光线聚集到其中的一些感光细胞上，动物就有可能在不摆动身体的情况下获得光线方向的信息。有两种方式可以达到这个目的，色素杯状眼和针孔眼。

（三）扁虫和成体水母的色素杯状眼

从单细胞的眼点到能够辨别光线方向，甚至形成初步图像的多细胞眼睛，经历了多个发展阶段。海鞘是与脊椎动物亲缘关系最近的动物，其成虫附于水底，并不游动，也没有任何视觉结构。但海鞘的幼虫却能游泳，形状类似蝌蚪，而且有由多个细胞组成的眼睛。在这样的眼睛中，不仅感光细胞的数量增多，晶状体细胞和色素细胞的数量也增多。例如，海鞘 *Aplidium constellatum* 幼虫的眼睛有 10 多个感光细胞夹在色素细胞之间，其 c-型感光细胞的感光膜从色素细胞之间伸出，伸向 3 个晶状体细胞。感光细胞和晶状体细胞数量的增加可以提高幼虫的感光能力，但由于这 3 个晶状体又各自行事，光线不可能集中于少数感光细胞上，对于光线方向的分辨率不会很高。

扁形动物门（Platyhelminthes）动物的体型呈扁平状，两侧对称，包括涡虫、绦虫和吸虫等动物。其中涡虫的头部有一对眼睛，若干 r-型感光细胞伸入由一个色素细胞组成的色素杯中，感光细胞的感光纤毛紧挨色素杯内壁，以达到最佳遮光效果，细胞核位于色素杯外，感光细胞发出的轴突则与涡虫的神经系统相连，是真正意义上的眼睛。由于色素杯遮挡了大多数方向来的光线，光线只能从感光细胞伸入处进入，照射到里面的一些（不是全部）感光细胞上，涡虫不必摆动身体即可感知光线的方向。由于涡虫只缓慢爬行，因此演化为依靠自身辨别光线方向，而不需要身体或头部摆动的眼睛是有优越性的。

成体水母为了维持生存所需的游泳和捕食活动，对视力的要求高于仅靠游泳栖息水底的幼虫。例如上文提及的箱型水母，幼体只有单细胞眼睛，而成体长在触手基部的色素杯状眼则由多个细胞组成，结构较为复杂。每只色素杯状眼含多个 c-型感光细胞，感光膜从中央纤毛横向发出，整个感光结构呈上小下大的锥形。这些感光细胞组成半球形结构，每个感光细胞的锥形感光器都指向由多个晶状体细胞组成的单一晶状体结构。感光细胞的基部含有细胞核和色素颗粒，所以感光细胞同时也是色素细胞，在杯状眼的外围阻挡光线。箱型水母成体也有专门的色素细胞，在眼睛表面围绕着晶状体，使光线只能从晶状体处进入。虽然晶状体对光线的聚集能力还不强，但却能在一定程度上增加捕捉光线的效率，还能将不同方向入射的光线投射至不同的感光细胞，使眼睛具备辨别光线的能力。这种结构还能形成低解析度的图像，帮助水母识别环境中的事物。类似结构的眼睛还存在于其他动物，例如属于腹足软体动物的蜗牛等。

有趣的是，箱型水母幼体单细胞眼睛内的感光细胞为 r-型，其中的视紫质因此也是 r-型的，而同种动物成体的杯状眼所使用的却是 c-型感光细胞和 c-型视紫质。这说明箱型水母含有两种视紫质的基因，可根据需要使用其中的一种。

（四）鹦鹉螺的针孔型眼睛

软体动物鹦鹉螺以其奇异的形状和运动方式（靠吸水和喷水）而在海洋动物中显得独特，针孔型眼睛则是鹦鹉螺的另一独特之处。鹦鹉螺的眼睛基本上呈杯状的腔，腔内壁排列有感光细胞组成的视网膜，感光细胞从背向小孔的方向发出轴突，与脑部联系。杯状腔朝向体外的部分只有一个很小的孔，光线可由此进入。因为没有晶状体，鹦鹉螺的眼睛便利用小孔成像的原理，在视网膜上形成图像。这是眼睛成像的一种较原始的尝试，也说明鹦鹉螺的脑已初步具备分析图像的能力。不过用这种方式的最大缺点是，只有当孔径小到一定程度时，才能形成质量较高的图像，如此小的孔径只能让数量有限的光子进入，一旦增大孔径，进入的光线增多，图像就会变得模糊。因此，鹦鹉螺的视力并不是很好，主要靠嗅觉发现食物和寻找配偶。由于效果不佳，其他动物也很少使用这种针孔型眼睛。但鹦鹉螺的例子却表明，在漫长的演化过程中，动物为了获得更强的视觉能力，尝试过各种方式并取得了一定程度的成功。鹦鹉螺的针孔型眼睛是一种尝试，扇贝的反光眼则体现了另一种尝试。

（五）扇贝的反光眼

大口径望远镜利用反光镜成像，动物也尝试过这种机制，利用凹面反光在视网膜上成像。扇贝为双壳类软体动物，在其壳和触手之间长有数十个反光眼。当有光线照射时，由于反射面反光，这些眼睛看上去像是发光的蓝色或绿色细小珍珠。除了反射面之外，反光眼还有一个晶状体，视网膜则位于反射面和晶状体之间。

晶状体的作用并非用于成像，而是用于纠正反光镜的视差，因为最清晰的图像形成于视网膜紧贴晶状体处。海扇长有上百个这样的反光眼，当捕食者经过时会依次被这些眼感受到，从而发出警报，关闭贝壳。

有些蜘蛛也长有反光型的眼睛，在夜晚用手电筒很容易就能发现它们反光的眼睛。虽然与昆虫同属节肢类动物，但蜘蛛属于蛛形纲（Arachnid），长有 8 条腿，没有触角，因而有别于 6 条腿且生有触角的昆虫。蜘蛛与昆虫的另一个差别在于，蜘蛛没有复眼而昆虫普遍使用复眼（见下文）。蜘蛛一般有4对眼睛，处于中间并朝向前方的1对眼睛为带晶状体的色素杯状眼，视力较好，主要用于捕食；靠外的3对眼睛为反光型，用于监视周围的情况。反光聚成的图像是倒置的，而且形成的图像面积要比晶状体形成的小，所以一般只有对图像要求不高、较低级的生物才使用这种反光型眼睛，从黯淡的光线中获取信息。

在一些高等动物中，视网膜后也有反光面。这些反光面并非用于成像，而是将未被感光细胞俘获的光子反射回视网膜，以增加光的吸收效率。由于反射的光线正好位于感光细胞的背面（即背光方向），这种反光不会影响图像的清晰度。生活在非洲西部的树熊猴和金熊猴，其眼睛视网膜的后面就有反光色素层，用手电照射时，这些动物的眼睛会“发出”绿幽幽的光，事实上是眼内的反光，这些动物的眼睛在受到光线直射时也会“发光”，在幽暗的环境中尤为明显。

在上文介绍的各种类型的眼睛中，除高等动物具反光色素层的眼睛外，其他类型都比较原始和简单，只存在于低等动物中。对于比较高等的动物来说，特别是有捕食需求的动物，这些类型的眼睛远无法满足需要。由于捕食对象在捕猎者视野范围内的视角会随着距离增加而迅速减小，因此，眼睛只有形成高分辨率的图像，动物才能看清一定距离范围内的猎物或天敌，满足生存所需。若要形成高分辨率的图像，仅靠增加感光细胞的数量是不够的，还需要有高质量的成像机制，这就像一张感光胶片或数码照相机中的电荷耦合元件（charge-coupled device，CCD），虽然含有大量像素单位，却不能自发成像。为了在感光细胞组成的视网膜上形成高分辨率的图像，生物采取了两种方式。一种是视网膜形成外凸的球面，再由大量晶状体分别在小块视网膜上汇聚光线，每个晶状体单位形成的光信号相当于一个像素，所有像素汇集起来即为完整的图像，这就是昆虫的复眼（compound eye）。另一种方式是让视网膜内凹，并位于眼球内表面，由一个晶状体在视网膜上成像，这就是脊椎动物所使用的单眼（simple eye），包括人的眼睛。simple在这里是相对于复眼的compound而言，事实上单眼一点也不simple，实际上应该称作single chamber eye，即每只眼只有 1 个具备晶状体的眼腔，所以叫作单透镜眼更合适。这种眼睛的工作原理类似于照相机，因此也叫作照相机类型的眼。

（六）昆虫的复眼

观察过蜻蜓的人，都会对蜻蜓头上那两只占了头部的绝大部分的大眼睛印象深刻。对于蜻蜓这样靠捕食其他昆虫的动物来说，这么大的眼睛一定有其必要性，其最终目的还是为了适应捕食所需。蜻蜓在飞行中捕食，其捕食对象也是处于飞行的运动状态，如蚊子。要在彼此都是快速运动的情况下捕捉蚊子的影像并准确抓住蚊子，蜻蜓必须有足够强大的视力，支撑其强大视力的武器，就是昆虫普遍使用的复眼。

昆虫的复眼由数百上千个构造相同的“小眼”组成。这些小眼上粗下细，呈六角锥状，能聚集成类似圆球状，每个小眼朝向不同的方向，因此形成的视角非常广阔，昆虫无需改变其飞行方向便能看见大范围环境中的情况，而具有单透镜眼的人和鸟（如猫头鹰）就必须转动头部才能看见不同方向的情形。由于每个小眼只捕捉固定方向的影像信息，移动中的物体会使不同的小眼依次感受到其轨迹，因此复眼能够捕捉到物体迅速移动的信息，非常适合昆虫捕食的需要。

为了让每个小眼只接收与自身方向相同的光线，小眼被色素细胞严密包裹起来，角度稍不同的光线就无法到达感光细胞。例如在果蝇的复眼中，每个小眼有 2 个初级色素细胞、3 个次级色素细胞和 3 个三级色素细胞。初级色素细胞、次级色素细胞和三级色素细胞从内向外将感光细胞密密裹上，以防光线进入方向匹配的小眼后泄漏至其他小眼中去。

每个小眼都有自己的“透镜”，由 4 个细胞组成，相当于单眼的晶状体。小眼中的感光细胞接收到的信息相当于数码相机中的一个像素，所有小眼的像素汇集一起，在昆虫的脑中形成图像，就像数字照片是由密集的像素点组成的一样。由于昆虫复眼中的小眼数量有限，一般只有几百到几千个，相当于数码相机照的照片只有几千像素，只能形成低分辨率的照片。如果人类也使用复眼，要想达到目前人眼成像的高分辨率，就得有直径 11 米的巨型复眼，才能容纳下那么多小眼。

由于昆虫复眼的构造特点，即每个小眼通过自己的透镜形成像素，所以昆虫通过复眼看到的图像是正的。而照相机和脊椎动物的单眼通过一个镜头成像，视网膜上的图像是倒置的，因此还要大脑将这种倒置图像纠正过来才能看到与实际情形一样的正的图像。

虽然每个小眼只形成 1 个像素，但每个小眼中感光细胞的数量却不只 1 个。例如果蝇的复眼中，每个小眼就含有 8 个感光细胞（R1～R8），其中前 6 个（R1～R6）排列成一圈，形成一个空管，以感知光线的明暗变化，相当于脊椎动物眼中的视杆细胞；另外 2 个感光细胞位于 R1～R6 细胞空管的管腔中，其中 R7 靠近小眼的顶部，R8 位于 R7 的下方。R7 用于感知紫外线，R8 用于感知蓝光和绿光，这些与果蝇彩色视觉有关的感光细胞，相当于脊椎动物眼中的视锥细胞。虽然这些感光细胞在功能上类似于脊椎动物的视杆细胞和视锥细胞，但昆虫复眼所使用的视紫质为 r-型，而脊椎动物的单眼使用的视紫质为 c-型。

这 8 个感光细胞发出的轴突连接到果蝇脑中的“视叶”部分。其中 R1～R6 的轴突连接到其中的“视板”部分，R7 和 R8 的轴突连接到“视髓”部分。每个小眼中 R1～R6 的轴突与脑中相连的位置不同，相邻小眼 R1 的轴突连到同一区域，相邻小眼 R6 的轴突连到另一个区域，这样每个小眼中的每个感光细胞仍然只提供一个像素。

由于昆虫复眼与其他动物单眼所成像的方向相反，因此，这两种眼睛的使用者所需的神经系统解读信息的方式也不同，包括视神经连接的方式也不同，所以眼睛的类型一旦形成，便无法转化成另外一种。不过在极端环境中也有个别例外。例如在深海中生活的短脚双眼钩虾便长有一双硕大的眼睛。每只眼睛都有一个晶状体，在视网膜上形成倒置的图像，所以看上去是单透镜眼的类型。但这种虾的视网膜结构也具有复眼的特征，而且复眼中小眼的构造的痕迹仍然存在，说明它是从复眼变化而来的。这种特殊的变化要求虾脑重新连接视神经纤维，也许这种虾经历过眼睛完全丧失功能的阶段，即由于黑暗的生存环境使它不再需要视力，原先用于连接复眼的视神经也随之退化。而当这种虾返回有光线的环境时，又演化出了晶状体，使得新的视神经按照倒置的图像连接。这个例子也说明，动物在视力的演化过程中非常灵活，并非刻板地规定哪种动物必须具有哪种眼睛。

昆虫的复眼能形成含有数千个像素的图像，相比于无法成像或成像模糊的眼睛来说，如上文提及的针孔眼和杯状眼，已是巨大的进步。蜻蜓能利用其复眼发现和捕获猎物。蝴蝶的复眼功能更为强大，能在长途迁徙中利用太阳光进行导航。由于太阳的光线只能从某个特定的角度进入复眼，感知太阳光的小眼就能根据太阳的位置确定航向。太阳的位置在一天中不断变化，蝴蝶还要依靠自身的生物钟预测太阳的方位，从而保持自己的飞行方向。

由于复眼中每个小眼只贡献图像中的一个像素，所以昆虫复眼形成的图像最多只有几千像素。要形成高分辨率的图像，就要有更多的感光细胞和更精确成像的透镜。在章鱼的单透镜眼和脊椎动物的单透镜眼中，这两个要求都实现了。

（七）章鱼的单透镜眼

软体动物较为低等，如贝类、蜗牛等，其身体柔软且不分节，常有外壳保护。软体动物的眼睛通常也比较低级，例如上文提及的扇贝的反光眼和箱型水母的杯状眼。许多软体动物也没有脑，只有神经节，然而软体动物头足纲中的章鱼却演化出了高度发达的眼睛和能分析视觉图像的脑。章鱼的视力非常好，能区分物体的明暗、大小、形状和方向（水平或垂直）。由于章鱼的猎食对象大部分是螃蟹、鱼类等，这些“食物”经常都处于快速运动状态，一些巨型章鱼甚至捕食速度更快的鲨鱼，因此，具有如此敏锐的视力，对章鱼来说是生存必需。

章鱼的眼睛在结构上为单透镜类型（相对于昆虫复眼中的多透镜而言）。视网膜由于摆脱了复眼结构的限制，含有比昆虫复眼的小眼小很多的感光细胞，因此能够提供大量的“像素”，增加图像的分辨率，如同数码相机中的电荷耦合元件 CCD。而功能完善的晶状体更像是一个高质量的透镜，能在视网膜上形成高清晰度的图像。章鱼是通过调节晶状体和视网膜之间的距离对远近不同的物体进行聚焦的，这种工作方式与照相机相同。章鱼眼睛虹膜上的开口（即瞳孔），相当于照相机的光圈，可以调节进入眼睛光线的多少。这些特点使章鱼眼成为真正意义上的照相机类型的眼，能够形成高清晰度的图像。同时，图像中大量的信息也需要发达的神经系统进行分析和处理。章鱼拥有相当发达的大脑，这使得章鱼的智力达到了可以使用工具的程度，而其中用于处理视觉信息的部分更是占大脑的30%左右，这更加说明了视觉对章鱼的重要性。因此，章鱼已将视觉器官和处理视觉信息的大脑发展到了相当完善的地步，这是生物视觉器官演化过程中的一个重要里程碑。

当然，章鱼的眼睛并不是照相机，而是将光信号转换成神经脉冲的器官，所以也有自身的结构特点。例如，其感光细胞是r-型的，在细胞的前端（朝向光线射来的部分）横向长出许多纤毛，类似于牙刷的毛，用于感受光线，而在细胞的后端则含有色素颗粒用于遮光。在感光细胞之间还有专门的色素细胞，其所含的色素颗粒和感光细胞的色素颗粒处于同一水平位置，共同构成遮光层。这种感光结构和遮光结构的紧密接触能够最为有效地发挥色素层的遮光作用。这两种细胞的细胞核位于色素层的后方。感光细胞从其最后方发出神经纤维，这些神经纤维先经过一个大的神经节，再传递至大脑。昆虫的复眼和章鱼的单透镜眼虽然是两种结构完全不同的眼睛，但是它们都使用了r-型感光细胞和 r-型视紫质，这说明c-型和r-型视紫质的不同并不是由眼睛类型不同所导致，而是演化过程造成的结果。

感光细胞的工作是将光信号转变成神经脉冲，这一过程会消耗大量的能量，因此必须有充足的血液供应。章鱼的血液是蓝色的，这是由于章鱼使用含铜的血蓝蛋白传输氧气。在低温和低氧环境中，与脊椎动物所使用的血红蛋白相比，血蓝蛋白能够更有效地输送氧气。虽然血液能够给感光细胞输送营养物质和氧气，但是蓝色的血液对光线的吸收却有干扰作用。所以供应感光细胞血液的毛细血管位于感光细胞中色素层的后方，细胞核的前方，以便血液尽可能地靠近需要大量能量的感光部分；同时色素层的前方无毛细血管，以避免血液在可见光范围内的吸收干扰感光细胞的光吸收，从而影响色素颗粒的功能。这样形成的感光区段-色素区段-血管网的布局能够最好地处理光吸收、遮光和血液供应之间的关系。

章鱼这样精巧的眼睛是如何演化而来的？其实从上文介绍的关于比较原始的眼睛内容中，已经能够看到一些线索。最初构成眼睛的细胞可能只是能够感受光线的上皮细胞，例如水螅具有 c-型视蛋白基因，对光线有反应。但是这样的反应是基于身体表面的感觉神经细胞，还没有任何专门的感光结构及遮光的色素颗粒。海星的皮肤也能感受光线的强度，但并不能感受光线的方向。从箱型水母幼体开始就有了单细胞构成的眼睛，其既有 r-型感光细胞的微纤毛，又有遮光的色素颗粒。进一步的演化导致了感光细胞和色素细胞的分化，例如沙蚕的幼虫就有由两个细胞组成的眼睛，一个是感光细胞，一个是色素细胞。随着感光细胞和色素细胞数量增多且位置内移，色素杯状眼形成。杯状眼的内层为感光细胞，是原始的视网膜；外层为色素细胞，是原始的色素上皮。杯状眼内起初充满水，后来为了防止异物进入，杯状眼内逐渐发展出了胶状物质，但是此时的杯状眼还没有聚光能力。“杯口”进一步缩小，形成针孔眼，在视网膜上形成初步的图像，如鹦鹉螺那样的针孔眼。如果杯状眼内胶状物的折光率加大，则有初步的聚光能力，在“杯”内形成图像的能力也随之提高，对动物的生存更加有利。这样发展下去，胶状物质就逐渐变成晶状体。形成针孔的组织如果与肌动蛋白丝相连，而肌动蛋白的收缩又能够改变针孔的大小，这样就使眼睛更能适应光线强度的变化，最后发展成虹膜和瞳孔。眼睛的每一步发展都在原先的基础上改进，而每一步改进都增加眼睛的成像能力，对动物的生存更加有利，这样就以“小步改进”的方式演化出章鱼这样高度完善的眼睛。

由于章鱼的单透镜眼睛是由感光上皮细胞内陷而逐渐形成的，所以感光细胞的感光部分就始终朝向身体外部，即光线射来的方向。而发出神经纤维的位置则位于细胞的后方，即朝向身体内部脑的方向，因此章鱼眼的视网膜是“正贴”的，进入眼睛的光线经过晶状体汇聚后，直接聚焦在感光细胞上，而且是感光细胞中最前端（朝向光线射来的方向）的部分。章鱼眼的视网膜基本上就是一层感光细胞加色素细胞。感光细胞发出的神经纤维汇聚在眼后方的一个膨大的神经节内，把视觉信号进行初步处理后再传输至脑。

除了章鱼的单透镜眼睛，还有另外一类单透镜眼睛。其在结构和功能上非常类似于章鱼的眼睛，但是又有非常大的差别，这正是所有脊椎动物都使用的单透镜眼睛。

（八）脊椎动物的单透镜眼睛

脊椎动物的单透镜眼（如人眼）和章鱼的单透镜眼结构几乎完全相同，例如都有视网膜、色素细胞层、晶状体、虹膜及虹膜上的瞳孔等，而且它们的空间位置几乎完全相同。如果只看眼的基本结构图，很难分辨是章鱼眼还是人眼。人眼也是高度发达的，能在各种光照情况下对远近不同的物体形成高解析度的图像。同为脊椎动物的鹰视力则更好，能在几百米甚至上千米的高空看清楚地面上的猎物，这样的难度相当于人眼在十几米以外看清楚报纸上的小字。

由于人眼和章鱼眼的这些相似性，人眼曾一度被认为是从章鱼类型的眼演化而来的。但是实际上章鱼的眼和人眼是从不同的途径发展而来的，它们之间存在着某些重要的差别。例如在人眼中，晶状体对不同远近物体的聚焦是通过改变晶状体的形状而实现的，而章鱼眼睛则是通过改变晶状体的位置（即晶状体与视网膜之间的距离）来实现的，其原理就像照相机聚焦时那样。从这个方面来说，章鱼的眼睛比人眼更像一架照相机。

更为重要的差别是两者视网膜的不同。人眼的视网膜并非只由一层感光细胞构成，而是有三层细胞，彼此以突触（synapse）相连，分别是感光细胞（包括视杆细胞和视锥细胞）、双极细胞和节细胞。感光细胞将光信号转变为电信号，双极细胞分析处理这些信号并加以分类，例如有的信号只传输形状信息，有的信号只传输明暗信息，有的信号只传输颜色信息等。节细胞将这些加工过的信号传输至大脑，由大脑整合形成完整的图像。除了这三类细胞，人的视网膜还含有其他类型的细胞，例如在双极细胞层还存在横向联系的水平细胞，在节细胞层也含有横向联系的细胞称为无长突细胞等。

综上所述，人的视网膜不仅是感光结构，而且还含有对视觉信号加工的神经细胞。所以人的视网膜可以看成是神经系统的一部分。而章鱼眼的视网膜则只含有感光细胞和色素细胞，初步处理视觉信号的神经细胞位于眼后面的那个膨大的神经节内。

除上述差别外，人眼的感光细胞是 c-型的，与章鱼眼的 r-型感光细胞不同。这些差别均表明人眼不是从章鱼类型的眼发展而来的。奇怪的是，从基因表达状况来看，人眼中基本上不感受光线，而负责把双极细胞初步加工后的视觉信号传输至大脑的节细胞却又是 r-型的，与昆虫复眼和章鱼单透镜眼的感光细胞属于同一类型。这样的情况又是如何发生的？

若是探究这三层细胞的朝向，那就更加让人意外了。不感受光线、只传输视觉信号至大脑的节细胞朝向光线射来的方向，而直接感受光信号的视杆细胞和视锥细胞反而背朝向光线射来的方向。即使在感光细胞中，具体用于感受光线照射的部分也都位于细胞核的后方，直接和色素层接触，也就是视网膜中离光线进入眼睛的方向最远的部分。如此一来，经过晶状体的光线需穿过节细胞层、双极细胞层、感光细胞含细胞核的部分，最后才到达感光部分。这就相当于在照相机的胶片前面放置几层半透膜，用于反射和散射光线。从这种意义上讲，人眼的视网膜是“反贴”的。不仅是人眼，所有脊椎动物的眼睛，包括鱼类、两栖类、爬行类、鸟类、哺乳类动物的眼睛，其视网膜都是“反贴”的。这就又提出了另一些问题，脊椎动物的眼睛是如何演化出来的？演化过程为什么要创造并保留这样一个看似不合理的“设计”？

1. 脊椎动物眼睛的演化过程

若要了解为什么脊椎动物的单透镜眼具有上文提及的那些奇怪的性质，就需要先了解这样的眼睛是如何演化的。然而单透镜眼完全由软组织构成，很难形成化石，所以要利用化石研究脊椎动物眼睛的演化过程基本没有可能。相比之下，复眼的结构较单透镜眼坚硬，形成化石的机会要高一些，例如在已经灭绝的三叶虫的化石中就发现含有复眼的结构。这说明三叶虫具有昆虫那样的复眼。尽管如此，还是可以从现有动物比较简单的感光结构做一些推测。

在考虑脊椎动物眼睛的演化过程时，不要忘记感光细胞还有另外一个功能，就是为生物提供昼夜明暗的变化，以调节生物的生物钟。由于这样的感光器官不需要辨别光线的方向，只需要感知光线的强弱，所以不需要遮光的色素颗粒或者色素细胞。这些感光细胞与脑的连接区域也不同于视觉器官连接的脑区。

例如某些蜥蜴和青蛙的头顶中部具有一个感光器官，称作颅顶眼，又叫第3只眼。它含有c-型感光细胞，但不含有色素细胞。它在结构和功能上类似于脊索动物七鳃鳗的松果体，所以又叫作松果体眼。它是上丘脑的一部分，与视觉无关，而是用于调节动物昼夜节律的，即生物钟。类似于松果体这样的组织在更原始的脊索动物（如文昌鱼）体内只是位于神经管上的感光细胞。依据这些事实，科学家设想了脊椎动物单透镜眼的演化过程。

在脊索动物神经系统的发育过程中，需要先形成神经管。c-型的感光细胞位于神经管的内部，而r-型的感光细胞位于神经管的外侧。它们都通过各自的神经纤维与脑连接。由于这些动物（如文昌鱼）的身体几乎是透明的，因此这样的结构不会妨碍这两种感光细胞感受光线。内侧的c-型感光细胞主要负责调节生物钟，而外侧的r-型感光细胞则负责视觉。

当动物的体型变大，特别是逐渐发展出头盖骨时，位于神经管上的感光细胞能够感受到的光线就越来越少。为了得到更多的光线，神经管的这个部分向外突出，伸向体表。在此过程中，一些位于神经管内侧的c-型感光细胞与位于外侧的r-型感光细胞建立突触联系，从而这些c-型感光细胞传输的光信号就能够进入r-型感光细胞的神经通路，参与视觉功能，同时仍然有一些c-型感光细胞保持原来的神经联系，继续发挥它们对生物钟的调节功能，继而发育成为松果体。

随着加入视觉系统的c-型感光细胞越来越多，原来感受光线的r-型感光细胞就逐渐丧失了感光功能，只保留了将信号传输给脑内视觉中枢的神经纤维，从而变成了脊椎动物视网膜中将视觉信号从眼传输到脑的节细胞。由于有了节细胞这条通路，那些加入视觉系统的c-型感光细胞，也逐渐丧失了自身传输到脑的神经纤维。这样，脊椎动物的视网膜就有了两层细胞：感觉光线的c-型细胞和传输信号至脑的r-型节细胞，但是还没有中间的双极细胞。

后来，部分c-型感光细胞失去感光结构，变成了双极细胞。双极细胞虽然在形态上和感光细胞不同，但是它们也含有类似的纤毛样结构，它们与其他神经细胞联系的突触称作带状突触，其中含有神经递质的小囊排列成带状，可以迅速释放神经递质，而且传输信号的强度能够对应较广范围的光线强度。虽然双极细胞的带状突触与感光细胞的突触相同，但与视网膜中其他的细胞不同。这些事实说明，双极细胞是从 c-型感光细胞发展而来的，它的出现使得视网膜对视觉信号的分类加工成为可能。感光细胞的信号先传输给双极细胞，然后才传输给节细胞。这就是脊椎动物视网膜的三层细胞结构，即使在最原始的脊索动物七鳃鳗（lamprey）中，就已经具有含三层细胞的视网膜了。七鳃鳗的眼睛也已经非常类似于人类的眼睛，这说明脊椎动物的眼睛在这些动物早期发展阶段就已经相当完善了。

七鳃鳗从幼虫发育为成体过程中眼睛的变化过程同样支持上文提及的假说。七鳃鳗幼虫的眼睛埋藏在皮肤下，视网膜也只有两层细胞，感光细胞直接和节细胞相连。在七鳃鳗变为成体的过程中，双极细胞出现，与节细胞建立突触联系。感光细胞收回和节细胞的神经联系，改为与双极细胞形成突触联系，形成了三层细胞的典型结构。晶状体、角膜和动眼肌逐渐形成，眼睛变大，并突破皮肤，到达头部的表面，最终成为功能完善的眼睛。七鳃鳗眼睛的这个变化过程，很可能反映了脊椎动物眼睛的演化过程。

既然最初 c-型的感光细胞就位于神经管的内面，r-型的感光细胞位于神经管的外面，一旦它们之间建立突触联系，这种关系就被固定下来。即使 c-型的感光细胞后来演变成视网膜中的感光细胞，而 r-型的感光细胞演变成眼睛输出信号的节细胞，但是它们之间的空间关系已经不可能再改变。在神经管凸出形成杯状眼时，同样是感光细胞向内，节细胞朝外，形成视网膜“反贴”的眼睛。在最高级的脊椎动物中，这两种细胞仍然保持了它们最初的性质，即感光细胞是 c-型的，而节细胞是 r-型的。

2. 脊椎动物“补救”视网膜“反贴”的措施

脊椎动物为什么要通过神经管中 c-型感光细胞和 r-型感光细胞建立突触联系，最后形成这样视网膜“反贴”的眼睛，而不是按照章鱼那样靠感光上皮细胞内陷形成杯状眼，再发展出虹膜和晶状体，形成视网膜“正贴”的眼睛，现在还不得而知。但是视网膜“反贴”的缺点还是显而易见的。

进入眼睛，并通过晶状体聚焦的光线，不是直接照射在感光细胞上，而是要先通过节细胞层和双极细胞层，还要通过感光细胞的细胞体（含细胞核的部分），最后才能到达感光细胞的感光部分，这些“挡”在前面的细胞和细胞体就会吸收和散射光线，使得图像模糊。章鱼视网膜的感光细胞的感光结构位于视网膜的正前方，即光线射来的方向，这样就不存在其他细胞遮挡光的问题。

由于将视觉信号传输出眼睛的节细胞位于视网膜的迎光面，它们发出的神经纤维就必须汇聚成一束，反向穿过视网膜。在这个地方不可能有感光细胞，所以就形成眼睛里面的盲点。而章鱼“正贴”的视网膜神经纤维直接通往眼睛后面的神经节，不需要穿过视网膜，也就没有盲点的问题。

由于感光细胞只能通过感光段与色素细胞层接触，它们发出的神经纤维是与双极细胞形成突触的，这样会导致视网膜比较容易与色素细胞层分离，在临床上叫作视网膜脱落，严重影响视力。章鱼的视网膜由于有神经纤维“拉住”，所以不会出现视网膜脱落的问题。

虽然脊椎动物的视网膜有一系列缺点，但是脊椎动物的眼睛，包括人的眼睛和鹰的眼睛在内，仍然具有相当好的视力。这是因为在演化过程中，脊椎动物的眼睛采取了几项措施，保证了成像的清晰度。首先是感光细胞与色素细胞层的相对位置。在两个细胞的眼睛中，感光细胞的膜系统深埋于色素细胞的凹陷处。在水母的杯状眼中，感光细胞本身就含有色素颗粒，位于感光结构的后方。感光细胞之间还夹有色素细胞，与感光细胞的色素颗粒共同形成遮光面。虽然脊椎动物的视网膜后来发展出三层细胞，但是感光细胞中的感光区段仍然与色素细胞紧密接触，以达到最佳的遮光效果。如果三层细胞的视网膜是“正贴”的，那么在感光细胞和色素细胞之间就会存在其他类型的细胞，这样光线就会由于这些细胞的反射和折射从感光细胞的侧面和后面“溜”过来，影响成像。

感光细胞和色素细胞的紧密接触，也使得供应氧气和营养物质的毛细血管能够位于色素细胞的后面，从而使得视网膜中的感光细胞与血管有最近的距离。这种安排也避免了血液在可见光区域的光吸收影响感光细胞接收可见光信息。因此虽然脊椎动物眼睛的视网膜是“反贴”的，而章鱼眼睛的视网膜是“正贴”的，但是在感光结构-色素层-毛细血管这样一种空间关系上，这两种类型的眼睛是完全一致的。

其次，为了减少甚至消除双极细胞层和节细胞层对成像的影响，脊椎动物的眼睛发展出了黄斑（macula lutea）。当人凝视某一点时，它的图像正好被聚焦在黄斑上。在黄斑处，节细胞、双极细胞连同它们发出的神经纤维，都向四周避开，因而在黄斑处形成一个凹陷，称为中央凹，来自晶状体的光线可以不经过其他细胞和结构而直接投射到感光细胞上，这样就最大限度地消除了其他细胞的干扰作用。人眼黄斑的直径大约有 5.5 毫米，在这个区域内感光细胞中的视锥细胞高度密集，达到 15 万个/毫米 ^{2}，而在视网膜的其他地方，每平方毫米则只有 4000～5000 个视锥细胞。因此黄斑就有高度的分辨率和成像能力，成为视网膜上看得最清楚的地方。如果你在看这行文字时，不要移动眼睛注视的方向，将注意力集中到上下行的文字上，就可以感觉到黄斑以外的区域的分辨率降低。

但是在黄斑以外区域分辨率的降低并不是一件坏事，而是符合大脑的工作方式的。大脑在每个时刻只能关注和思考一个问题。若整页文字都是高清级别，不仅会占用太多的资源，而且大脑也不能同时处理如此多的信息。例如在阅读时，每秒钟只能处理 10 个字左右的信息量，这就不需要看清楚整页上的每一个字，只要看清楚正在读的那几个字就可以了。这种方式还可以使人集中注意力，如果书页上的每个字都如黄斑处那么清楚，反而会分散注意力。黄斑以外的视网膜可以提供周围空间的大致情况，使人能够了解大范围环境的状况；通过头部和眼睛的转动，人能够随时将感兴趣的对象聚焦到眼睛的黄斑处，以进行详细了解。

感光细胞与色素细胞层的紧贴及黄斑的形成，在很大程度上避免了视网膜“反贴”带来的不利影响，使脊椎动物的眼睛在黄斑处形成清晰的图像。由于黄斑和盲点的相对位置，两只眼睛中盲点在视野中的位置并不重合，所以人一般不会感觉到盲点的存在。但是视网膜“反贴”所造成的其他一些缺点就不能被完全消除了，例如视网膜比较容易脱落；视网膜表面的血管出血时，溢出的血液也会挡在光路上，从而影响视力（平时称为眼底出血）。这是因为演化只能在原有结构的基础上逐步改进，但是无法推倒重来。

四、其他类型动物的眼睛

1. 动物眼睛的类型多种多样

上文介绍的眼睛类型只是一些典型的例子。而实际上动物的眼睛类型更加多样，所使用的视蛋白也不是简单地只分为 c-型和 r-型，而是各自都有许多变种。例如，人眼的视锥细胞能够感受不同频率的光线，也就是具有彩色视力。视锥细胞虽然都是 c-型的，但是可以利用三种不同的视紫质感受不同波长的光线。光视蛋白Ⅰ可以感受黄-绿光，光视蛋白Ⅱ可以感受绿光，而光视蛋白Ⅲ可以感受蓝-紫光。蜻蜓所使用的大多数视黄醛与其他眼睛使用的视黄醛相同，但是也有一部分含有羟基。

视蛋白和视黄醛如此多变，眼睛的类型和位置就更加多样了。除了上文提及的例子外，还有许多其他情况，其中有些甚至是难以理解的。例如有些蝴蝶的感光器官长在生殖器上，而且无论是雄性还是雌性蝴蝶都是如此。蜘蛛头部中央的一对眼睛具有晶状体，主要用于捕食。它的视网膜不是一张，而是垂直方向上的一条，这不足以形成整个图像。但是这种蜘蛛的视网膜是可以左右移动的，蜘蛛通过这种移动对捕食对象进行“扫描”，以形成完整图像。不结网，靠直接猛扑抓住猎物的跳蛛（jumping spider），中间的一对主眼有多层晶状体，类似于由多块透镜组成的照相机的望远镜头。这双主眼具有“拉近”捕食对象图像的功能，其视觉的精细程度远超过昆虫的复眼。

昆虫复眼中的感光细胞是 r-型的，但是一些双壳贝类的复眼却含有 c-型感光细胞。例如一种名为 *Arca zebra* 的贝类就有两类眼睛。一类是色素杯型的，杯里有 r-型感光细胞。这些杯状眼能够向动物示警，使斧足缩回。另一种是复眼，每个小眼有 1～2 个 c-型感光细胞，周围包有数层色素细胞，小眼也没有晶状体，这说明这些贝类的复眼虽然采用了和昆虫复眼相同的成像原理，但是小眼的具体结构却与昆虫的复眼不同，感光细胞的类型也不同。它向动物示警的结果是使贝壳关闭。这个例子也说明，同一种动物可以发展出不同类型的眼睛，并根据不同的目的使用不同类型的感光细胞。因此眼睛的发展方式是非常灵活的。

复眼和单透镜型眼之间也没有绝对的界限，例如一些捻翅目的昆虫，眼睛由几个大的小眼构成，可以说是复眼的一种。但是在每个小眼的透镜下，却是一个视网膜，称为小视网膜（retinula），可以在上面形成图像，所以每个小眼又像是一个单透镜型的眼。每个小眼形成的图像是倒转的，而由几个小眼形成的图像，彼此之间的关系又是正的，需要神经系统发挥功能将这些方向不同的图像整合成一个统一的图像。昆虫的另一种复眼，叫作重合复眼，眼睛仍然由许多小眼组成，但是这些小眼的感光细胞却彼此连接，在后方形成统一的视网膜。而上文谈到的典型的复眼，例如果蝇的复眼中，感光细胞是被包围在每个小眼中，彼此隔绝的，叫作并置复眼。

为了生存的需要，有些动物还对视网膜进行了一些“修改”，从而使它更有效地为动物服务。例如兔子在发现捕食它们的动物时，一般只需要对水平方向上的目标形成比较清晰的图像。因为在平原上，其他动物的位置基本上集中在地平线方向。为了适应这种情况，兔子的视网膜在水平方向上有一个节细胞数量密集的条带，以便对水平方向上的视觉信息进行更清晰的传输。

有一种长着一对奇怪眼睛的鱼，叫作拟渊灯鲑（*Bathylychnops exilis*）。每只眼睛有两个晶状体和两个视网膜。其中一个朝向前方，执行普通眼睛的功能，而另一个则朝向下方，所以这种鱼也叫作四眼鱼。估计存在从下方攻击这种鱼的捕食者，所以它们专门发展出往下看的眼睛部分从而发现下方的敌人。

与此相反，海洋生物片足虾（*Hyperiid amphipod*，虾的一种近亲）是从下方攻击位于其上方的猎物的。为此它的每只眼睛也几乎分为两个，一个向前看，一个向上看。生活在深海的一些生物，由于光线很暗，往前看的功能已经没有大用，只有向上看的眼睛部分还能从海面透过来的微弱光线中辨别猎物的阴影。因此眼睛往上看的部分变得很大，而往前看的部分几乎消失。而拟渊灯鲑和片足虾的脑是如何处理同时来自前方和下（上）方的视觉信息的，仍是一个有趣的问题。

2. 所有动物的眼睛具有共同的祖先

动物眼睛的形式是如此多种多样，所以长期以来许多人认为这些类型不同的眼睛是在不同的动物种系中独立发展出来的。有人甚至由此推测眼睛至少独立地产生了 40～60 次。分子生物学的进展却表明，所有类型的眼睛，从简单到复杂，都是由同样的分子机制控制的，*Pax6* 是所有眼睛形成的主控基因，说明所有类型的眼睛有共同的祖先。

例如，果蝇的无眼（eyeless）基因 *ey*，到小鼠的小眼（smalleye）基因 *sey*，再到人类的无虹膜症（aniridia）基因 *AN*，都是 *Pax6* 基因。虽然这些动物及其眼睛在结构和复杂程度上差别极大，但是它们的 *Pax6* 基因的氨基酸序列相似度却达到 90%，几乎可以比拟组蛋白的保守程度。而且哺乳动物小鼠的小眼基因可以在昆虫果蝇的腿上诱导出眼睛，虽然在小鼠身上 *Pax6* 诱导出来的是单镜头眼睛，在果蝇身上诱导出来的却是复眼，这说明 *Pax6* 基因的功能是高度保守的。

在更原始的动物中，*Pax6* 也参与眼睛的发育过程。例如上文谈到的腕足类动物两个细胞的眼睛中，两个细胞（感光细胞和色素细胞）都表达 *Pax6* 基因。箱型水母 *Tripedalia cystophora* 含有一个叫 *PaxB* 的基因，从氨基酸序列来看像是 *Pax6* 和 *Pax2/5/8* 的混合物。*PaxB* 基因能够在果蝇体内诱导产生眼睛，说明它已经具有了 *Pax6* 基因的功能。在两侧对称动物中，*PaxB* 基因会被复制加倍，其中一个保持 *Pax6* 对眼睛发育的调控功能，而另一个则发展了 *Pax2/5/8* 的功能，转而控制耳朵的发育。

作为一个转录因子（控制基因开关的蛋白质），Pax6 蛋白的功能之一就是让细胞合成视蛋白。在视蛋白基因的调控区段中就可以发现结合 Pax6 蛋白的 DNA 序列。若将 3 段含有这种结合点的 DNA 序列插入到其他蛋白的基因之前，如绿色荧光蛋白（green fluorescent protein，GFP），就可以在动物眼睛里检测到这个蛋白的表达。从扁虫的眼睛到果蝇的眼睛都能够由于绿色荧光蛋白的表达而在紫外线照射下发出绿色荧光，这说明 *Pax6* 基因就是控制眼睛发育的基因。

眼睛的发育不仅需要感光细胞，也需要起遮光作用的色素细胞。这是由 *Pax6* 下游的一个基因控制的。例如，扁虫的两个细胞眼睛中的感光细胞和色素细胞都由同一个前体细胞通过不对称分裂而来。使其中一个细胞变成色素细胞的蛋白称作“小眼畸型相关转录因子”（micropathalmia associated transcription factor，MITF），这是因为在人类中该基因的突变会导致新生儿具有小眼畸型。人眼视网膜中的感光细胞和色素细胞也是由同样的前体细胞分化而来的，其中控制遮光分化过程的基因也是 *Mitf* 基因。在小鼠实验中，如果敲除 *Pax6* 基因，*Mitf* 基因就不会被活化，这说明是 Pax6 蛋白控制着 Mitf 基因的表达。研究发现，MITF 蛋白是决定细胞向色素细胞方向发展的关键因子，从扁虫这样的低等动物到昆虫再到人，都在使用这个因子形成色素细胞。这个例子也表明，所有动物眼睛的发育都是由同样的基因控制的，因而具有共同的祖先。

主要参考文献

[1] Treisman J E. How to make an eye. Development，2004（131）：3823.

[2] Lamb T D，Pugh Jr E N，Collin S P. The origin of the vertebrate eye. Evolution：Education and Outreach，2008（1）：415.

[3] Gehring W J. New perspectives on eye development and the evolution of eyes and photoreceptors. Journal of Heredity，2005，96（3）：171.

[4] Nilsson D E. Eye evolution and its functional basis. Visual Neuroscience，2013（30）：5.

为什么雄蚁没有父亲和儿子
——浅谈生物的性别分化机制

许多人在小时候都观察过蚂蚁。忙碌搬食的工蚁，奋勇抗敌的兵蚁，给我们留下了难忘的回忆。也许你没有想到，这些辛勤劳动、“保家卫国”的蚂蚁，都不是蚁群中的“男子汉”，而是清一色的“娘子军”。虽然它们都是雌性蚂蚁，却没有生殖能力，因此只能干那些最累和最危险的工作。

蚁群中的“男子汉”都在干什么呢？它们平时不出家门，除了在繁殖期间与蚁后交配繁衍后代以外，整日无所事事。更奇怪的是，这些雄蚁既没有父亲，也没有儿子。要理解这种怪事，就要从生物的繁殖方式说起。

地球上的生物虽然千变万化，却有一些共同的特点。例如，所有的生命体都使用同样的“基本零件”（如氨基酸、核苷酸、脂肪酸）构建身体，用同样的“高能化合物”（如 ATP）供应生命活动所需要的能量，使用同样的遗传密码表达自身性状，绝大多数生物都是由细胞组成的等。除了这些共同点以外，地球上的多数生物（包括植物）还有一个重要的共同点，就是分雌、雄两性。雄性产生精子，雌性产生卵子，精子和卵子结合形成受精卵，再发育为下一代新个体。这种通过不同性别的生物体产生生殖细胞，结合后发育为子代新个体的繁殖方式叫作有性生殖。为什么地球上的多数生物要采取有性生殖的方式呢？

在自然界中，单细胞生物通过分裂生殖，即“一分为二”来繁衍后代，一些多细胞生物则利用孢子进行生殖，这些繁衍后代的方式都属于无性生殖，但无性生殖使生物体的遗传物质（DNA）及其变化只能“单线传递”到自己的后代中去，不同生物个体之间的遗传物质无法进行交流。而有性生殖则能够结合两个生物体的遗传物质，并且在形成生殖细胞的过程中，对父亲和母亲的遗传物质进行“洗牌”（重新组合），使得后代的遗传物质更具多样性，能够更好地适应环境的变化。所以地球上绝大多数生物的繁殖方式为有性生殖。

同一物种中雌、雄的分化可以造成不同性别的生物体在身体构造和生理功能上的巨大差异。如雄孔雀和雌孔雀、雄狮和雌狮，以及人类中的男性和女性，这种差异十分明显。就如同不同的生物物种具有不同的遗传物质，在大部分情况下，同一物种之间雌、雄两性的遗传物质也不完全相同。对于大多数动物来说，这种差异是通过性染色体来实现的。

多细胞生物的遗传物质并非包含在单个 DNA 分子中，而是分成许多段，每段和若干种蛋白质结合。这种 DNA-蛋白质复合物在细胞分裂时会高度浓缩，容易被碱性染料染色，所以叫作“染色体”。进行有性生殖的生物绝大多数是“二倍体”，即细胞中的遗传物质为双份，一份来自父亲，另一份来自母亲。来自父亲的染色体多数能够和来自母亲的对应染色体配对，每一对染色体的大小与 DNA 序列高度一致，所含的基因种类也相同。但是雌性和雄性的染色体也有不能配对的，这种不能配对的染色体含有不同的 DNA 序列和基因，往往与性别决定有关，叫作“性染色体”。雌性和雄性在性染色体上的差异，可以成为同一物种不同性别个体之间性状差异的遗传学基础。

例如，人的体细胞中有 46 个染色体，其中 23 个来自父亲，另外 23 个来自母亲。在这 46 个染色体中，有 44 个染色体是可以配对的，即配成 22 对，配对的 2 个染色体在大小和结构上高度相似。余下的 2 个染色体在女性中可以配对，即 X 染色体；在男性中则不能配对，其中一个是 X 染色体，另一个比 X 染色体小得多，即 Y 染色体。Y 染色体上含有决定雄性发育的基因，所以拥有 1 个 X 染色体和 1 个 Y 染色体的受精卵发育成男性，而有 2 个 X 染色体的受精卵（没有 Y 染色体）则发育成女性。

这种由 X 和 Y 染色体决定性别的系统叫作 XY 系统。由于雄性的性染色体为 XY，雌性的性染色体为 XX，雄性产生的精子含有 X 染色体或 Y 染色体，而雌性产生的卵子只含有 X 染色体，所以使用 XY 系统的动物性别是由精子所含的性染色体来决定的。绝大多数哺乳动物和部分鱼类、两栖类、爬行类动物，以及部分昆虫（如果蝇等）使用XY系统决定性别。

但是，并非所有进行有性生殖的生物都采用XY系统。例如鸟类的性别决定就不是XY系统。具有2个相同性染色体（叫作Z，以便与XY系统区分开）的鸟是雄性（ZZ），而具有2个不同性染色体的（一个为Z染色体，另一个较小的为W染色体）是雌性。这种性别决定系统叫作ZW系统。由于雌性卵子中含有Z染色体或W染色体，而雄性产生的精子只含有Z染色体，所以使用ZW系统的动物性别是由卵子所含的性染色体决定的。除了鸟类，某些鱼类、两栖类、爬行类动物，以及一些昆虫也使用ZW系统。

既然XY染色体和ZW染色体都是与性别决定有关的染色体，理论上来说，它们之间应该有某些共同之处（例如含有相同或相似的性别决定基因），但出乎意料的是，XY染色体上所含的基因与ZW染色体上的基因没有任何的共同或相似之处。鸡的Z染色体反而更像人的第9号染色体。即使同为ZW系统，蛇类ZW染色体中的基因与鸟类的也不相同。有些果蝇也使用XY系统，但是果蝇的Y染色体组成与人的Y染色体也没有任何共同之处。

XY系统还有一个变种，叫作XO系统。在这里，O不代表一个染色体，而是该生物在这个染色体位置上为空缺。即有2个X染色体的生物是雌性（XX），只有1个X染色体（XO）的是雄性，例如蝗虫和部分果蝇等。如果像人一样，雄性是由Y染色体上的雄性决定基因控制的，那么没有Y染色体的昆虫又是如何发育成雄性的呢？

在昆虫中，ZW系统也有一个变种，叫作ZO系统。这里O同样也表示W染色体的空缺。具有ZZ染色体的昆虫为雄性，只有1个Z染色体（ZO）的为雌性，如一些蛾类等。如果W染色体对于个体发育成雌性是必要的，那么没有W染色体的昆虫又是如何成为雌性的呢？

还有一些昆虫干脆不用性染色体，而是用遗传物质的份数控制性别。只有1份遗传物质的昆虫（单倍体）是雄性，具有双份遗传物质的昆虫（二倍体）是雌性。在这里雌性动物和雄性动物的遗传物质并无不同，只是雌性的遗传物质比雄性多一倍。这种用遗传物质的多少控制性别的方式叫作“单倍二倍性”（haplodiploidy）。蚂蚁和蜜蜂就采用这样的性别决定方式。

蚁后在未受精的情况下也可以产卵，这时所产的卵为单倍体。与未受精的鸡蛋不能孵化出小鸡不同，蚂蚁的单倍体卵不经过受精也可以孵化并发育成完整个体，即雄性蚂蚁。蚁后与雄蚁交配产下的受精卵（二倍体），发育成雌性蚂蚁（包括蚁后、工蚁和兵蚁）。虽然工蚁和兵蚁也是雌性，但是蚁后分泌的化学物质可以抑制工蚁和兵蚁生殖系统的发育，使它们不具备生殖能力。

由于雄蚁是由未受精的卵发育而来的，所以只有“母亲”，没有“父亲”。它们和蚁后交配产生的后代都是雌性，所以雄蚁只有“女儿”，没有“儿子”。蚁后（雄蚁的“母亲”）自身又是其他雄蚁和上一代蚁后交配产生的后代，所以雄蚁有“外祖父”，也有“外祖母”。雄蚁和蚁后交配产生的雌蚁中，有少数可发育为蚁后，这些蚁后又可以产下未受精卵并发育成雄蚁，所以雄蚁有“外孙”，蚁后产下的受精卵发育成雌蚁，所以雄蚁也有“外孙女”。

既然蚂蚁受精卵中所具有的基因与未受精卵相同，只是数量上增加了一倍，那么蚂蚁的雌、雄性别又是如何决定的呢？

从上面的例子可以看出，仅从性染色体水平上的差别（雌、雄个体之间性染色体的不同或染色体数目的差别）是无法总结出性别决定机制的，有时反而使人越想越糊涂。如果把目光转向控制性别的基因，是否可以揭开性别分化之谜呢？

从对果蝇（*Drosophila melanogaster*）性别决定的研究表明，一个叫作“双性基因”（doublesex，*Dsx*）的基因与果蝇的性别控制直接相关。转录后的 mRNA 可将该基因剪接（splice）为两种形式，产生两种不同的蛋白质。其中一种使果蝇发育成为雄性，另一种使果蝇发育成为雌性。

对秀丽隐杆线虫的研究表明，一种叫作 *Mab3*（male abnormal 3）的基因控制线虫的性别分化。*Dsx* 和 *Mab3* 基因所编码的蛋白质都含有一个叫作“锌指”（zinc finger）的 DNA 结合域（DNA binding motif，DM），能结合到其他基因的“开关”上，影响其他基因的表达，控制受精卵的发育过程，所以它们都是转录因子。DSX 蛋白质和 MAB3 蛋白质的生理功能还可以部分互换，说明 *Dsx* 和 *Mab3* 是非常类似的性别决定基因。

在脊椎动物中也找到了一种含有 MD 的性别决定基因。由于它和 *Dsx*、*Mab3* 关系非常密切，也是转录因子，所以被称为“doublesex and mab related transcription factor 1”，简称 *DMRT1*。无论是鱼类、两栖类、爬行类，还是鸟类和哺乳类动物，都使用 *DMRT1* 作为性别决定基因。该基因的突变会影响雄性器官（如睾丸）的发育。在成年雄性动物中，*DMRT1* 基因的失活甚至可以使其性征向雌性转化，这说明 *DMRT1* 基因在维持雄性成年动物的性征上是很必要的。

Dsx、*Mab3* 和 *DMRT1*（统称为 DM 基因）虽然在演化阶段差异较大的动物中出现，但是它们所编码蛋白质结合的 DNA 序列却是高度恒定的（GNAACATT，N 表示在这个位置 3 种蛋白质结合的核苷酸不一样）。含有 *DM* 的基因也在珊瑚中被发现（即 *Amdm1* 基因），说明 DM 基因已经有很长的演化历史，其出现很可能早于 5 亿多年前的寒武纪。这些 DM 蛋白质都位于性别控制基因链的下游，直接控制动物的性别分化。这说明在基因水平上，动物性别的控制机制在演化过程中是一脉相承的。既然如此，又该如何解释不同的生物在性染色体上所表现出的看似矛盾的现象呢？

原因在于，虽然直接控制性别分化的基因是高度保守的（即都由 DM 基因控制），但激活或抑制这些 DM 基因的机制却因物种的不同而存在较大差异。这些处于上游的控制基因叫作“主控基因”，一般位于性染色体上。不同性染色体上主控基因的不同，是造成各种性染色体基因差别的主要原因。

例如，哺乳动物（包括人）的 Y 染色体上有一个决定雄性的主控基因，叫作 *SRY*（名称来自 sex-determining region on the Y chromosome）。它可以通过一个性别控制链（包括 *SOX9* 和 *FGF9* 基因）激活 *DMRT1* 基因，同时抑制雌性发育基因（如 *RSPO1*、*WNT4* 和编码 β-联蛋白的基因）的活性，使受精卵向雄性方向发展。雌性因为没有 Y 染色体，所以没有 *SRY* 基因，雌性发育基因表现活跃并使受精卵向雌性方向发展。

在鸟类中，决定雄性的主控基因就是位于 Z 染色体上的 *DMRT1*；而在哺乳动物中，*DMRT1* 因为不是主控基因，并不在性染色体上。例如，人的 *DMRT1* 基因位于第 9 染色体上，小鼠的 *DMRT1* 基因位于第 19 染色体上。这可以部分解释为何 ZW 染色体中的基因和 XY 染色体中的基因彼此不同。

不仅如此，1 份 *DMRT1* 基因还不足以使鸟类发育为雄性（因为雌鸟的性染色体为 ZW，也有一份 *DMRT1* 基因），需要 2 个 Z 染色体中的 2 份 *DMRT1* 基因共同作用才能决定鸟类的性别。这种现象叫作“剂量效应”，也存在于一些低等动物中。

例如在果蝇中，XX 是雌性，XY 是雄性，表面上看与哺乳动物的 XY 系统一样。但是果蝇的 Y 染色体上并没有 *SRY* 这样的雄性“主控基因”，Y 染色体在果蝇的性别决定上也不起任何作用，所以失去了 Y 染色体的果蝇（XO）仍然能够发育成雄性个体。控制果蝇性别的是一个叫作 sex-lethal（简称 *Sxl*）的基因，该基因的活化使果蝇向雌性方向发展。*Sxl* 基因通过 transformer 基因（简称 *Tra*）控制 *Dsx* 基因的活性。

Sxl 基因是否被活化取决于 X 染色体的数量。在有 2 个 X 染色体的果蝇受精卵中，*Sxl* 基因被活化，而只有 1 个 X 染色体的受精卵中，*Sxl* 基因则不能被激活。原因在于 X 染色体上含有一些能活化 *Sxl* 基因的基因，比如 *Scute*、*SisA*、*Runt* 和 *Upd*。只有 2 份 X 染色体才能使这些基因的表达产物达到足够的浓度，从而使 *Sxl* 基因活化。

在昆虫中，果蝇为“双翅目”，而蚂蚁为“膜翅目”。有 2 套染色体的蚂蚁（二倍体）是雌性，只有 1 套染色体的蚂蚁是雄性。从表面上看，这和果蝇的“剂量效应”很相似。但是对膜翅目的另一种昆虫金小蜂（*Nasonia vitripennis*，一种寄生蜂）的研究表明，这种相似只是表面的，它们的分子机制完全不同。

金小蜂可以产两种卵，一种为单倍体，另一种为二倍体。奇怪的是，这两种卵在未受精的情况下发育成的金小蜂都是雄性；而由单倍体的卵受精后发育成的个体，虽然也是二倍体，却是雌性。这说明在金小蜂中，控制性别的并非简单的染色体数目，而是需要来自父亲的染色体。目前的看法是，来自母亲的染色体中控制性别的基因被关闭（即“基因印记”，imprinting），很可能是通过基因的“甲基化”（在基因 DNA 的调控序列的碱基上加上“甲基”）实现的。二倍体的未受精卵虽然有 2 套染色体，但是由于来自母亲的 2 份调控基因都被标上印记，没有活性，其决定性别的效果与单倍体没有差别；而来自父亲的染色体上的“主控基因”是没有标上印记的，能够在受精卵的性别决定上发挥作用，所以只有受精卵才能发育成雌性。但是这个受印记调控的主控基因是什么，目前还没有一个明确的结论。

一些鱼类的 *DMRT1* 基因也可以“变身”（先复制基因，基因复制物再获得新的功能），自己变成性别主控基因。例如青鱼（*Oryzias latipes*），它和哺乳动物一样，也使用 XY 性别决定系统。不过这种鱼的 Y 染色体并不含 *SRY* 基因，而是含有 *DMRT1* 基因的一个变种，叫作 *Dmy*。它和哺乳动物 Y 染色体上的 *SRY* 基因一样，单个 *Dmy* 基因就足以使鱼向雄性方向发展。

鸭嘴兽也使用 XY 系统来决定性别，但却有 5 条不同的 X 染色体和 5 条不同的 Y 染色体。雌性为 X1X1X2X2X3X3X4X4X5X5，而雄性为 X1Y1X2Y2X3Y3X4Y4X5Y5。虽然都叫 X 染色体，鸭嘴兽的所有 5 条 X 染色体和哺乳动物的 X 染色体却没有任何共同之处，反而更像鸟类的 Z 染色体。对这些性染色体的研究发现，X3 和 X5 性染色体上含有 *DMRT1* 基因，说明鸭嘴兽很可能也使用 *DMRT1* 基因控制性别。

有些动物甚至能够“变性”，即在遗传物质不变的情况下改变性别。比如海龟，温度高于 30℃时孵化出的小海龟为雌性，而温度低于 28℃时孵化出的小海龟则为雄性。研究发现，*DMRT1* 基因的活性在适合雄性发育的温度下明显高于在适合雌性发育的温度，说明 *DMRT1* 基因仍然是这些爬行类动物的性别控制基因，只是其活性由受温度影响的其他基因控制。

这些现象说明，绝大多数进行有性生殖的生物都使用 DM 基因（果蝇的 *Dsx*、线虫的 *Mab1* 和脊椎动物的 *DMRT1*）控制性别，直接控制性别分化的基因在动物中是高度保守的。然而，具体控制 DM 基因的途径和方式又是变化多端的。性染色体上的性别主控基因、遗传物质的份数、基因的印记以及环境因素（如温度）都可以影响 DM 基因的活性，导致性别分化。这反过来又说明，有性生殖对多数物种是何等重要，不同物种在不同的环境中“想方设法”地使性别分化的机制能有效运行，我们不能不为生物演化过程中的“聪明”和“灵活性”感到惊奇。

主要参考文献

[1] Angelopoulou R, Lavranos G, Manolakou P. Sex determination strategies in 2012: Toward a common regulatory model? Reproductive Biology and Endocrinology, 2012, 10: 13.

[2] Salz H K, Erickson J W. Sex determination in Drosophila：The view from the top. Fly (Austin), 2010, 4 (1): 60-70.

[3] Beukeboom L W, van de Zande L. Genetics of sex determination in the haplodipoid wasp *Nasonia vitripennis*. Journal of Genetics And Genomics, 2010, 89 (3): 333-339.

[4] Kettlewell J R, Raymond C S, Zarkower D. Temperature dependent expression of turtle Dmrt1 prior to sexual differentiation. Genesis, 2000, 26: 174-178.

蚂蚁为什么是“大力士”

昆虫肌肉释放出的力量常常使人们感到吃惊。亚洲织叶蚁可以口衔超过自身体重 100 倍的物体；跳蚤能够跳跃到超过自身“身高”100 倍的高度；蜣螂（俗称“屎壳郎”）能推动超过自身体重 1140 倍的粪球。

这些昆虫的力气为何如此之大？它们是否拥有特殊的肌肉？为了弄清此问题，科学家观察并研究了昆虫肌肉（如昆虫用于飞行的飞翔肌和用于爬行的腿肌）的细微结构，发现这些肌肉和人的骨骼肌一样，都是横纹肌，其基本结构单位肌节和肌肉中的横纹，也与人类的非常相似。如果在不加以说明的情况下观看电子显微镜的照片，很难判断其是人的横纹肌，还是昆虫的横纹肌。

那么，是否昆虫的肌肉只是看上去和人类的肌肉相似，但其组成结构却不同呢？为了回答这个问题，奥地利科学家与德国科学家合作，对这些昆虫肌肉进行研究，发现其中含有与人类肌肉相同的“核心成分”，包括 Ⅱ 型肌球蛋白（myosin Ⅱ）、肌动蛋白（actin）、肌球蛋白轻链（myosin light chain，包括必需轻链和调节轻链）、原肌球蛋白（tropomyosin）和钙调蛋白（calmodulin），这说明了昆虫肌肉的核心结构与人类并无差异。

昆虫横纹肌的结构、组成与人类相同，如果测量昆虫肌肉的力量（每单位面积产生的拉力），再与脊椎动物横纹肌的力量相比较，结果又如何呢？实验结果表明，脊椎动物横纹肌每平方厘米的横切面可以产生约 25 牛，即 2.5 千克左右的拉力；昆虫肌肉的力量与脊椎动物持平或稍小。例如，蟑螂翻身时主要借助蹬后足发力，单只后足可以产生 0.14 牛，即 14 克左右的力。蟑螂后足肌肉的横切面积大约是 0.6 毫米^2，即产生的力为 2.3 千克/厘米^2。

既然昆虫肌肉与人类肌肉并无根本差异，为什么人的相对力量会显得那么小呢？例如，中国选手石智勇于 2002 年创造了当时的男子 62 公斤级的抓举世界纪录 153 公斤，尚未达到其体重的 2.5 倍。为什么人不能像昆虫那样，能举起重于自身 100 倍的物体呢？有兴趣的读者可以先认真思考一下，待到文章的最后再来讨论。在这里，我们首先讨论与肌肉有关的话题。原来人类和昆虫的肌肉所使用的收缩原理，早在动物出现之前就已经被其他生物利用了。这种收缩原理不仅用于肌肉收缩，还被用在细胞内多种需要动力的过程中。

一、单细胞真核生物就已经有“肌肉”了

一提到肌肉，好像只与动物有关，实际上单细胞真核生物（如酵母菌和变形虫）早已拥有脊椎动物横纹肌中最关键的两个结构单元——肌球蛋白和肌动蛋白。肌动蛋白可以聚合形成长丝，并且具有正端和负端；肌球蛋白可以用 ATP 水解释放的能量作为动力，沿着肌动蛋白丝向正端“行走”。这是细胞内“微型动力火车”中的一种，可以发挥许多生物学功能。

为什么单细胞真核生物需要这样的“动力火车”呢？这是因为真核生物细胞（直径一般为 10～100 微米）比原核生物细胞（直径约 1 微米）的体积要大很多，而且真核生物的细胞还具有各种细胞器，如线粒体、溶酶体、高尔基体、内质网和分泌泡等。小分子（如氧分子、葡萄糖分子）可以靠扩散作用到达细胞中所需要的位置，但若细胞器也靠扩散来移动，效率就会很低，因此需要“搬运工”来移动它们。除此以外，细胞移动（前端伸出，后端收缩）和细胞分裂（细胞中部收缩，再一分为二），也都需要机械力。

肌球蛋白就有这样的“本事”。肌球蛋白由头、颈、尾三部分组成，形状有些类似高尔夫球的球杆。肌球蛋白膨大的头部可以结合在肌动蛋白的长丝上，头部有一个 ATP 结合点，当一个分子的 ATP 结合到头部时，头部变形并从肌动蛋白上脱离。ATP 水解时释放出能量，使得头部从颈部发生偏转，结合到肌动蛋白长丝更远的位置上。偏转后的头部就像被压弯的弹簧一样，在恢复到原来位置的同时在肌动蛋白的长丝上产生一个拉力。如果肌动蛋白链的位置是固定的，肌球蛋

白的头部就能够沿着这根长丝向正端的方向前进，如果肌球蛋白的位置是固定的，它就可以拉动肌动蛋白长丝向负端方向移动，只要 ATP 不断地结合和水解，这个移动过程就能够一直持续下去。

这种精巧的机制是何时出现的，现在已无从考证，因为目前地球上所有真核生物的细胞内都有肌动蛋白和肌球蛋白，所以该机制必然是真核细胞出现后的某个时期发展出来的。而且这种拉力的产生机制早在单细胞真核生物的时代就已经发展到非常完美的程度，以致在随后的亿万年中极少改变。兔子肌肉中的肌球蛋白甚至可以与变形虫的肌动蛋白结合；植物和动物的肌动蛋白“轨道”也非常相似，以致动物肌球蛋白的“头部”在植物轨道上的滑行速度与在动物轨道上的滑行速度几乎相同。

这种拉力产生机制是如此宝贵，所以在演化过程中，生物也在不断地复制肌动蛋白和肌球蛋白的基因并加以修饰，在不改变拉力产生机制和效率的情况下，让它们各司其职、各尽其能。例如，酵母菌就有 5 种肌球蛋白的基因，它们产生的蛋白质“头部”相似，但是“尾巴”不同，可以发挥不同的生物学功能；人类则拥有超过 40 种肌球蛋白基因。

Ⅰ型肌球蛋白和Ⅴ型肌球蛋白的“尾巴”都能够与生物膜结合，所以能够携带着被生物膜包裹的细胞器（例如线粒体、内质网、高尔基体、分泌泡）沿着肌动蛋白的“轨道”运动，起到运输的作用。Ⅰ型肌球蛋白以单体起作用，Ⅴ型肌球蛋白以双体起作用。

在动物肌肉中，Ⅱ型肌球蛋白先形成双体，2 个肌球蛋白的“尾巴”紧绕在一起，2 个“头部”在双体的同一端。多个这样的双体再聚合在一起，其中一半的双体方向与另一半相反，形成类似“双头狼牙棒”的结构。肌动蛋白的细丝以正端整齐地“插”在一个圆盘上，细丝之间彼此平行。2 个这样的结构彼此相对，就像 2 只电动牙刷的刷头毛对毛地彼此相对，中间有一段距离。肌球蛋白的“双头狼牙棒”插到这些肌动蛋白的细丝中间，“头部”与细丝结合。在 ATP 结合到肌球蛋白的“头部”并且水解后，“头部”就拉动肌动蛋白的细丝向负端方向运动。由于肌球蛋白“双头狼牙棒”的两头拉动肌动蛋白细丝的方向相反，2 个“牙刷头”就都向“狼牙棒”的中间运动（即 2 个“牙刷头”彼此靠近），如此一来，肌肉就完成了 1 次收缩运动。

变形虫前进时，在伸出的伪足中可形成肌动蛋白的细丝，其方向与前进方向平行，正端朝外，形成“轨道”。Ⅰ型肌球蛋白的“尾巴”结合在细胞膜上，“头部”沿着肌动蛋白的“轨道”滑行，这样就能把细胞膜向前拉动。在细胞后部，由Ⅱ型肌球蛋白和肌动蛋白组成的“收缩链”（类似于横纹肌中的收缩单位）把附着在固体表面的细胞膜“拖”离，细胞后部就能缩回来了，如此一“拉”一“拖”，变形虫就完成了 1 次前进运动。

在酵母细胞分裂时，细胞中央形成由Ⅱ型肌球蛋白和肌动蛋白组成的“收缩环”。这个“收缩环”不断收紧，使得细胞一分为二。缺乏Ⅱ型肌球蛋白的细胞不能分裂，而是形成含有许多细胞核的巨型细胞。

所以说，即便是在单细胞真核生物中，“肌肉”蛋白就已经开始起重要作用了。多细胞生物的肌肉也是在这个基础上发展出来的。

二、植物细胞也有“肌肉”蛋白

植物一般不运动，似乎不需要肌肉。但植物细胞也含有不止 1 种肌动蛋白和肌球蛋白，例如Ⅷ型、Ⅺ型和ⅩⅢ型肌球蛋白就是植物所特有的。这些肌球蛋白与植物细胞内各种“货物”的运输有关，例如ⅩⅢ型肌球蛋白可以把叶绿体运输至新生组织的顶端。

植物肌球蛋白的另一个作用是引起植物细胞的胞质流动。如果在显微镜下观察绿藻，能看到细胞质围绕着中央液泡流动，而且流动速度在靠近细胞膜的地方较快，靠近液泡的地方较慢。研究表明，绿藻细胞在细胞膜内侧形成平行的肌动蛋白“轨道”。Ⅺ型肌球蛋白的“尾巴”结合在植物的细胞器（如叶绿体）上，“头部”则沿着肌动蛋白的“轨道”滑行，这样就能带动细胞质一起流动。在绿藻中，细胞质的流动速度可达到 7 微米/秒。

在细胞水平上，植物和动物有很多相似之处，因为它们都需要拉力来行使某些生物学功能，尤其是细胞内“货物”的运输。

三、细胞中的“动力火车”不止肌动蛋白-肌球蛋白这一类

细胞中的运输任务很多。例如，细胞分裂时，2 份染色体要分配到

2 个细胞中去，这个过程就需要有力量来拉动它们。再如，神经细胞的轴突（传出神经信号的神经纤维）可以有 1 米多长，但是神经细胞的蛋白质主要是在细胞体（含细胞核的膨大部分）内合成的。其中神经递质（在神经细胞之间传递信息的分子）在合成后被膜包裹成分泌泡，再被运输至神经末端。这些运输任务就不再由肌动蛋白和肌球蛋白来完成了，而是由另一类“动力火车”来执行。

这一类“动力火车”的“轨道”不是由肌动蛋白聚合成的长丝，而是由微管蛋白聚合成的中空微管，如同肌动蛋白的细丝一样，微管蛋白也有正端和负端。有两种蛋白质能够带着“货物”沿“轨道”移动。它们利用 ATP 水解时释放出来的能量作为动力，但是移动方向不同。动力蛋白向微管的负端移动，把“货物”从细胞远端运到细胞中央，而驱动蛋白把“货物”运向微管的正端，即从细胞中心运向细胞远端。

除了运输“货物”，这类蛋白还与细胞分裂时染色体的分离有关。复制后的 2 套染色体分别通过微管和位于细胞两极的中心粒相连，再被“动力蛋白”拉到 2 个子细胞中去。

与肌动蛋白和肌球蛋白一样，微管蛋白、动力蛋白和驱动蛋白在单细胞真核生物（如酵母菌）体内早已存在，说明这种类型的“动力火车”也已有很长的演化历史。这表明了在真核生物出现时，各种需要拉力的细胞活动就已经存在，而肌动蛋白-肌球蛋白系统则逐渐演化为肌肉。

真核生物可能是 21 亿年前出现的，从现存的化石上可以看出，生活在那个时代的卷曲藻已经是数厘米大小的多细胞生物。人类现在能够有心跳和呼吸，能够走路、吃饭、运动、开车、写字、作画、绣花、跳舞、唱歌和演奏乐器等，都要感谢当年发明了肌动蛋白-肌球蛋白系统的单细胞祖先。

四、蚂蚁肌肉的相对强大，其实是因为简单的几何原理

讲到这里已然明了，所有的真核生物（包括蚂蚁和人）都能利用肌球蛋白-肌动蛋白之间的相互作用产生运动所需要的拉力，这种机制非常高效并且已相当完善。每克 ATP 分子水解成 ADP 和磷酸时可以释

放出 38.5 千焦/克分子的能量，相当于每个 ATP 分子水解时释放出 6.4×10^{-23} 焦的能量，即用 4×10^{-6} 牛的力拉动 16 纳米的距离。实测到单个 ATP 被肌球蛋白水解产生的能量，可以用 3×10^{-6}～4×10^{-6} 牛的力拉动肌动蛋白细丝 11～15 纳米的距离！既然蚂蚁和人使用相同的肌球蛋白-肌动蛋白系统，蚂蚁也就不可能有什么“神奇肌肉”。

既然如此，为什么蚂蚁可以举起重量超过自身体重 100 倍的物体，而人却不能呢？实际上，这只是由于蚂蚁体型小的缘故。如果把蚂蚁按照原比例放大至人的体型大小，但肌肉构造不变，这时蚂蚁就举不起比自身重 100 倍的物体了，因为大部分蚂蚁的头部与身体的比例远高于人，此时的“大”蚂蚁甚至连头都抬不起来。反过来，如果把人的体型缩小到蚂蚁那么大，身体构造保持不变，人也一样会变成“大力士”。

有些读者也许会感到困惑。其实，这是因为物体的尺寸变化时，长度呈线性变化，面积按平方变化，而体积则按立方变化。例如，相同形状的物体，长度缩小到原来的 1/10 时，面积会缩小到原来的 1/100，而体积则会相应地缩小到原来的 1/1000。对于体型微小的动物来说，相同比例的情况下，体重却要轻得多。假设人的身高为 1.6 米，蚂蚁的身长为 6.4 毫米，蚂蚁的身长是人的 1/250。再假设蚂蚁的身体结构和人一样，那么蚂蚁腿部肌肉横切面的面积就会是人的 1/62 500（$[1/250]^2$），而体重则是人的 1/15 625 000（$[1/250]^3$）。假设人的体重是 60 千克，蚂蚁的体重就应该是 3.84 毫克。

由于蚂蚁腿部肌肉的横切面积是人的 1/62 500，而肌肉的力量大约与横切面积成正比，人一般能举起相当于自身体重的重量，相应地，理论上蚂蚁可以举起人体重 1/62 500 的重量，那就是 960 毫克，是蚂蚁体重的 250 倍！所以蚂蚁用相对较细的腿，就能举起比自身重 100 倍的物体。

这就能解释为什么许多昆虫（例如蚂蚁和蚊子）可以有比较细的腿，而大型动物（例如大象）却需要很粗壮的腿。动物的体型变大时，其重量的增长幅度要大得多。大象如果没有那么粗的腿，就无法承载如此巨大的重量，更无法正常移动。电影《人猿泰山》中的巨型猿猴“金刚”有数层楼房那么高，行动却和真实的猿猴一样敏捷，其实这是不可能的，要是把大猩猩按比例放大到 10 层楼高，它不仅不能跳跃，恐怕连走路都很困难。

五、简单几何原理的深远影响

不仅是生物，事实上，这个几何原理对许多事物都有着深远的影响。例如，灰尘是日常生活中的麻烦，我们不仅需要经常打扫卫生以擦去桌上的灰尘，更让人烦恼的是 $PM_{2.5}$ 还会被吸入肺部，严重影响身体健康。这些灰尘颗粒能够随风飘扬，好像很轻，其实每个灰尘颗粒都比同体积的空气重得多。例如 1 个大气压下空气的密度是 1.21～1.25 千克/米^3，即 1.21～1.25 毫克/厘米^3；而灰尘的密度一般都在 2～3 克/厘米^3，从衣服上脱落下来的棉纤维也有 1.5 克/厘米^3，比同体积的空气重 1000 多倍。它们之所以能够飘浮在空中，就是因为它们的尺寸很小，表面积与体积的比例变得很大，所以空气流过时产生的摩擦力就足以把它们带到空中。

物体小到一定程度就可以在空气中“飞”起来，如果大到一定程度呢？那就会逐渐变成球形，就像地球（平均半径 6371 千米）和月亮（平均半径 1737 千米）一样，这个球形不是谁“做”出来的，而是简单的几何关系的结果。当物体大到一定程度时，体积（与重量成正比）与表面积之比就会变得非常大，单位表面积所承受的重力也会相应变得非常大，在岩石强度不变的情况下，任何过高的凸起都会坍塌。例如地球上的山峰最多就只能有几千米高，不可能有几万米高。但对于比较小的行星来说，星球表面几万米高的凸起就有可能。例如小行星爱神星（Eros），虽然重达 7×10^{12} 吨，形状还是不规则的（13 千米×13 千米×33 千米）。而谷神星（Ceres）是太阳系内已知最小的矮行星[①]，平均半径 471 千米，约重 9×10^{20} 吨，形状已经非常接近球形。

六、结束语

真核细胞相对于原核细胞的大尺寸和各种细胞器的形成，都需要

---

① 谷神星曾被认为是太阳系已知的最大的小行星，但在 2006 年，国际天文学联合会将其定义为矮行星。

细胞中的“动力系统”来完成运输及其他需要机械力的工作。肌动蛋白-肌球蛋白系统在真核单细胞生物阶段就已演化出来了，其基本原理和结构组成一直沿用至今，所以昆虫和哺乳动物的肌肉高度相似。由于物体尺寸变化时，长度、面积和体积以不同的速度变化，按比例放大或缩小的物体，其物理性质不再和原来相同。在肌肉强度不变的情况下，生物体型的缩小可以使蚂蚁成为“大力士”。在密度和强度不变的情况下，岩石既可以变成在空气中飞扬的灰尘（重量、体积很小时），也可以“自动”变为球形（重量、体积极大时）。所以一个简单的几何原理，却对自然界中的生命体和非生命体的行为表现有着深远的影响。

主要参考文献

[1] Steinmetz P R, Kraus J E, Larroux C, et al. Independent evolution of striated muscles in cnidarians and bilaterians. Nature, 2012, 487 (7406): 231-234.

[2] Tojkander S, Gateva G, Lappalainen P. Actin stress fibers-assembly, dynamics and biological roles. Journal of Cell Science, 2012, 125: 1-10.

[3] Full R J, Yamaguchi A, Jindrich D. Maximum single leg force production: Cockroaches righting on photoplastic gelatin. The Journal of Experimental Biology, 1995, 198: 2441-2452.

[4] Bezanilla M, Jeanne M, Wilson J M, et al. Fission yeast myosin-Ⅱ isoforms assemble into contractile rings at distinct times during mitosis. Current Biology, 2000, 10: 397-400.

什么是食物

人类从出生就开始吃东西，先是喝奶，然后吃饭。饭不仅要天天吃，还要一天多次，所以吃饭是人们最熟悉的事情之一。这种习以为常的事情反而使人们不太会去细想。

如果有人要问：为什么要吃饭？直觉反应就是不吃饭会饿。饥饿是一种很难受的感觉，提醒人需要进食了。所以对吃饭尚没有保障的人来说，进食最直接的作用就是“压饥”。在中国已经基本解决温饱问题的情况下，人们更加注重的是如何让吃饭成为一种享受（品尝美食），以及如何吃才能有利于健康。

从生物学的角度来看，人要吃饭是因为人类与所有的动物一样，都是异养生物，即必须靠吃东西才能维持生命。吃饭是要从食物中获得营养，蛋白质、碳水化合物、脂肪、维生素和矿物质等就是人类要从食物中获得的营养素。而植物和一些能够进行光合作用的微生物是自养生物，它们只需要水、无机盐、空气和阳光，就能自己制造蛋白质、碳水化合物、脂肪和维生素等维持生命的必需物质。

从热力学的观点来看，生物都是耗散结构，处于非平衡状态的动态结构，即需要物质和能量不断“流过”。一旦物质和能量的流动停止，生命也就随之结束。而摄入食物就可以不断地提供物质和能量，使得生命过程能够得以维持。

讲到这里，似乎一切都很明了。但若想进一步了解食物，就需要详细检查一下人们吃的东西。可以发现，食物有两个特点。

第一个特点是人类（以及其他动物）食物的原料都来自其他生物（不包括现代加工食品中的添加剂）。鸡、鸭、鱼、肉来自动物，蔬菜、水果来自植物，这是原料性质的食物。豆腐乳、饼干、点心、方便面、巧克力、蛋糕、冰淇淋等食品与生物之间的关系，乍看上去就不那么明显了。但只要想一下这些食物的制作过程，就会认识到生产所使用的原料（如面粉、食用油、糖、可可脂等）也都是来源于生物的。例如,豆腐乳就是大豆制品经过毛霉（*Mucor*）的发酵作用（糖化淀粉，分解大豆蛋白质等）而制得的。

第二个特点是人类的食物几乎涵盖所有门类的生物。从单细胞的藻类（如小球藻、螺旋藻），到真菌（如酵母和各种蘑菇），到各种植物，包括褐藻（如海带）、红藻（如紫菜）、蕨类植物（如紫萁、水蕨）、裸子植物（如松子、榛子、银杏）、被子植物（包括各种蔬菜、水果、种子、根茎，甚至花朵），再到几乎所有门类的动物，包括腔肠动物（如海蜇）、棘皮动物（如海参）、软体动物（如乌贼、蜗牛、各种贝类）、甲壳动物（如虾、螃蟹）、昆虫（如蚕蛹、蝗虫、蝎子）、鱼类（如鲤鱼、鲢鱼）、两栖类动物（如蛙）、爬行类动物（如蛇、鳄鱼）、鸟类动物（如鸡、鸭、鹅）、哺乳动物（如牛、羊、猪），都可以作为人类的食物。

究其原因，这是因为现今地球上的生物都是从同一个祖先演化而来的，彼此都是或近或远的“亲戚”。孔雀和蚯蚓、蚊子和老虎、竹子和熊猫、金鱼和菠菜，它们之间看上去似乎没有任何共同之处，但实际上它们在细胞和分子水平上是高度一致的。这些生物用来建造身体的“基本零件”彼此相同，使用这些“基本零件”的规则和方式也相同。因此在不同生物之间，“零件”可以彼此通用。就像有限的几种积木可以搭建出无限多种结构一样，有限种类的“生物积木”也可以组建出地球上数以千万计的生物。这些“零件”还可以当作“燃料”使用，供给生物体以能量。这就是生物摄入食物的基础和根本原因。

反过来，如果地球上的生物是由不同的祖先演化而来，建造身体的“零件”不同，那么这些生物就不可能彼此作为食物，因为这些食物既不能被消化（没有降解相应大分子的酶），食物中所含的“零件”也不能被利用。

生物对于“零件”构造的要求极为苛刻。细胞中大部分化学反应是靠酶来催化的，而酶的三维结构决定了身体对“零件”空间结构的苛刻要求。即使另一类生物也使用氨基酸、葡萄糖，但因旋光性不同，人体也不能加以利用。例如，人体就不能利用右旋氨基酸和左旋葡萄糖。

当地球上开始有生命出现时，可能有过不同的类型，但到最后只有生命力最旺盛、最能适应地球环境的生物类型存活了下来，而其他类型的生命则在生存竞争中被淘汰，从地球上消失。地球上现存的就是当初最有效的生命形式的后代，它们都继续使用“老祖宗”使用过的基本“零件”和规则来建造自己的身体。

现在地球上所有的细胞生物和部分病毒都使用相同的4种脱氧核苷酸（脱氧腺苷酸、脱氧鸟苷酸、脱氧胸苷酸和脱氧胞苷酸）来组成它们的遗传物质——脱氧核糖核酸（DNA）；都使用同样的4种核苷酸（腺苷酸、鸟苷酸、尿苷酸和胞苷酸）来组成核糖核酸（RNA），以作为信使RNA（mRNA）和具有其他功能的RNA，例如核糖体RNA（rRNA），具有调控基因功能的微RNA（miRNA），以及部分病毒的遗传物质等。

地球上的生物（包括病毒）都使用相同的20种氨基酸来组成蛋白质。蛋白质不但能催化细胞中数以千计的化学反应，接收和传递信息，同时也是身体的“建筑材料”，参与肌腱、骨骼、牙齿、毛发、指甲、皮肤的胶原层以及细菌荚膜和真菌细胞壁等的构建。

地球上的生物都使用磷脂来组成它们的细胞膜。从细菌到植物再到人，磷脂所使用的主要脂肪酸是相同的，包括棕榈酸（软脂酸）、硬脂酸、油酸和亚油酸。这些脂肪酸也大量存在于甘油三酯中，成为生物储存能量的重要物质。长链脂肪酸还能与长链脂肪醇通过酯键结合，形成生物蜡，附着在动物的皮肤、羽毛，植物的叶片、果实上，防止体内水分蒸发并起保护作用。蜜蜂还利用蜂蜡来建造蜂房。

葡萄糖是动物都使用的重要能源。葡萄糖在细胞中的线粒体内被氧化，释放出的能量则被用来合成高能化合物“三磷酸腺苷”（ATP）。从单细胞生物开始，生物就具有氧化葡萄糖的能力，即有专门的脱氢酶和电子传递链。即使是细菌（如大肠杆菌）也首选葡萄糖来提供能量。植物则利用光合作用大量合成葡萄糖，这些葡萄糖可以在植物的线粒体中作为能源使用，也可以聚合成淀粉作为储存能量的重要方式。在人体中，葡萄糖聚合为肝糖原和肌糖原是储存能量的一种重要途径。

葡萄糖或经过“修饰”的葡萄糖可以聚合为生物机体重要的“建筑材料”。例如由葡萄糖聚合成的纤维素就是植物细胞壁的主要成分。昆虫外骨骼中的几丁质——聚乙酰葡萄糖胺，其单体即为修饰后的葡萄糖。真菌的细胞壁也含有几丁质。乙酰葡萄糖胺也是人体中透明质酸（存在于人的皮肤、眼球玻璃体、关节润滑液等地方）的组成部分。葡萄糖及其“变种”还可以连在蛋白质和脂肪分子上，成为细胞外物质的组成部分。

异养生物的生存方式，就是通过进食把其他生物现成的“零件”拿过来构建自己的身体。所谓消化，就是将其他生物的结构“拆”成零件，再加以吸收。例如在人体消化道中，蛋白质被分解成氨基酸，核酸被水解为核苷酸，淀粉被水解为葡萄糖，脂肪被水解为脂肪酸和甘油等。

由于地球上的生物都由相同的“基本零件”构成，从理论上讲，任何生物都可以靠其他生物的“零件”生存，只要实际上可行，还能去除其他生物体内对自身有毒的物质。在自然界中，可以找到各式各样的生物相互猎食的例子。

动物吃植物。草食类动物吃植物，例如牛、马、羊、兔、鹿、河马等动物主要靠吃植物生存。蝗虫啃食庄稼，蚜虫吸取植物的汁液，蜜蜂和蜂鸟吃花蜜，也是主要以植物为食。

动物吃动物。肉食动物，例如豺、狼、虎、豹等，都是靠捕猎其他动物为生的。螳螂捕蝉、瓢虫吃蚜虫、蜻蜓吃蚊子、蜘蛛捕食苍蝇等，也是动物吃动物的例子。

动物同时吃动物和植物。许多鸟都是杂食动物，既吃昆虫，也吃植物果实。鸡既吃虫子，也吃粮食。动物中也有许多是杂食性的，如野猪、狒狒、黑猩猩等。大熊猫既吃竹子也吃竹鼠，还喜欢啃骨头，所以也是杂食性动物。人类更是杂食性动物的典型。

动物吃细菌。变形虫、草履虫、线虫都以细菌为食，是食菌动物。

植物吃植物。虽然大部分植物是自养生物，但也有植物发展出吃其他植物的能力。例如，菟丝子就能用吸盘进入寄主茎内，直接吸收其中的养分，自身却不进行光合作用，只依赖寄主为生。肉苁蓉和锁阳则寄生在其他植物的根部。

细菌、真菌吃死的生物。细菌、真菌从已经死亡的动物和植物体内摄取营养，在生物的物质循环中起重要作用，否则地球表面早被动、植物的尸体堆满了。土壤中的细菌和许多霉菌不具有像动物那样的消化道，但它们能分泌各种水解酶，把细胞外的蛋白质、脂肪、淀粉、纤维素、木质素等生物大分子水解成小分子，然后再加以吸收利用。

细菌和真菌吃活的植物。许多植物都会受细菌和真菌的感染。例如白菜软腐病、水稻白叶枯病、棉花角斑病、甘蔗矮化病等都是由细菌感染造成的。小麦的锈病就是霉菌在蚕食活体小麦。红薯的黑斑病则是真菌侵蚀红薯块根和幼苗根部。

细菌和真菌吃活的动物。许多传染病都是由细菌和真菌感染活体生物所引起的。例如，肺结核、感染性化脓和败血症都是细菌在“吃”活的动物。食肉菌（如 A 族链球菌）更是细菌中最恐怖的，它们以活的动物为食，从感染部位开“吃”，同时产生毒素，使组织坏死；坏死部位形成的黑斑会迅速扩大，能迅速致人死亡。脚气和体癣也是真菌“吃”活的动物的例子。

即便是生命力强大的昆虫，也会受到细菌的感染。例如，苏云金杆菌（*Bacillus thuringiensis*，Bt）就能感染多种昆虫，并能用其产生的蛋白质毒素使昆虫致死。形成这种蛋白质毒素的基因还被“移植”到一些农作物中，使农作物产生抵抗部分昆虫的能力。一些真菌（如白僵菌、绿僵菌、曲霉、虫霉等）能感染许多昆虫。蚕受到白僵菌感染后会得白僵病，虫草则是麦角菌科的真菌感染蝙蝠蛾幼虫而形成的菌虫结合体。

病毒吃活的生物。病毒没有自己的能量代谢系统，也没有生物合成的能力，所以只能靠吃活生物的细胞来繁殖。病毒除了使用细胞内现成的“零件”以外，还利用细胞中的“生产线”来合成和组装自己。就连它们披在外面的那件“衣服”，也是病毒颗粒离开细胞时从细胞膜上“带走”的。病毒可以侵犯几乎所有类型的生物。蘑菇（真菌）受病毒感染后会严重减产。昆虫病毒能用来控制昆虫对农业的危害（如菜粉蝶、松毛虫等）。病毒也能感染植物，如烟草花叶病毒。流感、肝炎、“非典”、艾滋病等都是病毒感染人体的结果。

在一些情况下，人类不能食用某种生物，并不是因为该种生物没有人体所需要的“零件”，而是其他原因使人类难以食用。例如，一些植物中存在生物碱，不仅使这些植物味道难吃，而且大部分还有一定的毒性。河豚毒素、毒蘑菇中的毒素使人们敬而远之，尽管它们体内含有大量人体可用的“零件”。

当然，异养生物不只是简单地利用其他生物的“零件”。从单细胞生物开始，生物就具备了在“零件”之间互相转化的能力。葡萄糖、脂肪酸和一些氨基酸都可以通过丙酮酸这个“枢纽”相互转化，因此生物具有强大地利用所获得的“零件”转化出符合自身需求的各种“零件”的能力，而不是摄入哪种“零件”多，体内的哪种“零件”就多。

肉食动物从食物中主要获取蛋白质和脂肪，碳水化合物较少。但是这些动物的血糖水平却和杂食动物（如人类）相似。例如，猫是肉食动物，其正常血糖值的范围（3.4～6.9 毫摩/升）就和人的（3.9～7.2 毫摩/升）非常相似；海豹是肉食动物，食物中碳水化合物很少，但是其正常血糖值范围（7.5～15.7 毫摩/升）却远高于人类。反刍动物（如牛和羊）虽然是食草动物，食物中碳水化合物（如纤维素）的比例很高，但是它们的血糖水平（牛为 2.3～4.2 毫摩/升，羊为 2.4～4.5 毫摩/升） 却远低于人类。所以说，生物不会“吃什么变什么”。

由于地球上的生物都由相同的基本“零件”构成，按照同一个基本模式运行，人们难以跳出这个框框来思考生命现象，并由此推断出地球上生命产生的过程。所以人类也很难想象外星人的生命形态是什么样的。但是宇宙中的星球都是由元素周期表中的 100 多种元素构成的，对其他星系的光谱测定就可以证明这一点。目前元素周期表中原子序数 100 以下的位置已经全部填满，所以外星生命并不会像有些科幻电影说的那样，是由元素周期表以外的物质所构成的，除非是在另外的宇宙。

既然宇宙中所有的生命形式都是由元素周期表中的元素构成，其他类型的生命形式与地球上的生命形式一样，也必须要受到这些元素性质的限制。例如，在这 100 多种元素中，只有碳原子彼此相连的能力最强，可形成长链和环状化合物。在这些碳骨架上连接各种功能基团（如氨基、羟基、巯基、羧基），就能形成各式各样的生物分子。葡萄糖、脂肪酸和氨基酸都是以碳链为骨架的化合物。煤和石油就是过去地球上的生物被掩埋在地下，经过高温、高压分解所遗留下来的碳骨架，所以地球上的生物是以碳为基础的。其他类型的生命也有较大的可能性是以碳为基础的。

但是以碳为基础的生命不一定会采用地球上生物的生命模式。例如遗传物质就不一定是DNA或RNA，催化细胞中化学反应的也不一定是蛋白质。不过在没有实例的情况下，人类难以想象出其他以碳为基础的生命是什么样的。

与碳元素处于同一族的元素是硅。硅原子能形成像碳原子那样的空间四键结构，也能彼此相连形成链状化合物，上面也可以连上一些功能基团。所以有人推测有些外星生命可能是以硅为基础的。由硅和氢组成的链在水中很不稳定，所以这样的生命难以使用水为介质。但是以硅为基础的生命是什么样的，在见到实物之前，人类也难以想象。

这就是为什么人类如此急切地想在其他星球上（如火星、木星和土星的部分卫星）找到与地球生物不同的生命形式。科学家也希望能了解到太阳系以外的生命形式，包括外星人的身体构造以及生命活动的运行方式。只有这样，才能用更广阔的眼光来理解生命现象，对地球上的生命形式也才会有更深刻的理解。

主要参考文献

[1] Sharathchandra K, Rajashekhar M. Total fatty acid composition in some fresh water cyanobacteria. Journal of Algal Biomass Utilization, 2011, 2 (2): 83-97.

[2] Whitman C E, Travis R L. Phospholipid composition of a plasma membrane-enriched fraction from developing soybean roots. Journal of Plant Physiology, 1985, 79: 494-498.

[3] Morimoto Y. et al. Erythrocyte membrane fatty acid composition, serum lipids, and non-Hodgkin's lymphoma risk in a nested case-control study: The multiethnic cohort study. Cancer Causes Control, 2012, 23 (10): 1693-1703.

[4] Ingeledew W J, Poole R K. The respiratory chain of *Escherichia Coli*. Microbiological Reviews, 1984, 48 (3): 222-271.
[5] Mackenzie S, McIntosh L. Higher plant mitochondria. The Plant Cell, 1999, 11: 571-585.

人体是如何感知时间的

——谈谈“生物钟”

地球上绝大多数生物都有以24小时为周期的生活节律。对于人和许多动物来讲，最明显的节律莫过于清醒和睡眠状态的交替。清晨醒来，开始一天的生活和工作；夜晚感到困倦，想上床休息。除了作息规律，人体内部每天也在经历周期性的变化。血压、体温、激素分泌、肠胃蠕动等生理活动都是按照一定的规律周期性地变化。

不仅是动物，植物也有每日的周期。光合作用及其有关的化学反应在白天进行，晚上停止。含羞草、合欢等豆科植物的叶片在晚上合闭，白天打开。每种开花植物的开花时间都是相对固定的。比如牵牛花在凌晨4：00左右开花，8：00左右闭合；昙花在21：00～22：00才开，且开花时间短暂（在干燥的地方只有1～2小时），所以有“昙花一现”的说法。

即便是最简单的单细胞生物（如细菌）也表现出昼夜节律。比如地球上最古老的生物之一蓝细菌，白天进行光合作用，放出氧气；而固氮反应因对氧气敏感，只能在晚上进行。这就要求有某种机制把这两个过程在时间上分开。

生物活动有周期节律的根本原因是地球的自转。地球每24小时左右自转一周，被太阳光照射的地方（处于白天）和照不到的地方（处于黑夜）不断变化，造成昼夜交替。为了适应这种情况，地球上的大多数生物都具有以24小时为周期的生理节律。由于太阳光是光合作用的能源，对于进行光合作用的生物来讲，白天是进行这种活动的唯一时间。对于绝大部分动物来讲，依赖于阳光（无论是直射光还是漫射光）的视觉能够提供周围世界瞬时而精确的三维信息，对于生存的重要性超过嗅觉和听觉。例如，鹿有很灵敏的嗅觉和听觉，但无法依靠嗅觉和听觉判断周围地形的详细情况从而快速逃生；老虎可以凭借嗅觉和听觉感知鹿的大概方位，但却必须依靠视觉才能知道鹿的确切位置、奔跑方向及眼前的地形。所以，这些动物在白天活动是有利的。

具备一定规模神经系统的动物都需要睡眠，其详细机理至今仍未可知。睡眠时动物不再运动，视觉能力也大大减弱或暂时消失。把睡眠时间选择在光照微弱的夜晚自然是最佳选择。为了减少被捕食的机会，有些动物选择晚上活动（如老鼠），因此这些动物的猎食者（如猫头鹰）也必须在晚上活动，因此演化出了良好的夜视力。但是在夜晚靠视力活动毕竟不如白天，所以这样的动物只是少数。

对于这种现象，人们早已耳熟能详。但上文所述只是生物的外在行为所表现出来的节律性，并不能证明生物自身就带有钟表，从而在没有外界刺激的情况下感知时间。比如可将动物早上醒来解释为光线刺激的缘故；睡觉是因为光线减弱而产生困倦感。光合作用在阳光下进行，在黑暗中停止。含羞草的叶子晚上合闭，也许是某种化合物感知到了光照的消失，从而发出信号使叶片合闭。

总而言之，生物可以从光线的变化来判断时间。光线强弱和太阳的位置就是生物的钟表，生物可按照环境中的光信号决定自己的行为。比如，许多农民并不戴手表，通过看太阳的位置而知道什么时候该下地，什么时候该回家吃饭，且准确度相当高，常常是一个村子的人从不同的方向同时扛着锄头回家。

但有些现象却难以用“阳光钟”来解释。比如，进行过跨洋旅行的人都受到过倒时差的困扰。到了新地方，阳光指示的是上午，但人却如夜晚一样感到困倦；到了晚上却异常清醒，毫无睡意。要过好几天，这种“昼夜颠倒”的情况才能纠正过来。

为了弄清这种情况的原因，科学家让实验者保持在完全黑暗的环境中，隔绝一切外部光信号。在这种情况下，实验者仍然有困倦和清醒的周期，且周期基本仍为 24 小时。用动物做实验，也得到了类似的结果。动物的睡眠和活动仍然以近于 24 小时的周期进行。这说明人类（及地球上绝大多数的生物）体内可能自带有某种“钟表”，可以在没有外界信号的情况下仍然精确感知时间。不仅如此，将生物体内的一些细胞取出，放在实验室中培养，一些基因的活动仍然呈现出大致24小时的周期节律，说明细胞自身就带有生物钟。

生物自身的这种“钟表”可以使生物感知昼夜的周期变化。由于生物自身的“钟表”是按照外部环境的周期变化（主要是光照变化）进行调节的，因此生物体的周期在大多数情况下也和外部的昼夜交替周期一致。这样，人体就不需要根据外界信号来判断时间和被动地调节身体的活动和状况，而是使用自身的、和外部环境校对过的“钟表”来主动调节身体的状况，以适应外部环境的变化。这就比单一按照外部刺激来改变身体状况和行为方式更为有效。动物的生理过程极其复杂，不能随意改变。如果没有自身感知时间的机制，外部刺激的突然变化（比如白天进入密林或者洞穴）就会造成生理上的混乱。虽然自身的“钟表”和自然环境的周期有时会冲突（比如上夜班和倒时差），但大多数情况下，有自己的“钟表”还是有利得多，所以地球（也许在其他也有昼夜变化的星球）上的绝大多数生物都有自己的生物钟。

难以想象人的血肉之躯中“钟表”是如何存在的。所以问题是：生物钟是如何构成，又是如何运行的呢？

一、生物钟由反馈回路构成

细胞中并无金属齿轮、发条、指针等，因而机械的钟表固然是不存在的。细胞感知时间的方式，是产生周期性振荡的生理过程。根据振荡进行的程度（即相位），细胞就能感知时间。其中相位就相当于钟表的指针。

振荡过程可通过负反馈来实现。如果一个过程的产物或者结果反过来抑制此过程，这个作用就叫作负反馈。在日常生活中，负反馈的应用实例很多，厕所的抽水马桶就是一个例子。放水以后水箱开始进水，上升的水面不断抬高连在杠杆上的浮球，而杠杆又和进水阀门相连，当水面上升到一定高度时，进水阀就被杠杆关闭。也就是说，水面上升的同时又为水面停止上升准备了条件。当水被再次放掉，浮球带着杠杆下降，放水阀打开，水箱才能重新进水，重复上述过程。如果水注满以后就开始放水，就会形成水面高低的周期性振荡。水箱进行一次上水、放水所需要的时间即为一个振荡周期。

类似过程也可以在细胞里实现。细胞中有数以万计的基因，但并非每个基因都是“活动”（即处于开启的状态）的。要使某个基因活动，需要有特定的蛋白质结合到该基因的“开关”（即启动子，英文为promoter）上。“开关”一旦打开，储存在DNA中的密码（为组成蛋白质分子的氨基酸排列顺序进行编码的DNA序列）就被转录到mRNA中。这些结合于基因启动子上的蛋白质分子因为能使转录过程开始，所以叫作转录因子。

细胞中还有专门将氨基酸“装配”成蛋白质的“装配车间”——核糖体，它们按照mRNA中的信息，把20种氨基酸按一定的顺序连接起来，成为蛋白质。这个过程被称作“翻译”，即把密码中的信息变成蛋白质分子的实际序列。

在多数情况下，这些新生成的蛋白质并不能直接作用于自身的基因开关，打开自身编码基因的任务由其他蛋白质执行。但若一种蛋白质能够反过来作用于自身的基因开关，抑制自身的形成，就是一个负反馈机制。如果细胞中这种蛋白质足够多，就可以把自身的基因开关完全关掉。这相当于水箱里面的水面上升，最后关掉进水阀。

如果蛋白质随后又能被细胞除掉（这相当于水箱的放水，专业术语是蛋白质的降解），蛋白质对基因的抑制就可以解除，基因又开始表达，合成新的mRNA和蛋白质。通过这种方式，蛋白质在细胞中的浓度就可以呈现出周期性的变化。蛋白质浓度的周期性变化本身就带有时间的信息，比如何时达到最高值，何时达到最低值。如果细胞能够感知这个浓度变化的相位，细胞就可以感知时间。

无论是水箱中水面高低的振荡，还是细胞中蛋白质浓度的振荡，都需要物质和能量不断地投入，或者说“流过”。水箱需要不断供应具有一定势能（高水位）的水，维持蛋白质的浓度需要消耗构成RNA和蛋白质的材料（核苷酸和氨基酸）和能量（ATP）。就像钟表需要上发条或从电池中获得能量一样，生物钟也需要靠能量来推动。

谈到这里，生物钟运行的基本原理看似简单，但实际上生物钟的运行机制却是非常复杂的。要担当人体节律控制器，生物钟必须满足以下条件。

（1）能够在没有外界信号刺激（比如昼夜的周期性光照变化）的条件下独立工作。即生物钟有自己产生并保持基本节律的能力。

（2）周期必须为24小时左右。过长或过短都不能满足要求。

（3）产生生物钟节律的细胞群中各个细胞之间的振荡周期必须同步，否则细胞间的不同节律会互相抵消。

（4）必须与身体的各种活动相连，这样振荡周期的信息才能传递给身体的各个部分，控制其活动的节律。

（5）周期的“相位”（如高峰出现的时间）必须可调。人脑中生物钟的周期接近24小时，但并不是精确的24小时。所以生物钟必须按照外部环境的24小时周期进行“对表”（与外界的昼夜周期相符）和“矫正”（调整快慢），否则人体生物钟的相位就会逐渐漂移，与外界的24小时节律脱节。

（6）生物钟的周期必须对温度变化不敏感。一般化学反应的速度都随着温度升高而加快。除了恒温动物以外，大多数生物的体温是变化的。如果生物钟的周期随温度变化而变化，那么它就会像一块走时不准、时快时慢的手表一样，对生物不但没有用处，还会造成混乱。因此，如何使生物钟的周期变化对温度不敏感，是一个难题。

所以真正的生物钟绝不会只有上文所说的反馈回路那么简单，而是由各种复杂的支路和多层次的调节系统构成。数学模拟常常要用到复杂的微分方程，即使这样，生物钟是如何做到上文所述的六点的，至今也还不完全清楚。但生物钟核心部分的运作原理，就是上文所提到的反馈机制。下面就以人脑中的生物钟为例，具体阐述其基本构造和运作方式。

二、人脑中的生物钟

包括人在内的哺乳动物，其脑中的生物钟位于下丘脑的视交叉上核（suprachiasmatic nucleus，SCN），即位于视神经交叉处上方的一对细胞团中。虽然人的SCN只有米粒大小，却控制着人体的昼夜节律。动物实验表明，破坏SCN后，昼夜节律则完全消失，说明SCN是哺乳动物身体节律的“中心控制器”。

在上文中谈到，要组成细胞中最基本的生物钟，需要一个基因和开启基因的转录因子，从而将基因中的密码实现为蛋白质序列的转录和翻译过程，并且要求生成的蛋白质能够反过来将自身的基因关闭。此外还需要一个机制，将具有抑制作用的蛋白质分子降解掉，以解除抑制，使周期重新开始。

在 SCN 细胞中，起负反馈作用的不是 1 个蛋白质，而是由 2 个蛋白质分子结合形成的二聚体。这 2 个蛋白质的名称分别为 PER 和 CRY，为其编码的基因分别叫作 *per* 和 *cry*。在这里，用斜体小写字母表示基因的名称，用大写字母表示基因的蛋白质产物。

开启 *per* 和 *cry* 这2 个基因的转录因子也不是 1 个蛋白质，而是由 BMAL1 和 CLOCK 2 个蛋白质分子组成的二聚体。它们与 *per* 和 *cry* 基因的启动子相互作用，使之开始转录和翻译的过程，产生蛋白质 PER 和 CRY。

看到这里，读者会问：这些基因的名字怎么这么奇怪？原来这些名称来自基因英文名称前 3 个字母（如果名称只有 1 个词），或者是由多个词组成的英文名称的首字母所构成。比如 *per* 就是 period 的前 3 个字母；*cry* 并非“哭泣”的意思，而是 cryptochrome（隐花色素）的前 3 个字母。*clock* 虽然本身就是一个词，兼具“时钟”的意思，其实是由 circadian locomotor output cycles kaput 中每个单词的首字母组成的。*bmal1* 的名称最奇怪，它是由 brain and muscle arnt-like 1 中每个单词的首字母所组成，其中 arnt 又来自其全名 aryl hydrocarbon receptor nuclear translocator。所以要用有限的几个字母表示一个基因的名称，必须采取简化的方法。

对于真核生物来讲，转录和翻译这两个过程是在细胞中的不同部位分别进行的。转录发生在细胞核中，而翻译则在细胞质中进行。由转录生成的 RNA 必须先离开细胞核，进入细胞质中，才能够用它携带的信息指导蛋白质的合成；反过来，在细胞质中合成的蛋白质，如果要和位于细胞核中的基因相作用，首先必须进入细胞核。这一进一出，就会产生时间差。真核生物的细胞巧妙地利用这个时间差，实现由负反馈过程造成的蛋白质浓度的振荡。

首先 *per* 和 *cry* 基因被开启，BMAL1/CLOCK 二聚体结合在这两个基因的启动子上，将开关打开，开始 mRNA 的合成；mRNA 生成后离开细胞核，在细胞质中分别指导蛋白质 PER 和 CRY 的合成。合成的 PER 和 CRY 蛋白质彼此结合，形成二聚体 PER/CRY，并在细胞核中阻止 BMAL1/CLOCK 二聚体的作用，即关闭这两个基因，实现负反馈。

由于 mRNA 从细胞核转移到细胞质需要时间，蛋白质 PER/CRY 二聚体从合成地点转移到细胞核里的 *per* 和 *cry* 基因也需要时间，在 PER/CRY 二聚体到达之前，*per* 和 *cry* 基因继续工作，其 mRNA 及其蛋白质产物 PER 和 CRY 在细胞中积累越来越多。也就是说，基因产物反过来抑制基因活性的过程是滞后的。这相当于抽水马桶水箱中的进水阀是开启的，水箱一直在进水，水面（mRNA 和 PER、CRY 蛋白质的数量）在不断升高。

等到 PER/CRY 二聚体终于到达 *per* 和 *cry* 基因的启动子时，抑制作用就开始了。这相当于水箱的进水阀被关闭，RNA 和 PER、CRY 蛋白质不再生成。

要使 *per* 和 *cry* 基因重新启动（把进水阀重新打开），需要将抑制此过程的蛋白质 PER 和 CRY 去掉（相当于水箱放水）。这个任务由细胞降解蛋白质的活性来完成。当 PER 和 CRY 结合形成二聚体时，同时与一种名为酪蛋白激酶的酶（在分子上加上磷酸根的蛋白质）相结合，在蛋白质分子上连接磷酸根。这时磷酸根就相当于给蛋白质贴上了标签，告诉细胞：“消灭它们！”，细胞感知此信号后即用蛋白水解酶把这两种蛋白质降解掉。

由于此时 *per* 和 *cry* 基因已经不再生产 RNA，现存的 PER 和 CRY 蛋白质在降解过程中不断减少且无法得到补充。待 PER 和 CRY 被降解得差不多时，它们的抑制作用也随之解除，*per* 和 *cry* 基因又被 BMAL1/CLOCK 二聚体开启，进入下一个循环。通过这种机制，蛋白质 PER 和 CRY 在细胞中的浓度即可呈现周期性变化，实现振荡，生物钟的核心部分就建成了。

由此可见，人体生物钟中的转录因子和抑制物都是二聚体，而不是单独一种蛋白质（即单体）。两个蛋白质结合成一个单位，可以产生一些新的功能和调节机制，比如结合于 DNA、调节蛋白质的生物活性、控制蛋白质进出细胞核、影响蛋白质的稳定性，以及结合第三个蛋白质分子等。

二聚体相对于单体的优越性使得所有真核生物的生物钟都使用二聚体。在昆虫（如果蝇）的生物钟中，转录因子为 CLK/CYC 二聚体，抑制物为 PER/TIM 二聚体（TIM 的作用相当于哺乳动物的 CRY）。在植物拟南芥（*Arabidopsis thaliana*，又名阿拉伯草，由于其基因组简单且生长周期较短而被用作模式植物）的生物钟中，转录因子为 LHY/CCA1 二聚体，抑制物为 PRR9/PPR7 的二聚体。脉孢菌（*Neurospora*）的生物钟中，转录因子为 WC1/WC2 二聚体，抑制物为 FRQ/FRH 二聚体。

除了这个反馈回路，人脑中的生物钟还有其他回路与反馈回路交联。比如转录因子 BMAL1/CLOCK 二聚体还可以开启为另外两个蛋白质编码的基因：*rora* 和 *rev-erba*。*rora* 基因的产物 RORa 促进 BMAL1 的生成（正反馈），而 *rev-erba* 基因的产物 REV-ERBa 抑制 BMAL1 的生成（负反馈）。这些作用相反的反馈回路可以控制和调节 BMAL1 蛋白质的浓度，影响核心回路的运作情况。

不仅如此，PER 蛋白实际上有三种（PER1、PER2、PER3），CRY 蛋白质也有两种（CRY1、CRY2）。它们的基因表达都受转录因子 BMAL1/CLOCK 二聚体控制，但是这些蛋白质的性质彼此存在着差异。不同的 PER 和 CRY 蛋白质可以形成各种二聚体，以不同的方式影响生物钟的运行。比如，PER1 蛋白质与周期变长有关，PER2 蛋白质与周期缩短有关，PER3 蛋白质则与睡眠苏醒周期的调节有关（见下文“为什么会有‘夜猫子’？”部分）。

本部分所阐述的，只是人脑中生物钟的主要成分和核心回路。要符合上述对生物钟的 6 个要求，人体生物钟还有更为复杂的调节回路和控制机制。

三、人体如何“看表”

生物钟有了，接下来的问题就是身体怎样读取生物钟的时间信息，即“看表”。第一步，含有生物钟的细胞（如 SCN 中的细胞）读取生物钟里面的节律，并且按照此节律周期性地调节细胞中的各种活动。

细胞并没有眼睛，怎么来看生物钟呢？SCN 中的细胞采取了一个非常巧妙的办法，就是让许多基因的活动周期与 *per* 和 *cry* 基因同步。既然这两个基因的蛋白质产物 PER 和 CRY 的浓度以 24 小时为周期上下振荡，如果能让其他基因的蛋白质产物也与这两个蛋白质一起振荡，不就相当于“看表”了吗？

怎样才能做到这一点呢？可以让 BMAL1/CLOCK 二聚体也结合于其他基因的启动子上，让这些基因所受的调控方式与 *per* 和 *cry* 基因相同。既然 PER/CRY 二聚体可以抑制由 BMAL1/CLOCK 开启的 *per* 和 *cry* 基因，其他被 BMAL1/CLOCK 开启的基因也可以受 PER/CRY 二聚体的抑制。通过这种方式，细胞中一些其他基因的活性也可以随着生物钟的节律一起振荡了。这些与生物钟的基因同步振荡的基因就叫作生物钟控制基因。

有些生物钟控制的基因本身就是编码转录因子的。这些转录因子又可“打开”其他基因，使它们间接受到生物钟的控制。由于这些转录因子的浓度是周期性变化的，受其控制的基因活性也会呈现周期性的振荡。

SCN 中的细胞看生物钟时间的问题解决了，那么第二步，这些细胞又如何告诉身体中的其他细胞现在是什么时间，让身体各处的细胞也按这个节律活动呢？此处有两条主要途径。

第一条途径：SCN 是大脑的一部分，其中的细胞本身即为神经细胞。它们可以通过神经纤维传达信息；第二条途径是通过激素：SCN 把生物钟的信息先经过神经联系传到大脑的松果体中。松果体根据 SCN 的节律，周期性地分泌褪黑激素（melatonin）。褪黑激素进入血液，再循环到全身，就像一个报时员，向各种细胞报告“现在是几点钟啦！”。松果体大约在 21：00 开始分泌褪黑激素，使人产生倦意，7：00 左右停止分泌，使人清醒。

不过人体生物钟的信号也只有体内的细胞才能读取。生物钟时间信息不能够进入人的意识，人们也无法从生物钟的周期知道一天的具体时间。比如，我们在黑暗中醒来，如果不看表，是无法知道当时是白天还是黑夜的，更不可能知道具体时间。所以对于必须按时工作的人来讲，不能依靠生物钟，只能依靠人造的各种报时器（如钟表和手机等）。

四、人体如何“对表”和“校表”

看表的问题解决了，下一个问题就是人体如何“对表”和“校表”。生物钟是靠细胞的反馈回路构成的。这些由生物“器件”组成的生物钟表相当精确，与自然界中 24 小时的节律相比，其误差在 1%之内。比如小鼠（mouse）的误差是 0.7%，吉拉毒蜥（gila monster）的误差为 0.54%，仓鼠（hamster）的误差是 0.3% ，而澳大利亚长鼻袋鼠（kangaroo rat）的误差只有 0.08%。

在无自然光照的情况下，人体生物钟的节律平均为 24.2 小时，即误差在 0.8%左右，也就是每天“慢”大约 12 分钟。对于用生物器件构成的生物钟来讲，这已经是很了不起的成就了。但是每天 12 分钟的误差还是必须校正的，不然日积月累，大约 60 天后就会昼夜颠倒。那么人体是如何根据地球自转 24 小时的节律对自己的生物钟进行“对表”和“校正”的呢？

地球自转 24 小时的节律，最明显的有光照变化和温度变化。早上太阳升起，傍晚太阳落山；清晨温度最低，下午温度最高，都有一定的规律性。人体应该按照哪个标准来“对时”呢？

温度虽然也有昼夜的变化，但是受各种因素的影响较大。如晴天和阴天、大范围的气候变化（热风和寒潮），都会影响一天中温度变化区间及平均温度。动物可以随意移动，在阳光下和树荫处温度就很不一样。动物的运动本身也会产生热量，影响对外界温度的测量。因此，利用温度判定时间就显得很不可靠。光照在晴天和阴天虽然有区别，但那只是光线强弱的不同，光线变化的时间周期还是很准确的。因此，地球上所有具备生物钟的生物都按照光照变化调节自己的生物钟，也就是每天不停地“校表”，使得自身生物钟能与地球的自转同步。

对于哺乳动物来说，眼睛是感知光线的器官。失去眼球的老鼠和人都会丧失校对生物钟的能力，具体表现为自身节律与外界逐步脱节且无法“校正”。这个结果说明，哺乳动物只能用眼睛感知外界的光信号，身体的其他部位（如皮肤，尽管其面积很大，并且有相当部分可以接触到外界的光线）是没有这个功能的。

人们对眼睛的构造和工作原理已经非常清楚了[①]。由视网膜上的感光细胞（包括视杆细胞和视锥细胞）接受光信号，通过双极细胞对光信号进行处理，再由节细胞输送至大脑。这些从视网膜来的光信号除了提供视觉信息外，还会提供光线明暗的信息，使大脑可以调节生物钟。

但在 20 世纪 20 年代，有人发现了一个奇怪的现象：盲眼的老鼠仍然能够对外界的光线刺激产生反应；当眼睛遇到光线时，瞳孔还会收缩。这个发现与已有研究相抵触：既然这些老鼠的视力已丧失，无法接受光学信号，那么它们怎么会对外界的光线刺激有反应呢？

科学家对这种现象进行了深入研究：将老鼠视网膜中的视杆细胞和视锥细胞这两种感光细胞去除，发现这些老鼠虽然看不见东西了，但它们仍然能根据外界光线的信息调节自身的生物钟。

由于无法对人进行活体实验，要想证明在人身上也有类似的现象，就只能找先天没有杆细胞和锥细胞的盲人。这样的盲人极为稀少，但是功夫不负有心人，2007 年，研究人员找到了两名符合条件的盲人。这两位盲人能够在光线刺激下产生褪黑激素，也就是可以根据外界的光线调整自己的生物钟；当他们的眼睛受到光线刺激时，瞳孔也会收缩。

这些现象提示，眼球中有另外的感光细胞存在，其功能与形成视觉信号无关，只负责监测光线的昼夜节律。这种感光细胞就是节细胞层中的少数（只有百分之几）细胞，名为“内在光敏感视网膜神经节细胞”（intrinsically photosensitive retinal ganglion cell，ipRGC）。在没有杆细胞和锥细胞的情况下，这些细胞仍然能接收外部光线的信号，进而传递给大脑。

进一步研究发现，ipRGC 和大脑的联系方式与其他节细胞不同。大多数节细胞可将视杆细胞和视锥细胞获取的信号传递至大脑中的初级视觉中枢（位于大脑后部），而 ipRGC 却和控制生物节律的 SCN 相连。这说明了 ipRGC 负责感受外界光线的变化，并且用通往 SCN 的神经信号对生物钟进行调整和校对。

---

① 见本书第 67 页《动物的视觉》一文。

与感光的杆细胞和锥细胞一样，ipRGC 也含有感光蛋白。但是感光节细胞所含的感光蛋白与视杆细胞、视锥细胞不同。视杆细胞和视锥细胞所含的是视蛋白（opsin），而感光节细胞所含的是另一种感光蛋白——黑视蛋白（melanopsin）。与视蛋白能感受大范围（400～700 纳米）的光线不同，黑视蛋白只吸收 460～480 纳米的光线，所以只对蓝光敏感。实验表明，波长大于 530 纳米的光线刺激对人体生物钟没有影响。

因此，眼睛实际上有两个感光器官，一个产生视觉图像，另一个负责对光线的非视觉反应，包括收缩瞳孔和调节生物钟。蝌蚪的尾巴上有一些细胞，遇到光线时会变黑，里面的感光蛋白质就是黑视蛋白。这说明黑视素比视蛋白要古老，并且与对光线的非视觉反应有关。

有趣的是，一些鸟类（如麻雀）在没有眼球的情况下仍然可以调节它们的生物钟。原来它们的脑中有含有黑视蛋白的细胞，光线可以穿过羽毛和头骨到达这些细胞。

五、为什么倒时差那么难

既然人体可以根据外界光线变化的周期自动调整和校对生物钟，那么人们到了不同的时区以后，应该很快根据新的光线周期“拨快”或“拨慢”生物钟，就像到了另一个时区在机场拨表一样，立即就完成了。但实际上，生物钟的调节是很慢的，常常需要 1 周甚至更长的时间，这又是什么缘故呢？

原因也许在于地球上的生物不能像人一样，在一天之内就可以横跨若干时区。绝大多数动物一生都在同一个时区中生活。即使是长途迁徙的飞鸟，飞行方向也主要是南北方向，而且每天只能飞行 100～200 千米。即使是东西方向的飞行，这个距离所带来时间上的变化还不到一个时区的 1/10。

所以地球上的生物，包括发明飞机之前的人类，根本没有倒时差的问题，也就没有演化出快速和大幅度“较表”的机制。由于多数生物的生物钟与地球的 24 小时节律只差不到 1%，每天也就调整十几分钟左右。这种调整对于生物钟来说已经绰绰有余了。

但是大型喷气式客机的出现，使得人们从太平洋西岸的上海，飞到东岸的洛杉矶，只需要12小时左右，时间因此后退了16小时。这样在一天之内造成的时差不是任何生物钟可以立即适应的。从人类倒时差的速度来看，人的生物钟每天可以调整1～2小时，这已经是很了不起的成就了。

生物钟的反应慢，其实是有好处的。这样生物只对以24小时为周期的时间变化起反应，而对更短时间段的光线变化不敏感。如果走到一个黑暗的山洞里，生物钟立即调节为晚上，那岂不乱套?

这里说的倒时差，不过是从一个时区的24小时节律“调”成另一个时区的24小时节律。周期没有变，变的只是相位，所以人体的生物钟还能调得过来。现在地球人已经有移民火星的计划。火星的自转周期与地球非常相似，是24.6小时，所以火星上的一天和地球上的一天差不多长。前面说过，人体生物钟的周期本来就比24小时稍长，所以地球人到了火星以后，应该能够很快适应那里的昼夜节律。

要是到了一个明暗周期远离24小时的地方，麻烦就大了。比如到月球上去建立基地。月球的自转周期是27天7小时43分钟，也就是说月亮上的一天几乎等于地球上的一个月。人体生物钟是经过亿万年的演化过程形成的，它的周期长度已经固定为复杂的回路，是不可能被调为27天的周期的。所以在月球上生活的人必须在自己居住的环境中人为地建立24小时的明暗周期。绕地球旋转的太空站，每90分钟左右就会经历1次白天。这么短的节律也是人体生物钟无法调整的，所以也必须在太空站中人工设立24小时的明暗周期。

六、为什么会有“夜猫子”

大部分人都是按每天昼夜的时间变化安排生活作息的。天亮前后（6：00～7：00）起床，22：00左右休息。可是有少数人却喜欢晚睡晚起，午夜2：00～3：00甚至更晚才睡觉，9：00～10：00以后才起床，也就是所谓的“夜猫子”。

与失眠症不同，“夜猫子”也有规律的24小时周期。到了他们睡觉的时间，他们会发困，第二天上午也会规律地按他们的起床时间苏醒。他们的睡眠一般很好，第二天起来以后也没有睡眠不足的情形。

所以“夜猫子”并不是生物钟的节律出了毛病，只是他们的生活节律和自然界的昼夜节律错位了。也许是在 SCN 向大脑中控制“睡眠-苏醒”的中心传递信息时，差了一个相位。

对于“夜猫子”的成因有各种假说，比如对天然光线的调节作用不敏感，或者对夜晚的灯光过度敏感。傍晚时强光照射对褪黑激素的分泌有抑制作用，“夜猫子”对强光的反应就比睡眠周期正常的人要强。

近年来的研究发现，“夜猫子”现象的出现也许还和基因有关。上文在介绍人体生物钟的基因时，提到了 3 种 PER 蛋白。其中 PER3 对 SCN 生物钟的运行并不是必要的，敲除 *per3* 基因对 SCN 生物钟的运行没有影响。反过来，敲除 *per1* 和 *per2* 基因，虽然还有 *per3* 基因在，但生物钟节律却完全丧失，这说明 PER3 蛋白也不能维持生物钟的工作。

PER3 的作用，也许与在 SCN 和“睡眠-苏醒”控制中心之间传递节律信息有关，它能影响两个中心之间的相位是否同步。与 *per1* 基因和 *per2* 基因不同，*per3* 基因的变异性是比较大的，也就是说人与人之间有比较大的差异。研究表明，某些 *per3* 基因的变化与“夜猫子”现象有关。例如， PER3 蛋白中第 647 位的氨基酸残基（即结构单位）由缬氨酸变成甘氨酸，这种变化就与“夜猫子”的形成有关联。PER3 蛋白中还有一个 18 个氨基酸残基的重复序列，序列重复的次数随人而不同，其中重复 4 次的就与“夜猫子”现象有关。研究还表明，如果 *per3* 基因的启动子序列有变化，影响 PER3 蛋白生成的数量，也会造成睡眠周期与 SCN 的周期错位。

所以部分“夜猫子”也许有其生理基础，他们对晚睡晚起更加适应。反过来，也有生物钟特别顽固、难以调节的人。这些人对上夜班就很不适应。这两种人最好都找适合自己睡眠-苏醒周期的工作，以达到最高的工作效率。

七、身体的各个器官有自己的生物钟吗

大脑中 SCN 里面的生物钟是全身节律的“总管”。但是除了 SCN 以外，人体内还有外周的生物钟，分别管理各个器官的昼夜活动。这

些外周生物钟的基因构成和 SCN 中的生物钟基本相同（比如也用 BMAL1/CLOCK 二聚体作为 *per* 和 *cry* 基因的开关），但是它们所处的环境不同，调控方式也不完全一样。

生物钟在许多动物器官和组织中被发现，包括肝、肾、脾、胰脏、心脏、胃、食道、骨骼肌、角膜、甲状腺、肾上腺、皮肤、甚至细胞系等。这些位于身体各个部分的生物钟称作外周生物钟（peripheral clocks），它们分别控制每个器官的活动，比如肝中的糖代谢和解毒、肾的排尿、胰腺分泌胰岛素、毛囊生出毛发等。

如果把动物各个器官中的组织放在体外培养，使其得不到从 SCN 发来的调节信号，虽然多数器官的组织仍有基因表达的周期性变化，不过与体内不同，这些组织在振荡几天以后，节律性就会逐渐变弱，直至消失。

对单个细胞的监测表明，细胞中的基因表达程度仍然在振荡，只是不同细胞之间的振荡周期不再同步，所以在总体上互相抵消。在培养环境中放入 SCN 细胞，这些组织中细胞的振荡周期又变得同步，说明 SCN 能够使全身各个器官里的细胞振荡保持同步。除了 SCN，一些化学物质（比如和糖皮质激素有类似作用的地塞米松），或新鲜的血清，也可以使细胞之间的振荡周期同步，说明器官中细胞的同步可以由多种外部信号来实现。

破坏 SCN 的老鼠，器官之间的振荡周期逐渐脱节。重新植入 SCN 则可恢复一些器官的周期同步。

这些结果说明，人体中的生物钟不止一个，而是一群。如果把这些外周生物钟比作一个乐队的成员，SCN 就是总指挥。SCN 通过各种途径指挥各个外周生物钟，包括激素（如褪黑激素、糖皮质激素）和神经系统的连接。

如果这些控制环节出了问题，就会造成各器官的生理节律互相脱节，带来一些不良后果，比如失眠、肥胖、心血管疾病、甚至癌症（因为影响细胞分裂周期的生物钟节律混乱）。因此，养成良好的生活习惯，包括有规律的生活（按时睡觉，按时起床，按时就餐等），使全身的生物钟系统同步协调地运行，对身体健康是大有好处的。

主要参考文献

[1] Kwon I, Choe H K, Gi Hoon Son, et al. Mammalian molecular clocks. Experimental Neurobiology, 2011, (20): 18-28.

[2] Czeisler A C, Duffy J F, Shanahan T L, et al. Stability，precision and near-24 hour period of human circadian pace maker. Science, 1999, (284): 2177-2181.

[3] Provencio I. The hidden organ in your eyes. Scientific American，2011, 304 (5): 54-59.

[4] Archer S N, Carpen J D, Gibson M, et al. Polymorphism in the PER3 promoter associates with diurnal preference and delayed sleep phase disorder. Sleep, 2010, 33 (5): 695-701.

人脑的局限性

——勤奋与事业成功的关系

勤奋与事业成功的关系是为人们所公认的，有关名言更是不计其数，如“业精于勤荒于嬉，行成于思毁于随”（韩愈），“哪里有天才，我是把别人喝咖啡的工夫都用在工作上的”（鲁迅），“天才是百分之一的灵感加上百分之九十九的勤奋”（爱迪生），“勤奋是好运之母”（富兰克林）等。爱因斯坦列出成功所需的三大要素中，第一个就是努力工作。

然而勤奋并不等于成功，也就是说，勤奋是成功的必要条件，但不是充分条件。事业成功需要许多条件，并不仅限于勤奋一种。第一，目标必须正确，不违背自然规律，凭空创造出能量的“永动机”就违背了能量守恒定律而成为一个不可能达到的目标。如果目标是造出“永动机”，那无论如何努力都不可能成功。

第二是在当时的条件下（包括在当时的环境中可以创造出来的条件），这个目标是可以达到的。向火星发射探测器，探寻是否有生命存在，或生命是否曾经存在，是人类目前的知识和技术水平可以做到的事，但是放一个探测器到地球的内核，目前就无法办到。

第三是方法要正确。举行各种仪式“求雨”不是得到降水的正确办法。无论场面多大，无论花多少工夫，都不会影响降水的自然过程。

成功与否还与当事人的教育程度、知识水平、思维方式、自身条件及偶然因素（包括机遇）有关。由于人类的知识有限，在目标达成之前，许多事情是当事人所不知道的，因此上述三个条件是否正确，一开始也未可知。如许多人在耗费很多时间和精力去造“永动机”失败后，才认识到能量守恒定律。在真正的病因找到以前，无论医生如何努力治疗，患者如何努力配合，病情也难以好转。

尽管成功需要很多条件，但勤奋还是必需的。做出伟大贡献的科学家、发明家，无不全身心投入，专心致志，持之以恒，百折不挠，这与人脑的工作特点和获取知识的过程有关。

一、人脑在信息处理速度上的局限性

人脑无疑是地球上最高级、功能最强大的信息处理结构。人们能够对周围的世界进行识别、分析、推理，能够想象、预见、设计和制造各种工具和仪器，能够灵活地而不是反射式地面对和解决问题，能够进行抽象思维，使用语言文字表达和记录信息。人脑还有艺术的创造力和欣赏能力。

与计算机相比，人脑具有较大的局限性，即速度太慢。无论是信息输入，信息“加工”（理解和思考），还是信息输出，速度都很慢。几十页的文件，计算机不到 1 秒即可输入或输出，若人阅读则需要几十分钟或更长时间。文字信号首先要转变为视觉信号，视觉信号又以神经脉冲的方式传递到视觉中枢。而许多传输信号的神经纤维，每秒钟只能把信号传递几米远。文字信号从眼睛的视网膜传递到位于大脑后部的视觉中枢，就需要十几个毫秒的时间。信号到视觉中枢以后，还要与储存在脑中的文字信号进行比对。这就需要信号在与储存视觉信号有关的大脑皮层区域中来回交换信息。

由于这个原因，通常“认识”1 个字需要大约 100 毫秒，也就是每秒钟我们只能读 10 个字左右。而且仅认识每一个字还不够，还要根据这些字出现的顺序，用储存在脑中的“语法”进行分析，才能知道一个句子的意思。一些简单的陈述句，如“今天是 8 月 26 号”，“我的名字叫某某某”，意思明白易懂。但是如果句子内容是新概念，或者是在进行推理，就需要动用脑中已有的知识才能理解，需要的时间就更长了。例如，“这里的海拔高，所以水不到 100℃就沸腾了”，就不是每个人都能理解的。这里需要知道液体“沸腾”和外部压力之间的关系，以及气压随海拔高度升高而降低的知识。

看文字信息如此，通过语音获得信息亦与此类似。语音首先要在耳蜗内转换成神经脉冲，再传输到大脑的听觉中心。信号还必须与储存在脑中的音-意联系相比较，才能知道大概是什么字。由于中文同音字较多，大脑还必须根据字音之间的组合和上下文内容才能准确判断话语的意思，所以从话语获得信息比阅读还稍慢一些。

人的思考过程在很多情况下是通过无声的语言进行的。有的人在思考时，会不自觉地把思维时所用的语言说出来，这就是所谓的“自言自语”。用语言思考的速度与阅读或倾听的速度差不多，也就是每秒钟 10 多个字。而且人脑在思考时还有一个“缺点”，就是单线思维。就像在任何时刻眼睛只能注视一点一样，人在思考时，在任一时刻只能想一个问题，即常言道“一心不能二用”，不能像计算机那样，同时做多件事（把处理器的工作时间迅速地分配给不同的任务，或者多个处理器同时工作）。

与人交流时，这些过程就和信息的输入反过来。思想先要转换成输出到发音器官的神经信号，或控制手写字（或打字）的神经脉冲。写作的速度比阅读或倾听更慢。人在 1 分钟内一般只能写几十个汉字，打字快的人，每分钟也就打 100 多个字。

人脑处理信息的缓慢限制了人们获取知识的速度。获得已有的知识必须通过语言和文字进行，其中包括与人交流。由于人脑输入、输出和处理语言文字信息的速度很慢，所以人们必须在获取知识上投入大量的时间和精力。一个人要获得从事一项专业工作所需的知识，需要十几年的时间！没有持之以恒的努力，是不能达到目标的。

二、人脑的记忆会随时间而衰减，能通过多次信息输入和“调取”而增强

人脑“收发”信息和处理信息的缓慢使人们要用相当长的时间学习人类已经获得的知识。即使是花费十几年的时间，学习时的态度和方法也会对知识的掌握有很大的影响。

这是因为人脑还有另一个“缺点”，就是记忆不像储存在计算机硬盘里的程序那样可以长期保存而不衰减，一“调”即出，而是会随着时间的推移逐渐淡化。先是“调”不出来，然后是真的消失。一个信息在脑中能储存多久，首先取决于信号输入时的强度。强烈的信号，

高度关注的信息，以及经过反复思考所理解的信息，可以在脑中保持很长的时间，甚至终生不忘。如你接收到大学录取通知书的那个时刻、你和对象确定关系时的场景、重大的灾难事件等，都很难忘记。不太重要的信息，单纯记忆的信息，就会逐渐衰减（如小学同学的姓名，某种元素的原子量）。先是信号还在，但是已经弱到有时“调”不出来了。如一时想不起某人的姓名，但是过一段时间，或经人提醒，又会想起来，说明该信息在脑中还没有消失。如果该信息真的在脑中消失，那就经人提醒也想不起来了。

不过这个“缺点”也有弥补的方法，就是信号被反复输入，或被反复“调用”后会增强。所以看一遍记不住的内容，过一段时间（如到第 2 天）再看就会加深记忆（连续多次的效果不如隔一段时间重复更好）。曾经想不起来的人名，如果想起来后又多次去“调”（也不是连续想多遍，而是过一段时间再去“调”），就会在想“调出”的时候立即能够“调出”。许多公司在做广告时也正是利用记忆的这一特点，会在电视台反复播放广告，给潜在的顾客以重复刺激，在他们脑中产生和维持尽可能强的记忆。

由于人脑中储存的信号会衰减，因此学习书本知识的过程不仅是很缓慢的，而且在学习时输入的信号强度和质量（包括某个信号与其他信号相关联，关联越多，以后越容易通过联想被“调出”）也会因人而异。在学习过程中，是否精力集中，是否认真理解和思考，是否多次复习，是否能够应用于实际（应用也包括“调取”信号的过程，而且在应用过程中知识被再思考和检验）决定了一个人能通过学习掌握多少知识和运用这些知识的能力。

三、获取新知识的过程是困难而缓慢的

知识是人类解决问题的强大武器。过去在长时期中困扰人类的一些问题，如某些传染病（如古代的“瘟疫”）、移动缓慢（过去最快的移动方式是骑马）、远距离通信（过去最快的信息传输方式是“烽火台”），在新的知识面前都迎刃而解。但是人类永远不能知道关于这个世界的全部知识。在面临新的问题时，有关的知识总是不足的，需要获得新的知识。而且世界是变化的，昨天的一些知识也会过时，需要

不断更新。获得新知识的过程常常是困难和漫长的。

所以，在科学研究的前沿，许多课题往往是“硬骨头”，也就是已有的相关知识不足，而所需的新知识又难以得到。但是人们又不能等待知识齐备了再动手解决问题，往往是凭借片断、零星、有时甚至是错误的知识作为线索，力求从这些知识的背后找出新的规律，所以历史上许多重大发现都是啃“硬骨头”的结果。

例如，俄国化学家门捷列夫发现元素周期表的过程，就充满曲折和困难。在他之前，已经有人注意到当化学元素按它们的原子量排列时，元素的性质会出现周期性的变化。但是要找出严格的规律却非常困难。许多元素（包括惰性气体）当时还没有被发现。最重要的是，当时人们还不知道是原子核中的质子数决定了电子层的排布，特别是外层电子的排布情形，导致元素性质周期性地变化。人们只能根据元素的性质，如化合价、熔点、金属性和非金属性这些“表面现象”探测元素的内在规律，而且有些元素的原子量和化合价还测得不准。这相当于要在不完全，甚至部分错误的知识基础上去发现事物的规律。

但是门捷列夫并没有气馁。他把当时已知 63 种元素的原子量和主要性质分别写在卡片上，再把这些卡片反复地分组排列，以寻找其中的规律。他大胆地按照化学性质，而不是完全按照当时有误的原子量来排列元素，并且亲自重新测定一些元素的原子量。他还在周期表中留出空位给那些当时尚未发现的元素。这些都是极有洞察力的做法。如果门捷列夫对元素之间的关系没有强烈的兴趣，就不会有持之以恒的努力，也不能排除错误信息的假象，找出事物的内在规律，周期表也不会在他的时代出现。

在许多科研活动中，大量的时间和精力都花费在实验上，以获取解决问题所需要的新知识。没有动力和恒心，就不能有效地进行科研活动。如人们对癌症成因的研究已经进行了几十年的时间，但是对于引起癌症的基因突变如何（及何时）发生，癌细胞如何启动端粒酶的活性，以及癌细胞如何转移等问题仍然有太多的未知。为了发现粒子物理学“标准模型”中最后一个没有找到的希格斯玻色子（也叫作“上帝粒子”），科学家花费了数年的时间和数百亿美元，将质子以接近光速的速度进行对撞，并且记录和分析了数百万亿次的粒子碰撞结果，才找到了“可能是”希格斯玻色子的踪迹。

科学研究如此，其他领域也一样。商业活动需要随时掌握市场信息，而且还必须在竞争对手隐瞒信息和误导的情况下做出正确的判断。在军事斗争中，双方都要用一切侦察手段获取对方的情况，而一方也总是力图隐瞒真实信息和误导对方（“兵不厌诈”）。在这些领域里，能否获得足够的信息并且加以分析，从而做出正确判断，就是成败的关键。这些活动都需要全神贯注和持续不断的努力。

四、“潜意识思维”与灵感

许多人都有这样的经验：前一天晚上的想法，第二天醒来后就有变化；写好的文章初稿，放几天后就觉得还需要修改，甚至推倒重来。所以许多人都不急于把第一反应或意见发表出去，而是要把它们“沉淀”一下，经过“沉淀”的想法或文章往往是更妥当的。在对一个问题努力思考仍然得不到答案时，把问题“放一放”，往往答案会“自己”冒出来。许多重大的科学发现都是在反复思考时不得其解，反而是在放松休息期间“突然”冒出来的，一般把这种突然冒出来的好想法称为“灵感”。

荷兰科学家狄克斯特霍伊斯（Dijksterhuis）对这个问题进行了研究，发现在面对困难的问题和决策时，如果不立即作出回答，而是做一些不相关的事情以后再作决定，答案往往比立即回答要好。中国人说的决策之前要“三思”，其实也就包括了让思想“自己”去活动的时间，即在没有意识到它的情况下让大脑去“思考”。对这位科学家的工作感兴趣的读者，可以去看他的原文“On making the right choice：The deliberation-without attention effect”（本文参考文献[5]）。

这也许就是所谓的“潜意识思维”，即主观上不觉得自己仍然在想这个问题，但是实际上已经启动的思维过程在我们转向其他话题、放松休息甚至睡觉时，思维仍在继续进行。而且主动思考时一次只能想一个问题，沿着一个思路，“潜意识思维”却可以不受这个限制，可以把已经启动过的思维都继续进行，而且彼此进行交汇，从而产生新的思想（即信息之间的新联系）。

但是要让“潜意识思维”能够有效进行，首先要有丰富的相关知识，并且已经有了大量的主动思维，否则“潜意识思维”就没有多少思考对象和思考过程去继续。只有对一个问题有强烈的兴趣和关注，收集了大量的资料，并且在长时间中对问题的各个方面进行了大量的思考，这种“潜意识思维”才有可能产生好的结果。

五、与肌肉控制有关的活动也需要持续不断的努力

人类还有一大类活动与肌肉的精确控制有关。乒乓球运动员要对快速飞来并且旋转的小球正确地回击，速度稍慢或准确性稍差就意味着失分甚至输掉比赛，所以这类比赛实际上是双方神经反应的对抗。小提琴家要在快速演奏中按准每一个音，钢琴家要用优美的节奏弹出轻重不同的琴声，画家和书法家要让笔尖完全按照自己的意愿画出浓淡粗细，歌唱家要让自己发出的歌声甜美动听，雕刻家要让自己的雕刻刀走向一丝不差，舞蹈家要使自己的舞姿准确优美，都需要对有关肌肉的精确控制。除了对肌肉力量的锻炼以外，对肌肉控制的精确程度就成为艺术水平高低的关键因素。

肌肉的运动是由神经系统控制的。想得冠军的人，就必须把这些控制回路的强度保持在远高于常人的水平，也就是达到个人的极限。但是神经系统的缺点就是控制回路的强度会衰减，所以这种极限状态是不能自动维持的，需要不断地使用，而且是高强度、高密度地使用这些回路，才能保持这种极限状态。这就是为什么运动员天天都要训练，钢琴家每天都要练琴，书法家每天都要练字，歌唱家每天都要“吊”嗓子，一天不练，成绩就会下降。而且每天练的时间少了也不行，许多优秀的运动员和艺术家每天至少要练几个小时，目的就是把自己身体中有关肌肉控制的神经回路推向极限并且保持它。

这也许就是这些领域中的人必须勤奋努力的神经学原理，如果有关的神经回路一经达到极限值就会维持不变，那继续训练也就没有必要了。

六、结束语

由于人脑工作的特殊性（信息的输入输出和加工过程缓慢，神经回路会随着时间衰减，记忆能通过反复输入和“调出”得到加强，大

脑也有“潜意识思维”)，决定了人们必须持续不断地努力，才能获得解决问题所需要的知识，使工作所需要的神经回路和记忆达到并维持在一定的强度，也使主动思维和“潜意识思维”能有效地进行，使新想法的出现成为可能。那些对有关肌肉的精确控制有高度要求的神经回路，更是需要持续不断的练习来加强和维持。

人的勤奋，其实就是用持续不断的努力来“对抗”和“弥补”人脑工作的局限性。只有对一项工作有好奇心和动力，才能保证全身心投入，勤奋工作，方可取得成功。

主要参考文献

[1] Benfenati F. Synaptic plasticity and the neurobiology of learning and memory. Acta Biomedica, 2007, 78 (Suppl 1): 58-66.

[2] Abel T, Lattal K M. Molecular mechanisms of memory acquisition, consolida-tion and retrieval. Current Opinion in Neurobiology, 2001, 11: 180-187.

[3] Kandel E R, Pittenger C. The past, the future and the biology of memory storage. Philosophical Transactions of the Royal Society of London. Series B: Biological Sciences，1999, 354: 2027-2052.

[4] Richter J D, Klann E. Making synaptic plasticity and memory last: mechanisms of translational regulation. Genes & Development, 2009, 23: 1-11.

[5] Dijksterhuis A, Bos M W, Nordgren L F, et al. On making the right choice: The deliberation-without attention effect. Science, 2006, 311: 1005-1007.

人的智力有极限吗

人类无疑是地球上智力最高的动物。人类能够设计、制造和使用工具，能够用复杂的语言文字系统来传递和储存信息，能够进行逻辑思考，用灵活的方式解决问题、预见和计划将来，并对世界进行不断深入的研究，还能创造和欣赏音乐、绘画、雕塑等艺术形式。人类是唯一能大规模改变自身生存环境和条件的物种。纵观周围的建筑、桥梁、道路、汽车、飞机、人造卫星、宇宙探测器，乃至人们使用的计算机、数码相机、手机、高清电视、光纤网络，无一不是人类智慧的结晶。而智力和人类最为接近的灵长类动物黑猩猩，甚至不能给自己建造一个简陋的居所。

近一两百年来，尤其是近几十年，科学技术水平飞速进步，使我们感觉人类好像越来越聪明，制造航天飞机的现代人似乎比制造马车的古代人更聪明。事实是这样吗？若果真如此，那人类还会变得更聪明吗？

从森林古猿演化到现代人，智力在不断提高。人类祖先在大约500万年前和黑猩猩分道扬镳时，两者的智力应该是比较相近的。因此，目前人类所拥有的智力应该是在之后的几百万年中发展起来的。

在原始时期，人类祖先的智力发展是很缓慢的。目前发掘出最早的石器出现在大约250万年前的非洲，也就是人类和黑猩猩分开大约250万年之后。石器是人类祖先使用的日常工具，它的出现说明此时人类祖先的智力已经超过了黑猩猩。人类用火最早的遗迹（云南省元谋县）是在170万年前的元谋人时代。最早的陶器出土于中国湖南，大约制作于1.8万年前。在河南省舞阳县贾湖出土的大约8000年前类似文字的契刻符号，以及大约5000年前在西亚两河流域出现的楔形文字，都说明文字诞生于几千年前。而最早的铁器出现在约 3500 年前的赫梯帝国（现土耳其境内）。

也就是说，在人类祖先和黑猩猩在演化上出现分支以后的几百万年中，技术上的发展（在一定程度上也是智力发展的标志）是非常缓慢的。人类社会相对快速的发展，基本上是在过去的几千年之内。到了近代，科学技术的发展越来越快，近几十年更是人类发展与创新的爆炸时期。

但是科学技术发展的水平和速度，与人类智力的进步并不是一回事。原始社会时，生产力非常低下，不可能有不劳动而专门从事科学研究的人，但是不能因此就认为那个时期的人比较笨。生产力发展了，社会有了“余钱剩米”，才能分支出可以不从事生产活动的人员，科学技术的进步才可以加速。

语言的出现使得储存在每个人脑中的信息得以传播给他人和下一代；文字的出现更使得知识和经验可以在人脑之外被记录和积累，因此可以更方便地传播以供后人学习。如此，个人就不必全凭自己的智力从头开始获取和创造知识，而是可以在旁人和前人成果的基础上进一步发展。积累的知识越多，已有的技术手段越先进，不同学科之间越是互相渗透、相互促进，人类发现和获取知识的速度就越快。近代和现代物理学的探测手段，如同位素示踪、光谱、质谱、X 射线衍射、核磁共振等，极大地促进了化学、生物学和医学研究的进展。目前许多国家在科学研究和技术开发上投入了大量的资金与人才，新成果的出现也就更多更快。但这并不等于现代人就比几千年前的古代人聪明。

例如，在 4700 多年前建造的埃及胡夫金字塔（Pyramid of Khufu），高 146.59 米，由约 230 万块巨石堆砌而成，总重近 700 万吨，而且几何精度极高。即使现代人用现代技术，也很难取得那样的成就。2500 多年前成书的《孙子兵法》，至今仍是世界上许多军事院校的必读教材。书中所包含的思想和智慧已经超出军事范畴，被广泛应用于社会生活的各个方面。我们读古代的小说或演义，并不觉得里面的人物笨。即使将现代人放到当时的环境中去，其行为和处理问题的方式未必有古人高明。

就好像爬山，古代人从海平面爬起，爬到海拔 500 米。现代人从 5000 米处爬起，可以爬至海拔 5500 米。5500 米当然比 500 米高得多，但是每个人爬的相对高度仍然是 500 米。古代人发明的用火、烧制陶器、冶炼金属，其难度不亚于现代人测定一个基因的序列，或者编一个软件程序。

所以从人类的生产水平和科学技术发展史来看，无法得出人类智力演化的准确过程。也许人类的智力在几千年前，甚至更早，就已达到现在的水平。

对近百年来各国人群智商的测定表明，在测定的早期阶段不同人群的智商都随时间的推移而有所上升，大约每 10 年增加 3 点（标准为 100 点）。这种现象被新西兰奥诺哥大学的科学家 James Robert Flynn 所注意到并进行了总结，叫作“弗林效应”（Flynn effect）。弗林效应的存在似乎说明人类的智力还在不断进步。但仔细分析发现，这种增加主要是低智商人群的进步，很可能是由于营养条件的改善消除了对大脑发育的不良影响。在同一时间段内，高智商人群的得分并没有增加。而且从 20 世纪 90 年代开始，许多发达国家人群的平均智商已停止上升。虽然用各种方法对智商进行测定的结果并不能完全代表智力，但这些实际测定的结果也说明，对于营养有保障的人群来说，智力发展可能已经进入了平台期，计算机时代的到来并没有使人类变得更聪明。

从长远来看，目前的问题是，人类的智力是否存在进一步发展的空间？是否有物理学和化学上的极限？

人的思维和智力是大脑中神经细胞（又叫神经元）活动的产物。也就是说，人类的智力是基于神经元的智力，这与现代计算机基于硅晶体管的“能力”不同。因此，判断人类智力的发展有无极限，首先要了解智力与大脑中神经元的关系。

一、脑容量越大越聪明吗

纵观人类的演化过程，似乎是脑容量越大越聪明。比如，现代黑猩猩的脑容量只有 420 毫升，而现代人的平均脑容量有 1350 毫升。生活在 300 多万年前的非洲原始人类露西（Lucy），其脑容量只有 400 毫升左右。200 万年前直立人出现，其脑容量就增加到 800 毫升。由此看来脑容量是伴随着人类智力的发展而增大的（有些文献用重量表示脑的大小。由于脑的密度在 1.03～1.04 克/毫升之间，与水非常接近，因此可近似用克表示脑的重量，用毫升表示脑容量）。

从表面上看，这似乎是不言自明的。脑容量越大意味着可以容纳更多的神经元，自然智力也会比较高。

但是如果将范围扩大到其他动物，就会发现此种说法并不完全成立。比如牛的大脑（约 440 克）比老鼠的大脑（约 2 克）重 200 倍以上，与黑猩猩差不多。但是牛不但远不如黑猩猩聪明，也不比老鼠更聪明。即使同属犬类，大型犬有时未必比小型犬聪明。乌鸦的脑只有 10 克重，却是最聪明的鸟类之一。它会把石子填到装有一部分水的瓶子里，使水位升高以便能喝到水。如果有不同大小的石子可供选择，它会先用比较大的石子，以便使水面更快上升。渡鸦还会把坚果放在马路上，让汽车把果壳压开。

因此脑容量大并不等于高智力。体型较大的动物一般脑容量也较大。但是这多出来的神经元并不一定是用来提高智力的，而是首先用来控制和管理自身较大的躯体。比如牛，它需要感觉的皮肤面积和要控制的肌纤维数量都远多于老鼠。就好像一个国家或一个地区，面积和人口多了，管理机构及人员也会相应增多。只有在基本管理任务以外“富裕”出来的神经元，才有可能被用于进行更高级的思维，从而发展出更高的智力。

为了弄清脑重和体重的关系及这种关系对智力的影响，荷兰解剖学家杜波伊斯（Eugene Dubois）及其同事收集了 3690 种动物的脑重和体重信息。他的后继者对这些数据进行分析后发现，随着动物躯体变大，脑的重量并非以线性比例增大，而是以体重的（$0.7 \sim 0.8)^2$，即幂指数的形式而逐渐增大。比如麝鼠（muskrat）的体重是小鼠（mouse）的 16 倍，但麝鼠的脑重只有小鼠的 8 倍。把这些体重和脑重数据输入到对数坐标上，横坐标为体重，纵坐标为脑重，经过数学分析得到一条直线，利用这条直线可以从动物的体重计算出脑重的“预期值”。

有些动物体重与脑重的坐标正好处在直线上，比如小鼠、狗、马和大象等。有些动物体重与脑重的坐标在直线的上方，说明它们的脑重超出了预期值，应该比较聪明。高出直线越远，说明脑重超过预期值越多，理论上越聪明。实际情况也是如此，比如人的脑重超出预期值 7.5 倍，是所有动物中最高的，也最聪明。海豚的脑重是脑重预期值的 5.3 倍，猴子是 4.8 倍，都相当聪明。反之，如果动物体重与脑重的坐标处在直线以下，也就是它们的脑重低于预期值，理论上讲就会比较笨。牛的脑重与脑重预期值的比值是 0.5，也就是说它的脑重只有预期值的一半，牛也的确比较笨。

不过这个规律也有例外。比如南美卷尾猴的脑重与预期值的比例就高于黑猩猩，但其远不如黑猩猩聪明。对于体型巨大的动物，如蓝鲸，脑重与预期值的比例也很低（约 0.25），但蓝鲸实际上是比较聪明的动物。所以脑重和智力的关系，还需要更深入地探讨，以找出更好的评价指标。

二、人类大脑皮层中神经元的数量已经是“世界第一”

前面讨论了脑的大小与智力的关系。能否换一个角度，看看脑中神经元的数目与智力的关系呢？不过人脑中并非所有的神经元都与思维有关，比如控制身体一些基本活动（如呼吸、心跳、排泄）的神经中心主要存在于延髓中。植物人全无意识，但这些基本生理活动依然可以正常进行。所以控制这些活动的神经元可以被认为与智力无关而不予以考虑。小脑占脑总体积约 10%，其神经元（主要为颗粒细胞）与运动的协调有关，在计算与智力相关的神经元时，也可将其排除在外。

大脑的重量占人脑总重量的 82%，其中大脑皮层（大脑表面几毫米厚的组织，是大脑神经元的集中分布区）与人的思维直接相关。其他哺乳动物的大脑也占据了脑体积的绝大部分，与人脑的结构和功能类似，所以大脑皮层中神经元的数目也许是估计动物智力的一个更优指标。的确，如果比较不同动物大脑皮层中神经元的数量，人类明显是第一位，大约有 120 亿个神经细胞（不同实验室得出的数值不完全相同，大约为 110 亿～140 亿个）。即使鲸鱼的脑比人脑大好几倍，但其大脑皮层中神经元的数量比人类还要少一些，在 100 亿～110 亿个之间。黑猩猩大脑皮层中神经元的数量是人的一半左右，约 62 亿个，海豚是 58 亿个，大猩猩是 43 亿个，这些动物的智力相当。这些数值表明，120 亿个左右是地球上动物大脑中神经元数量的最高值，只为人类所拥有。

鲸类动物大脑皮层中神经元的数目与人相近，智力却远不如人。这说明足够数量的神经元是高智力的必要条件，却不一定是充分条件。在神经元数量相同的情况下，智力还与神经元之间的连接方式和信号传输的速度有关。

三、信号在神经元之间的传输速度至关重要

人脑中的 120 亿个神经元本身并不能自发地产生智力。婴儿出生时，大脑中的神经元已经完全形成，也就是说人类从出生起就已经拥有了 120 亿个神经元。但是新生儿并没有明显的智力。要经过数年的时间，智力才逐渐由这些神经元发展出来。这说明神经元之间联系的建立对于智力的发展是必不可少的。而且智力的发展有一个与外部环境密切相关的关键期。由狼哺养大的狼孩，虽然拥有和正常人同等数量的神经元，但是由于错过了智力发展的关键期，即使后来再回到人类社会，其智力也始终停留在非常低的水平。

这就像计算机的中央处理器（central processing unit，CPU）中的晶体管。目前的 CPU 中已经可以容纳数以千万个、甚至上亿个晶体管，但这些晶体管还需要导线将它们连接起来才会产生运算能力。

思维过程涉及大脑的不同区域，信号需要沿着神经元之间的通路（本文中笔者将这些通路统称为神经纤维）在不同区域的神经元之间进行传递和交换。信号在大脑不同区域之间传播的途径越顺畅，速度越快，大脑处理信息的速度就越快，智力就有可能更高。

而神经纤维传输信号的速度是比较慢的。不同神经纤维的信号传递速度在 0.5～100 米/秒之间。假设信号传递速度的平均值为 10 米/秒，也就是每传输 1 厘米，需要 1 毫秒的时间。在这种传输速度下，脑的尺寸对信息传输时间有很大的影响。例如，牛的大脑比老鼠的大脑重 200 多倍，直径为 6～7 厘米，而老鼠的大脑直径不到 1 厘米。信号从牛大脑的一边传到另一边的时间需要 6 毫秒左右。如果思维需要脑中多个

部分之间信息的多次来回交换，牛思考所需要的时间就更长了。这也许可以部分解释为什么老鼠的反应和行动是那么迅速，而牛却总是慢吞吞的。

而体型微小的蜜蜂，脑重只有几毫克，但是蜜蜂脑中神经元之间的距离很短（在毫米范围内），因而信息可以在神经元之间迅速传递。这使得蜜蜂在互相追逐时，可以在一眨眼的工夫飞出复杂的曲线，从而在毫秒级的时间段里对飞行轨迹进行精确的控制。

因此，要提高大脑处理信息的速度，就要尽量缩短神经元之间的距离。从这个意义上讲，脑子越大越不利。

四、信号传递途径越短，人的智商越高

人脑相对来说是比较大的，宽约 14 厘米，长约 16.7 厘米，高约 9.3 厘米。大脑皮层分为许多功能区，思维过程中信息需要在多个功能区之间交换。不同的人其功能区之间的距离亦有所不同（见下文）。为了研究信号在功能区之间的传输距离是否与人的智力有关，科学家用不同的方法测定了部分人大脑中功能区之间的距离，再将数据与测试对象的智力相比较，得出了类似的结果。

荷兰乌得勒支大学医学院的赫维尔等用功能磁共振成像（functional magnetic resonance imaging，fMRI）测定处于休息状态时人脑不同功能区之间的距离。在时间上高度同步的神经活动区域被认为是彼此相关的。从核磁共振图中可以得出这些功能区的距离。赫维尔等的实验结果表明，信号传输路径最短的人，智商最高。

英国剑桥大学的神经图像专家 Edward Bullmore 用脑磁图估算大脑中不同区域之间信号传输的速度，并且与测试对象的短期记忆力（在短期内同时记住几个数的能力）相比较，发现区域之间具有最直接联系、信号传输速度最快的人，具有最好的短期记忆力。这些研究结果都支持了上述观点，即神经功能区之间的距离长短与信号在这些功能区之间传输的速度直接有关，也和智力的高低有关。

读者也许会问，人脑的大小和重量不是都差不多吗？为什么功能区之间的距离还会不同呢？这是因为不同的人大脑皮层的形状不同。人的大脑表面不是平滑的，而是布满了沟回。这使得大脑皮层的表面

积比光滑的大脑要大得多，因此可以容纳下更多的神经元。

但就像人的指纹一样，没有两个人的沟回形式是完全相同的。即使是同卵双胞胎，沟回的形式也只是相似，但仍彼此不同。由于大脑皮层分为许多功能区，不同的沟回形式意味着每个人功能区之间的距离不同，信号在这些功能区之间传输所需要的时间也不同。对于一个特定的人来说，如果两个功能区之间的距离比平均距离短，与这两个功能区有关的智力就有可能比较高。但是另外两个功能区之间的距离也许又比平均数长，与这些功能区有关的智力也许就相对较差。这或许可以部分解释为什么不同的人所具有的才能不同。有些人在数学领域较为擅长，有些人具有音乐天赋，但是在别的领域就相对较差。

爱因斯坦的脑重只有 1230 克，相当于 1194 毫升，明显低于人类 1350 毫升的平均值。但是他的大脑的顶叶部位有一些特殊的山脊状和凹槽状结构。较小的大脑和特殊的沟回结构，也许造就了爱因斯坦进行思维时神经通路特别短且通畅，从而形成了他超于常人的智力。但是他在语言方面似乎稍逊于常人，直到 3 岁才会说话。

五、人脑已在整体上进行了功能优化

为了拥有尽可能多的大脑皮层神经元，同时这些神经元必须安排得尽可能紧凑以缩短它们之间的距离，还要使神经元之间的通讯尽可能快捷，人脑已经采取了多种方式进行优化。这些措施是其他高等动物所共同采取的，但是人类将其发展到了极致。

（1）保持神经元的体积，使其避免过大。通常情况下，动物在体型变大时，神经元的体积也随之增大，这样势必会增加神经元之间的距离。而灵长类动物的大脑有一个特点，即脑随着身体的增长变大了，但神经元的体积基本上不变，因此可保持较高的神经元密度。每 1 立方毫米的人的大脑皮层，也就只有大头针的针头那么大，里面却含有约 10 万个神经元，每个神经元平均有 29 800 个连接处与其他神经元相联系。用这种方式，人的大脑已经含有所有生物中数量最多的神经元，而大脑的总体积仍然在人体可以接受的范围内。与此相反，大象和鲸鱼的大脑中神经元的尺寸就相对较大，使得它们的大脑虽然比人的大得多，但是神经元的密度却相对较低。因此大象和鲸鱼大脑的工作效率也比人的大脑要低。

（2）大脑的神经元多集中在表层（大脑皮层）2～3 毫米的厚度中。这样可以使神经元之间的距离尽可能地短。数学分析表明，这种安排比起把神经元在大脑中平均分布再彼此联系更有效率。绝大多数的神经元之间的联系都是短途的，只有少数是长距离的联系。

（3）大脑皮层的构造也不同。大脑皮层分为新皮层、古皮层和旧皮层。古皮层与旧皮层比较古老，与嗅觉有关。这些皮层的结构只有 3 层，叫作爬行动物的大脑皮层。而从哺乳动物开始，新皮层出现。动物的演化程度越高，新皮层所占的比例越大。像人的大脑皮层中，约有 96%是新皮层。新皮层中神经元的排布依据神经元类型的不同分为 6 层，可以实现更高程度的皮质神经元的密集分布。计算机的 CPU 也借鉴了这个设计，在芯片中有多达 9 层的晶体管。

（4）用不同的神经纤维完成不同的任务。由神经元发出的，将信号传给其他细胞的纤维叫作轴突。有的轴突外部包有绝缘层（髓鞘），叫作“有髓神经纤维”，传输信号的速度比较快，但是占的体积也比较大。另一种没有绝缘层，叫作“无髓神经纤维”，传输速度比较慢，但是占的体积相对较小。大脑皮层神经元之间的短途连接使用无髓神经纤维，以减少占用的空间，使神经元之间可以更加靠近；而途径较长的联系就用有鞘纤维以获得更高的传输速度。由于髓鞘是白色的，这部分脑组织就叫作白质。神经元集中的地方因为轴突没有髓鞘，呈灰色，叫作灰质。白质和灰质的分区，说明大脑已经在减少体积和保持信号传输速度上尽量兼顾二者。

由于这些改进，人脑在拥有地球上动物中最多数量大脑皮层神经元的同时，又在神经元的密集程度、连接路径及信号传输速度上进行了优化，使人类拥有其他动物无法比拟的智力。问题是，大脑的这些优化过程已经接近终点了吗？人类的智力还能提高吗？

六、大脑还有多少提升的空间

从上文可以看出，大脑皮层中神经元的总数、神经元的密集程度及信号在大脑中各个功能区之间传输的距离和速度都与智力的高低有关。那人类是否能够在这几个方面继续加以改进，以获得更高的智力呢？下文将对这些问题分别进行讨论。

1. 继续增加大脑皮层中神经元的数量

既然人类拥有地球上动物中数目最多的大脑皮层神经元，同时也拥有最高的智力，继续增加这些神经元的数目也许能使大脑处理信息的能力更为强大，使人类变得更加聪明。

但是更多的大脑皮层神经元意味着更大的大脑，功能区之间的距离会增加，使信号传输的距离和时间更长。这会使大脑处理信息的速度变慢。

更大的大脑也需要更大的头来“装”它。目前人类新生儿的头部尺寸已经是身长的 1/4（成人为 1/8），头围约 34 厘米。这样大小的头部已经使得分娩成为一件困难和痛苦的事情。经历过或者看过分娩过程的人都会对此印象深刻。若新生儿的头太大，如果不是手术生产，恐怕母亲将难以顺利产下婴儿。

就算分娩的问题能解决，能量供应也是问题。大脑是高度消耗能量的组织，人脑的重量大约为体重的 2%，却使用身体能量总消耗的 20%。新生儿大脑的能耗甚至高达身体总能耗的 60%！且心脏、肝脏、肾脏也是高度耗能的器官，但加起来也不到新生儿总能耗的 40%。再增加脑容量，恐怕其他器官的活动就无法维持了。

2. 增加信号传输的速度

增加大脑处理信息效能的一个办法就是增加信号在神经元之间和功能区之间传输的速度。不同的神经纤维传输信号的速度不同。神经纤维直径越大，信号传输速度越高。这就像粗的电线由于电阻较小，导电能力更强一样。神经纤维外面有绝缘层（髓鞘）的，信号传输的速度也更快。

但无论是增加神经纤维的直径，还是在外面包上厚厚的绝缘层，都会使神经纤维的总直径变大，占用更多的地方，迫使神经元之间相距更远。这会增加信号传输的距离，使信息处理速度变慢。

3. 增加神经元之间和功能区之间的联系通道数目

现在人类大脑皮层中各神经元之间有着数以万计的联系。进一步增加联系的数目也许能使大脑处理信息的能力更为强大。增加功能区之间的联系也相当于增加信号传输的带宽，使信息传输更加通畅。

但无论是增加短途联系还是长途联系的通道，都意味着要增加神经纤维的数量。这些神经纤维必然要占用更大的体积，增加各神经元之间和功能区之间的距离，其结果也是延长信号传输的时间，使大脑处理信息的速度变慢。更多的神经纤维也意味着更多的神经脉冲，会消耗更多的能量。

4. 使神经元和神经纤维更加微型化

如果神经元的细胞体积变得更小，神经纤维变得更细，就可以在同样的体积中容纳更多的神经元。这样既可以提高大脑皮层中神经元的总数，提高信息处理能力，又可以缩短它们之间的距离，有利于信号的传输，还可以降低能耗，是一举数得的办法。问题是，神经元和神经纤维还能进一步微型化吗？

这有点像计算机行业中的摩尔定律，即每过 18 个月，集成电路中晶体管的总数和计算性能就提高 1 倍。这主要是通过晶体管及它们之间的导线微型化来实现的。既然计算机可以这样做，那么大脑是不是也可以这样做呢？

摩尔定律在开始时工作得很好，似乎可以无止境地持续下去。但是当晶体管的尺寸接近纳米级时，漏电现象就日益严重，晶体管的工作不再可靠。提高栅极的电压可以改善晶体管工作的稳定性，但是要消耗更多的能量，散热问题就更难解决。

随着集成电路的微型化，电场传播速度也有一天会成为计算机速度的瓶颈。现在计算机的速度已经可以达到每秒千兆级。但即使是在每秒 4 千兆的频率下，电场在每个周期中也只能走 7.5 厘米，也就是已经接近计算机硬件的尺寸。

神经系统的微型化也存在类似的问题。即当尺寸减小到一定程度，神经元的工作就变得不稳定。要理解这个问题，需要先知道神经信号是如何产生和传输的。

神经纤维传输的信号在本质上也是电性的，但不是电流从神经纤维的一端流到另一端，而是膜电位的局部改变以接力的形式沿着神经纤维传播。详细叙述这个过程需要太多的时间和篇幅，这里只给出一个简化过的模式。

神经细胞在“静默”（没有发出电脉冲）时，细胞膜的两边有一定的电位差，幅度大约为−70 毫伏，膜内为负，膜外为正。这个跨膜电位主要是由膜外高浓度的钠离子实现的。

当神经元接收到从其他细胞传来的信号时，在接触点（即接收信号处）会让一些钠离子进入细胞。由于钠离子是带正电的，它的进入会抵消一部分膜内的负电，使得跨膜电位的幅度减少。如果神经元在多处同时接收到这样的信号，这些跨膜电位的变化就有可能叠加起来，造成跨膜电位的幅度进一步减少。当跨膜电位的幅度减少大约 15 毫伏，也就是其数值减少到约−55 毫伏时（即所谓“阈值”时），膜上的一种对电位变化敏感的钠离子通道就会感受到这个变化，改变自身形状，使钠离子通过细胞膜。由于膜外钠离子的浓度远高于膜内，钠离子通道打开会使更多的钠离子进入细胞，跨膜电位进一步降低，从而使更多的钠离子通道打开。这种“正反馈”使得这个区域内原来外正内负的电位差完全消失，甚至出现短暂的外负内正的情况。

此时钠离子通道将会关闭，而且暂时不会对膜电位变化做出反应。进入细胞的钠离子会向各个方向扩散，改变邻近区域的跨膜电位，触发邻近区域钠离子通道的反应。这样一级一级地触发下去，膜电位改变的区域就会沿着神经纤维传递下去，这就是所谓“神经脉冲” 的传递。由于最初被活化的钠离子通道还在不应期，这个电信号不能反向再传回去，而只能向前走，使得神经纤维只能单向传递信号。

由此可以看出，一个神经元是否发出神经脉冲，要看许多信号叠加的总结果。而且钠离子通道并不只是在跨膜电位变化到阈值时才会打开。在细胞里，这些钠离子通道还会因其他分子的热运动带来的快速冲撞而自动打开，形成“噪声”。只有钠离子通道的数量足够多，接受正常信号的通道数大大多于偶然打开的通道数，神经元才能正常工作。神经元过小，或者神经纤维过细，钠离子通道的数目就不足以维持正常的信噪比，一些偶然被触发的钠离子通道就会使神经元发出错误的信号。英国剑桥大学的理论神经科学家 Simon Lauglin 及其同事通过计算发现，如果神经纤维的直径小到 150～200 纳米，噪声就会大到不可接受。而最细的神经纤维（无髓鞘的 C 类神经纤维）直径已经小到 300 纳米。

我们也可以设想让钠离子通道变得更“稳定”，即不容易被热运动偶然打开，这样就可以降低噪声水平。但是这样的钠离子通道就需要更高的膜电位变化才能被触发，使得神经元工作的能耗增加。这就像计算机的处理器中，提高栅极电压可以使晶体管更稳定，但是也需要更多的能量才能使它工作。

因此，像计算机里面的晶体管小到一定程度就不能稳定工作一样，神经元小到一定程度也会使噪声过大。而且神经纤维直径越小，信号传输速度越慢。像直径 300 纳米的神经纤维，信号传输速度还不到 1 米/秒。这就足够抵消紧凑所带来的好处了。

七、让大脑外延和集体智慧发挥更大的作用

以上的分析表明，影响智力的几个因素是相互制约的。改善其中的一个因素，其他因素就会受到不利的影响。无论是增加大脑皮层神经元的数量，还是加粗神经纤维或包上髓鞘以增加信号传输的速度，都会增加大脑的体积，使得信号传输的距离变大，更多的神经元和神经通路也需要更多的能量供应。缩小神经元的尺寸，减少神经纤维的直径可以使得神经细胞更加密集，缩短信号传输的距离，但是又会使噪声增加和降低神经纤维传输信号的速度。一些理论分析的结果表明，人类大脑的工作能力已经接近生理极限，能进一步改进的空间不大。

有趣的是，神经元和计算机中晶体管都在接近纳米级的尺寸时遇到难以克服的障碍。这也是不难理解的，因为这已经接近分子和原子的尺寸。而原子和分子是不可“压缩”的，要使它们正常发挥作用，就必须提供足够的空间范围。在计算机 65 纳米级的处理器中，二氧化硅介电层已经薄到 5 个氧原子厚。提出摩尔定律的戈登·摩尔（Gorden Moore）也认识到了这个问题。2005 年戈登·摩尔提出，晶

体管的尺寸已经逼近原子的大小，而这是晶体管技术最终的障碍。同样，对电位敏感的钠离子通道（一种膜蛋白质）的大小约为 10 纳米，如果把神经纤维看成是一根管道，则钠离子通道就要占用神经纤维直径中的 20 纳米之多。计算机处理器遇到的障碍可以用其他技术克服，人们也可以设计全新的计算机，不再依靠晶体管。但是人的大脑是亿万年演化的产物，其“设计图”已经组入人类 DNA 中，不可能再重新设计。也就是说，人类思维无法摆脱对神经元的依赖，也无法克服物理和化学定律对神经元工作条件的限制。

当然，目前人类对于神经活动与智力的了解还很初步，也许大自然还有使大脑进一步演化的途径。比如在大脑皮层中神经元总数不变的情况下，把更多的神经元转用于思考，而牺牲一些不太重要的功能，比如嗅觉。也许人的大脑已经在这样做了，因为人类现在的嗅觉能力已经明显弱于许多动物。不过究竟能牺牲多少其他神经系统的功能而又不严重影响人类的生活质量，目前仍是一个难以回答的问题。

因此，作为个人，我们的智力也许不会再有大的提高。但人类还是可以通过其他方法提高人脑的工作效率。

（1）利用计算机。就像劳动工具是人的手脚的外延和放大一样，计算机也是人脑功能的外延和放大。计算机可以在几秒钟内搜寻整个数据库，在一瞬间完成人脑要用数小时，甚至数年才能完成的计算工作。现代社会的生产和生活，已经离不开人脑的外延了，而且这种依赖的程度还会越来越高。

（2）使用集体的智力。在人类文明发展的初期，许多发明和创造都是由个人来完成的。但是到了信息时代，人类已经作为一个整体在工作。在这个系统中，每个人都可以迅速获取其他人创造的知识，又在这些知识的基础上做出个人的贡献。这有点像一部超级计算机，里面有众多的处理器同时在工作，一起完成各种复杂的任务。社会信息化的程度越高，人类集体智慧发挥的作用就越大。即使个人的智力不再提高，人类作为整体的进步却可以随着科学和技术的发展和知识的积累而不断加速，就像我们现在所看见的那样。

主要参考文献

[1] Fox D. The limits of intelligence. Scientific American, 2011, 305(1)：36-43.

[2] Roth G, Dicke U. Evolution of the brain and intelligence. Trends in Cognitive Sciences, 2005, 9 (5): 250-257.

[3] Laughlin S B, Sejnowski T J. Communication in neuronal networks. Science, 2003, 301 (5641): 1870-1874.

[4] Heuvel M P, Stam C J, Kahn R. et al. Efficiency of functional brain networks and intellectual performance. The Journal of Neuroscience, 2009, 29 (23): 7619-7624.

感觉、意识、情绪和智力

人和植物最大的区别在于人有意识而植物没有意识。所谓意识，就是有一个主观的“我”感知外部环境和身体内部的状况，例如看到东西、听到声音、闻到气味、尝到味道、感知触摸和疼痛，闭着眼睛也知道自己身体的位置和姿势等。人有感觉的状态被认为是有意识的状态，也即“清醒”状态，而没有感觉的状态就是意识丧失状态，包括深度睡眠、昏迷、麻醉和死亡，所以说感觉是意识的基础。植物也能接收到外部世界的信息并做出反应，例如植物能感知温度和光照状况的变化而发芽、开花，或者落叶，有些植物在受到昆虫啃食时，会分泌挥发性物质以驱除昆虫，但植物接收到的这些信息并不引起植物的主观感觉，只能叫作“获知”，因此植物并没有意识。

感觉和意识是人类所特有的，还是其他凡是拥有神经系统的动物也都有？意识如何产生？它的意义是什么？研究发现，感觉和意识是伴随着神经系统出现的，所以只有具备神经系统的动物才拥有，包括低等动物，都有感觉和意识。而智力，即分析处理感觉到信息的能力，是在感觉和意识的基础上发展起来的，有一个从低级到高级的发展过程。

一、线虫已经有感觉和意识

养过狗或者猫的人都知道，这些动物像人一样有睡眠状态和清醒状态，有愿望和要求、有高兴和悲伤、有善意和敌意，有性格和习性，即它们都有“自我”。

其他哺乳动物，例如灵长类动物的大猩猩和黑猩猩、非灵长类的大象、鸟类中的乌鸦和喜鹊，不仅有意识，还有明显的智力。那么，鱼有意识吗？蚂蚁有意识吗？意识是从什么动物开始出现的？近年来的科学研究发现，不仅上文提到的动物都有意识和一定程度的智力，就连无脊椎动物线虫也有感觉和意识。

秀丽隐杆线虫（*Caenorhabtidis elegans*，下文简称秀丽线虫）是非常简单的两侧对称动物，长约 1 毫米，身体呈梭形，有头有尾。成虫只有 959 个细胞，其中 302 个为神经细胞。多数神经细胞聚集于头部，形成秀丽线虫的脑。结构如此简单的动物，却能够有感觉。

秀丽线虫生活在土壤中，以细菌为食，能够被细菌产生的可溶性化学物质所吸引，如铵离子、生物素、赖氨酸、5-羟色胺、cAMP 等。细菌分泌到细胞外用于感知细菌浓度的酰化高丝氨酸内脂（acylated homoserine lactone，AHL）也能够吸引秀丽线虫，因为 AHL 浓度高的地方往往意味着有高浓度的细菌。二乙酰（diacetyl）有强烈的奶油味，也是秀丽线虫“喜欢”的味道。另外，一些物质，如喹啉（quinine，对人是苦味）、二价铜离子（对生物有毒）、乙酸（能够释放氢离子）等，则能使秀丽线虫产生回避反应。

虽然秀丽线虫能被二乙酰所吸引，但是如果给它二乙酰的同时也给它乙酸，多次重复实验后，即便没有乙酸，线虫也会回避二乙酰。这说明线虫“学会”了将二乙酰和乙酸联系起来，遇到二乙酰就会“预期”到乙酸会出现，因而对二乙酰加以回避，即将原来吸引它的东西变成它要回避的东西。同样，如果将对线虫有吸引力的 AHL 和对线虫有毒的细菌混在一起，以后线虫就会避开 AHL，即便其中并不含有毒细菌。这是严格意义上的巴甫洛夫“条件反射”（conditioning），或者叫作“相关性学习”（associate learning），是典型的学习行为。

这些实验表明，秀丽线虫能区分它所遇到的物质，并据此分别做出趋向和回避的身体反应；更重要的是，秀丽线虫能进行相关性学习。如果原来有吸引力的物质与它要回避的物质之间有关联（同时出现）的话，秀丽线虫就会将原来有吸引力的物质判断为要回避的物质，而且能够记住它。秀丽线虫发展出这种机制，一定有其原因，最大的可能性是因为秀丽线虫已具备原始的感觉。有吸引力的物质带来的是“愉快”或“舒服”的感觉，而要回避的物质可能带来的是“不愉快”或“不舒服”的感觉。

在哺乳动物中，感觉是否舒适与神经递质多巴胺有关，情绪高低与 5-羟色胺有关。秀丽线虫的神经细胞能够分泌多巴胺和 5-羟色胺，具备了与哺乳动物相同的与感觉舒适相关的神经递质，而且当秀丽线虫遇到食物时体内 5-羟色胺浓度会增高，爬向食物时速度加快，说明食物也许能够引起秀丽线虫“兴奋”的感觉。

秀丽线虫有感觉的另一个证据是，秀丽线虫看起来能够感觉到“痛”。用波长 685 纳米的激光加热秀丽线虫的头部，其会立即缩回；加热正在爬行的秀丽线虫的尾部，秀丽线虫会加快爬行的速度，以尽快脱离激光照射区域。显然激光加热带给它的感觉“不愉快”，所以秀丽线虫要立即躲避。在脊椎动物中，痛觉主要是通过 TRPV 通道感受的，而阿片样受体与缓解疼痛的程度有关。秀丽线虫既有 TRPV 离子通道，也有阿片样受体，这些事实也支持线虫有痛觉的观点。

证明秀丽线虫有感觉的最有力证据是秀丽线虫对毒品也有偏好。如果将盐（醋酸钠或者氯化铵）的味道与可卡因或冰毒（甲基苯丙胺）相关联进行条件反射实验，科学家发现与这些毒品相联系的盐，无论是醋酸钠还是氯化铵，都能够使秀丽线虫去寻找有这些盐味道的地方，以获得毒品，也就是对盐的味道产生趋向反应。在哺乳动物中，毒品作用于动物神经系统中的回报系统，在没有外界良性刺激（例如食物与性）时直接产生“愉悦”的感觉，这种感觉是通过神经递质多巴胺实现的。如果敲除秀丽线虫合成多巴胺的基因，秀丽线虫就不再对毒品感兴趣。有趣的是，秀丽线虫也会“睡觉”，尤其是在饱食之后。睡眠期间秀丽线虫停止活动，但是能够被刺激迅速“唤醒”，重新进入活动状态。秀丽线虫睡前活动的时间越长，睡眠的时间也会越长，如果在秀丽线虫睡眠时通过刺激人为地唤醒它，以后该线虫就会越来越难被“唤醒”，即被“唤醒”的阈值越来越高。这些特征都与哺乳动物越疲倦睡眠时间越长，睡眠越是被中断，以后就越不容易被唤醒的情形相似，说明秀丽线虫也有清醒状态和睡眠状态。

不仅如此，秀丽线虫还能被麻醉。一些能使哺乳动物丧失意识的麻醉药物也适用于线虫。例如，氯仿（chloroform）和异氟醚（isoflurane）能使秀丽线虫停止活动，而除去麻醉剂后秀丽线虫又重新恢复活动。麻醉剂也能减轻伤害性刺激（如缺氧、叠氮化合物及高温）对线虫的影响。

所有这些事实都说明，秀丽线虫很可能已经具有感觉，有进行活动的“清醒状态”和“睡眠状态”，在“清醒状态”时能够主动对外界刺激做出趋向或回避的反应，而且像哺乳动物那样能被麻醉和对毒品上瘾。由于有意识的状态就是能感觉的状态，虽然尚不知秀丽线虫是否会进行“思考”，但可以肯定的是，秀丽线虫是有意识的。

二、线虫具有感觉的重大意义

仅有 302 个神经细胞的秀丽线虫就能够产生感觉和意识，这是动物演化过程中一个意义极其重大的发展。包括最原始的单细胞原核生物在内，生命体都能获知外界环境的变化并做出反应，例如细菌能够向营养物质丰富的地方游动，所有的生物都拥有自己的生物钟，都能够根据太阳光照射的昼夜节律相应地调节自己的生理活动。但是这些获知手段都不需要神经系统，也不产生感觉，反应也是程序性的。在这个意义上，生物无感觉的获知和反应与机器的获知和反应并无本质区别。例如冰箱内部就有温度传感器，可将冰箱内部温度维持在设定值。科学家也在设计生产有“触觉”的机器人，但那只是把接触产生的压力转换成为电信号，使机器人做出反应而已，并不是真正的触觉。机器人只能获知，但是没有感觉，一切都按照人设计编写的程序进行。

感觉是意识的基础。判断一个人是否有意识的标准之一，就是看他（她）能否去感觉。如果秀丽线虫有感觉，就是有了最初的意识。秀丽线虫有了感觉，也就有了“自我”，因为是“我”去感觉，不是任何其他秀丽线虫个体去感觉，也不能与其他秀丽线虫个体分享。由此做出的反应也是为了感觉者自己的利益，而不是其他秀丽线虫个体的利益。

将感觉存储并形成记忆，也是形成“自我”的过程。在某种意义上，每个“自我”在内容上都是过去所有记忆的总和，是这些记忆将一个个体与另一个个体区别开来。同卵双胞胎虽然 DNA 序列相同，但他们的经历不同，从而使他们成为不同的人。即使两条 DNA 序列相同的秀丽线虫（例如是克隆的产物），能记住乙酸因而能主动加以避免的线虫和没有接触过乙酸的秀丽线虫也是不同的个体，在与乙酸有关的行为上也会有所不同。

感觉也是思考的基础。思考就是“我”对过去和现在感觉到的信息进行分析比较，进而理解事物，并在此基础上做出结论和决定的过程。凡是能够被思考的信息，都是通过感觉器官获得的，例如所看见的事物、读到的文字、听到的话语等。不能被感觉到的信息则无法被思考，例如，人们无法思考自己血糖的高低，无法思考血液中二氧化碳的含量，也无法思考体内的免疫系统如何工作。思考是人类有意识的活动，即人在清醒状态下主动进行且有目的的信息分析活动。植物因为只能获得信息而没有感觉，谈不上意识，也就不可能进行思考，对外界的反应也只能是程序性的。虽然人们还不知道线虫是否能够思考，但是从比线虫更复杂的昆虫中可以看到思考的雏形。

所以即使在秀丽线虫这样只有 302 个神经细胞的动物身上，就已经出现了能够产生“舒服”和“不舒服”感觉的系统并能加以记忆。秀丽线虫也睡觉，在“清醒”（有意识）和“睡眠”（无意识）的状态之间转换。秀丽线虫也可以被麻醉并丧失意识，还可以像哺乳动物一样，通过毒品刺激“人为”地使其产生“愉悦”的感觉，所使用的神经递质也与哺乳动物相同。因此，感觉和意识的产生从神经系统发展的初期就出现了，而不是原来想象中需要大量的神经细胞和复杂的脑结构。后来的思维和智力，都是在此基础上发展起来的。秀丽线虫的例子说明，形成感觉所需要的神经细胞（秀丽线虫体内有 302 个）及其之间连接的回路（秀丽线虫体内共有 5000 多个）并不是那么多。如此少的神经细胞及其之间的连接便能产生感觉和意识，令人惊异。

感觉的出现，也许比有脑的秀丽线虫更早。水螅没有脑，神经细胞彼此相连成网状，分布于躯干和触手上。水螅的神经细胞也能像哺乳动物感觉神经细胞那样，分泌谷氨酸盐（作为神经递质），以及与感觉有关的多巴胺和 5-羟色胺。水螅能够感受到被其刺细胞所刺伤动物释放出的谷胱甘肽，并将其作为食物的信号，外加谷胱甘肽也能使水螅的“口”张开准备进食。水螅在被食物（例如水蚤）触碰时会释放刺细胞，同时触手卷曲以捕获猎物，将其送至“口”部。但是水螅在被刺戳时身体会收缩，同时用“翻跟斗”的方式离开原来的位置，说明水螅已经能够区分良性接触（食物）和伤害性接触（刺戳），很可能已经有感觉。水螅虽然没有脑，但是神经细胞也有一定程度的聚集，神经细胞发出的轴突有时也聚集成束，类似于神经纤维。如果水螅都有了感觉，那么形成感觉所需要的神经结构可能更加简单。最原始的动物丝盘虫（*Tricoplax adhaerens*，一种身体扁平无固定形状，只有2层细胞的动物）没有神经细胞，也不能分泌多巴胺和5-羟色胺，很可能还没有感觉。如果丝盘虫没有感觉，那么感觉也许随着神经系统（哪怕是水螅那样的网状神经系统）的出现就产生了。

秀丽线虫感觉和意识的出现，其意义不亚于生命的形成。地球生命在演化过程中，有两个意义最为重大的发展：一是从无生命的物质产生有生命的物质，这是非常难的一步，地球上的所有生命，包括原核生物和真核生物（真菌、植物和动物），都只是最初那个生命形式的发展，即使是人类，其细胞的基本结构和运作方式也与最原始的生命基本相同。二是从有生命但无感觉的物质，产生出有生命也有感觉的物质，从此地球上就有了有意识的生物，并且在此基础上发展出智力。虽然人类具有高度发达的意识和智力，但是意识和智力所涉及的基本分子仍然与无脊椎动物一脉相承，例如存在于感觉神经细胞中的神经递质谷氨酸盐、多巴胺、5-羟色胺，甚至阿片样受体、AMPA型离子通道、TRPV通道，在线虫体内就已经出现了，人类只是继续使用并扩大其功能而已。

虽然这两个发展都意义重大，但是后者意义更加重大，感觉和意识使一些生命产生了精神活动，正因如此，人类才能够拥有高度发达的智力，主动思考和研究这个世界。没有感觉和意识，生命只不过是由信息传递链调节控制的自我维持和繁殖的系统，一切按照DNA中携带的信息程序性地进行活动并对外界做出反应。虽然植物也可以多种多样，也可以开花结果，万紫千红，但是如果没有感觉和意识，这一切美景谁来欣赏？

三、昆虫的情绪与智力

1. 昆虫也有情绪

秀丽线虫感觉的出现，提示低等动物对外界刺激也有“主观”的感知，将获知变为感觉。不仅如此，既然是主观的感知，感觉还可以是“舒服”或“不舒服”的，这种感觉差异又会导致情绪（emotion），即带有感情色彩的感觉。舒服的感觉会导致高兴的情绪，鼓励动物进一步做与此相关的事情；难受的感觉则会导致抑郁、悲伤、甚至愤怒，对抗反应会更加强烈，即增加动物做出相应反应的“动力”，这对动物的生存更加有利。早在1872年，达尔文就在《人和动物情绪的表达》（*The Expression of Emotion in Man and Animals*）一文中说，所有的动物都需要情绪，因为情绪增加动物生存的机会。情绪驱动的反应也是动物“主动性”和“目的性”行为的萌芽，从此开启了智能型反应的发展历程。而在程序性反应中，外界刺激是不被分类的，无论是有益刺激还是有害刺激，生物只是以固定的模式作出反应，不带“感情色彩”。

目前尚不清楚情绪是在动物有感觉之后产生的（即先有感觉，后发展出情绪），还是情绪和感觉是同时产生的。哺乳动物中，情绪与神经递质多巴胺和5-羟色胺密切相关，而线虫就已经有这两种神经递质，而且对能使哺乳动物产生愉悦感的可卡因和冰毒有“喜好”的反应，说明线虫可能已经具有情绪，这两种化合物能使线虫感到“高兴”。不过线虫的身体构造过于简单，也不能发声，因此不能用线虫的动作“肢体语言”和声音确定线虫是否具有情绪。而昆虫远比线虫高级，不仅其复杂的身体结构可以表现出“肢体语言”，还能发出声音，由此可以判断昆虫是具有情绪的动物。达尔文在《人和动物情绪的表达》中便提到，“即使是昆虫也用它们的鸣声表达它们的愤怒、恐惧、嫉妒和爱”（Even insects express anger，terror，jealousy and love by their stridulations）。随后的科学研究也证实了达尔文的结论。

2. 昆虫的抑郁心态

哺乳动物受到惊吓时会逃跑或使身体静止不动，果蝇也有类似反应。如果有阴影连续通过果蝇的上方（模拟捕食者来临），正在进食的果蝇就会四散而逃，少数果蝇会凝滞不动。待阴影消失后，逃跑的果蝇也不会立即回到有食物的地方继续进食，而是要再躲避一段时间。阴影通过的时间越长，即恐吓它们的时间越长，果蝇在恢复进食前躲避的时间也越长。由于阴影并不对果蝇造成实质性的伤害，果蝇的这种行为说明阴影确实在果蝇“心”里留下“阴影”，即使果蝇处于被

“惊吓”的状态，需要一段时间才能恢复“正常心态”，恢复进食。

高等动物在尝试多次失败后会产生沮丧的情绪而放弃努力。为了证明昆虫也有类似的表现，科学家将2只果蝇（A和B）分别放在2个小室中，温度为24℃（果蝇感到“舒服”的温度）。2个小室都有加温装置，可以将温度很快升到37℃（果蝇感到“不舒服”，想要逃避的温度）。当果蝇A停下来超过1秒，小室就会自动开始加热，如果果蝇A感到热而恢复行走，加热就会自动停止。这样经过多次训练之后，果蝇A就能够学会用恢复行走的办法避免加热。果蝇B也会在加热时行走以逃避加热，但当行走并不一定会使加热停止时。经过多次尝试以后，果蝇B就会“认识”到无论自己怎么做，都不会有把握地停止加热，因此行动变得迟缓，甚至加热时也不动，类似于高等动物尝试多次失败后的放弃行为，相当于处于“沮丧”（depressed）状态。由于37℃只会使果蝇感到“不舒服”（从其避免反应看出来），并不会造成身体的伤害，果蝇B的放弃行为更可能是一种心理状态恶化的表现。

高等动物处于抑郁状态时对事物的看法比较悲观，称为“认知偏差”（cognitive bias）。认知偏差在动物中是一个普遍现象，在大鼠、狗、山羊、家鸡、欧洲椋鸟等动物身上都可以用实验测定出来。人也一样，对于半瓶水，乐观的人认为“还有半瓶”，悲观的人认为“半瓶已经没有了”。为了证明昆虫也有认知偏差，从而证明昆虫也可以有悲观的心理状态，科学家用猛烈摇晃蜜蜂的方法模拟蜂巢被偷蜂蜜的动物捣毁，再看蜜蜂体内激素水平的变化。科学家检测了蜜蜂血淋巴（昆虫循环系统中的液体，相当于哺乳动物的血液和淋巴的总和）中多巴胺和5-羟色胺的浓度，发现这些物质的浓度都显著降低。由于多巴胺和5-羟色胺是与动物情绪密切相关的神经递质，这个结果显示经历蜂巢被袭击的蜜蜂“情绪”很可能发生了变化。

为了证实蜜蜂确实受到了惊吓而“情绪不佳”，科学家进一步观察蜂巢被模拟袭击的蜜蜂对事情的预判是否更加悲观。他们仍使用对高等动物使用的“中间差别法”。在对大鼠的实验中，2000 Hz的音调预示着食物，按下其中一根杠杆就可以得到食物。而9000 Hz的音调预示着电击，按下另一根杠杆就可以避免电击。在大鼠学会这两种音调的意义之后，再让它们听3000 Hz、5000 Hz和7000 Hz的声音，结果情绪不佳的大鼠在听到这些频率的声音时更多地按避免电击的杠杆，说明它们更容易将中间的音调理解为处罚即将到来。类似的实验也可以用到蜜蜂身上，蜜蜂在遇到蔗糖时会伸出口器，而遇到苦味的奎宁时会收回口器。如果将两种有不同气味的化合物辛酮和己酮按 9∶1 和 1∶9 混合，把 9∶1 的混合物与蔗糖一起给蜜蜂，1∶9 的混合物与奎宁一起给蜜蜂，若干次训练之后，蜜蜂就学会了只要遇到 9∶1 的混合物就伸出口器，遇到 1∶9 的混合物就收回口器。然后科学家再让蜂巢被摇晃过的蜜蜂与未被摇晃过的蜜蜂判断 3∶7、1∶1、7∶3 比例的辛酮和己酮的混合物，发现受惊的蜜蜂更多地将这些中间比例的混合物预判为奎宁而收回口器，而更少地把这些中间比例的混合物预判为蔗糖而伸出口器，说明受惊的蜜蜂确实对预期要出现的事情更加悲观，证实了蜜蜂也会有悲观情绪。

3. 昆虫的侵略性和攻击性

在哺乳动物中，侵略性与脑中的 5-羟色胺水平密切相关。猴群中猴王的 5-羟色胺水平一般是最高的，也最具有侵略性。人也一样，脑中 5-羟色胺浓度过低会导致抑郁症，而 5-羟色胺浓度过高又会极富侵略性。昆虫之间也会因为争夺食物和配偶，以及争夺群体中的地位而相互打斗，表现出侵略性。例如，雄果蝇会因争夺与雌果蝇的交配权而与其他雄果蝇打斗。雄果蝇先竖起翅膀进行威吓，然后冲上前去冲撞、“揪住”对方，并“拳打足踢”。这种行为与一种名为章胺的化学物质有关。缺乏章胺的果蝇侵略性降低，而在这种果蝇中用转基因的方法表达章胺，能重新提高果蝇的好斗性。章胺在分子结构上类似高等动物的去甲肾上腺素，与昆虫的攻击性密切相关。

在蜜蜂中，保幼激素浓度高会使蜜蜂更具侵略性。大黄蜂是社会性的昆虫，其中有占主导地位的个体，类似于高等动物中的头号雄性。研究发现，最具侵略性因而可以成为蜂群中“王者”的大黄蜂，其保幼激素和蜕皮类固醇激素水平最高。

昆虫的侵略性表明昆虫具有“自我”意识，要争自己的地位。既然是要当“老大”，当然首先要有“我”的概念。同时表明昆虫也有情绪，即“战斗意志”，从而使昆虫表现出侵略行为。

4. 昆虫的个性

不同的人具有不同的行事方法，即个性，部分是由生殖细胞形成时“基因洗牌”（即同源重组）造成的后代个体中基因组合情形不同而产生的。昆虫进行有性生殖时，也要进行同源重组，因此后代虽然具有同样的基因，但是不同个体之间基因类型的组合情形不同，也有可能使昆虫具有不同的个性。科学研究也证实了这个推断，在同种昆虫中，的确有些个体侵略性较强，不惧危险，而有些个体比较“胆小”，不太冒险。

德国科学家比较了小红蚁（*Myrmica rubra*）中在 3 种不同位置（在外寻食、在门口守卫、在窝内照顾蚁王和幼蚁）的工蚁，在 21 天中观察它们的位置 10 次，发现它们总是处于原有位置，不会换到其他位置。即使移除某个位置的工蚁，别的位置的工蚁也不会改换它们的位置对其进行补充。研究发现，小红蚁的位置和任务与它们的个性密切相关。虽然同为工蚁，都是雌性，从外表上也看不出任何区别，但是在这 3 种不同位置的工蚁个性不同。在外寻食的工蚁最为活跃，不惧光线，卵巢最短，外皮中正烃烷的含量最多（利于防水）；而处于窝内照顾蚁王和幼蚁的工蚁则活动较少，躲避光线，卵巢最长，外皮中正烷烃的含量最少。在门口担任守卫的工蚁则位于二者之间。这些差异很可能是由于遗传物质的差异导致的激素水平不同（如卵黄原蛋白和保幼激素）。

美国科学家发现，与昆虫同属节肢动物的蜘蛛也有个性。例如，群居的栉足蛛（*Anelosimus studiosus*）中的不同个体，虽然看上去没有任何差别，但是其中有攻击性强的“胆大”蜘蛛，也有比较“温顺”、活动较少的蜘蛛。前者负责杀死被捕获的动物和击退入侵者，后者负责修补蛛网和照顾幼蛛。在这种群体中，两种不同个性的蜘蛛要有一定的比例，才能比较好地生存。

昆虫和蜘蛛群体中不同的个性（例如“不惧危险”和“胆小怕事”）的存在，也表明这些动物有自我意识和情绪。

5. 昆虫的智力

昆虫数以万计的神经细胞不仅可以产生感觉和情绪，而且可以产生智力。蚂蚁是社会性动物，与同窝成员有接触往来密切，也发展出了可以看成为智力的举动。

研究人员发现，切胸蚁（*Temnothorax albipennis*，一种棕色蚂蚁）能够区分高质量的新窝（长 49 毫米，宽 34 毫米，通道宽 2 毫米，入口处宽 1.3 毫米，无光照）和低质量的新窝（也是长 49 毫米，宽 34 毫米，但是通道狭窄，只有 1 毫米，入口处宽 4 毫米，又太大，而且有光照）。有经验的蚂蚁会让没有经验的蚂蚁跟着它走，或者去新窝，或者从新窝返回到旧窝。领头的蚂蚁发现跟随的蚂蚁跟丢时，会停下来等待，然后继续带领后面的蚂蚁前进。如果是去高质量的新窝时后面的蚂蚁跟丢，领头的蚂蚁会等待较长时间，以尽可能地让后面的蚂蚁跟上，说明领头蚂蚁比较“在乎”将后面的蚂蚁带到高质量的新窝。但是如果去的是低质量的新窝，领头蚂蚁等待跟丢蚂蚁的时间就比较短了，说明领头的蚂蚁对后面的蚂蚁跟丢不是那么“在乎”。

如果是有经验的蚂蚁将没有经验的蚂蚁从新窝带领回旧窝，情况则相反。从高质量的新窝回家时，领头蚂蚁等待跟丢蚂蚁的时间比较短，好像不太“在乎”后面的蚂蚁留在高质量的新窝而不回到旧窝；而从低质量的新窝回旧窝时，领头蚂蚁等待的时间就比较长，似乎要“确保”将没有经验的蚂蚁带回原来比较好的旧窝。

蚂蚁的这种行为说明蚂蚁有一定的判断力（新窝的质量），而且能够在对新窝质量判断的基础上做出决策，在等待时间上“做决定”。不同情况下等待时间也相应不同，说明蚂蚁的行为具有明确的“目的性”。为了实现目的，在不同做法中根据分析做出选择，以得到最好的结果，就是智力的表现，这说明蚂蚁已经具有智力。

非洲箭蚁（*Cataglyphis cusor*）也能表现出与哺乳动物相同的营救同伴行为。如果将一只非洲箭蚁用尼龙丝拴住，部分埋在沙下，只露出头部和胸部，隐藏尼龙丝，同窝的非洲箭蚁发现后，会试图营救。它们先是拖受困蚂蚁的腿，发现此举不可行后便开始清除埋在受困蚂蚁身上的沙子，再继续拖；如果再不成功，营救蚂蚁会继续清除余下的沙子，直到拴住蚂蚁的尼龙丝暴露。这时营救蚂蚁会试图咬断尼龙丝，以释放被拴的同伴，但它不会去咬旁边与同伴受困不相干的尼龙丝。

如果将同种但是不同窝的蚂蚁也做同样处理（被尼龙丝拴住并且部分埋住），或者干脆用不同种的蚂蚁，上述施以援手营救的蚂蚁都会置之不理，不采取营救行为。

非洲箭蚁的这种行为明显包含某种程度的智力：对同窝蚂蚁施以援手，但是对不同窝或不同种的蚂蚁则漠然视之，不予施救，这是有“目的性”的行为，而且带有“感情”。刨开埋住同伴的沙子，咬尼龙丝，都是为了解救同伴。蚂蚁以前并没有见过尼龙丝，但是会去咬拴住蚂蚁的尼龙丝，不去咬旁边其他尼龙丝，说明营救蚂蚁“懂得”是拴住蚂蚁的尼龙丝使蚂蚁受困，所以只去咬拴住同伴的尼龙丝，目的是释放同伴；而且营救时只拖受困蚂蚁的腿，而从不拖容易损坏的触须，说明蚂蚁“知道”身体的哪些地方是比较结实的，可以拖，哪些地方是脆弱的，不能拖。这些行为用简单反射的机制是无法解释的，必须要经过一定程度的“思考”。

非洲箭蚁的这种营救行为与大鼠的营救行为非常相似。如果将一只大鼠关在一个非常狭窄的容器内，同种的大鼠会尝试打开容器的门，将同伴释放；如果被关住的是不同种的大鼠，则营救行动不会发生。但是如果两只不同种的大鼠在一起相处了相当长的时间，成为同伴，如果其中一只大鼠受困，另一只大鼠也会去营救。这说明在营救行动中，“感情因素”是很重要的。大鼠是哺乳动物，明显具有感情，非洲箭蚁几乎完全相同的营救行为说明蚂蚁也许同样具有感情。雌雄昆虫之间通过信息素彼此吸引并进行交配，很可能不仅是有感觉，而且是有感情的行为。

以上例子说明，昆虫是有感觉、有意识、有情绪、也有智力的动物；这些过去被认为只有人类才具有的功能，在动物演化的早期就已经发展出来了。对于所有具备神经系统的动物（即使是最原始的动物，没有神经系统的丝盘虫除外）来讲，感觉和意识看来早就存在，智力的发展也有一个从低到高的过程，对于绝大多数动物来讲，只有高低的问题，没有有、无的问题。

在过去的长时期中，人类总是以一种“高高在上”的视角地去看待这些似乎是低等得不值一提的昆虫，甚至怀疑人以外的动物是否有意识和智力。但是如果深入研究昆虫的行为，就会发现昆虫的神经系统已经发展出相当强大的信息处理能力，它们也成为了地球上生存能力最强的生物。地球上目前存在的约 160 万个动物物种中，有 130 万个物种是昆虫。昆虫 10 万个左右的神经元和上亿个神经连接，能够做的事情远超出人们的想象。目前对昆虫意识和智力的研究才刚刚开始，昆虫神经系统的功能仍有许多未知领域。因此，绝不应该小瞧昆虫。

四、感觉与意识

1. 人的意识产生于最原始的神经结构中

只有 302 个神经细胞的秀丽线虫就有感觉和意识，人的感觉和意识是与用于思维的发达大脑皮层（特别是新皮层）有关，还是与脑中比较原始的结构如脑干有关？2002 年，美国科学家用正电子发射计算机体层扫描术（positron emission tomography，PET）观察了人从无意识的睡眠状态到清醒过程中脑活动的变化情况，结果发现丘脑和脑干的活动最先恢复。2012 年，芬兰、瑞典和美国的科学家合作，用 PET 观察用丙泊酚和右美托咪定全麻的志愿者，从无意识状态恢复意识时（标志是志愿者能够执行指令，例如“睁开眼睛”）脑中最先活跃的区域，也发现脑干和丘脑、下丘脑的活动最先恢复，而此时大脑皮层的活动尚未恢复。

在给癫痫患者做脑部手术，切除脑部的一些区域以缓解病情时，医生发现，切除大脑皮层的各个部分，甚至切除脑半球，患者仍然能保有意识。在动物实验中，刺激脑干中的脑桥和中脑能使动物的大脑皮质活动全面增加，而损伤这些部分则使动物进入昏睡状态，即丧失意识。研究人员认为，脑干中的一些神经细胞向大脑皮层的各个部分发出长距离的轴突联系，向这些区域发送启动信息，能使动物恢复全面的思维活动状态。

最能证明意识与大脑皮质无关的是所谓的“ 积水性无脑畸形”患者。这种疾病的患者在出生时基本没有脑半球，更没有新皮质，而以脑脊液代之，但是丘脑、脑干和小脑完整并具有功能。如果大脑皮质是产生意识的所在，这些患儿应该是没有意识的。但是科学家对美国 108 个照顾这些患儿的中心进行问卷调查后发现，这些患儿具有意识。

其中，有大约50%的患儿能够移动他们的手，20%能够给人拥抱，91%会哭泣，93%有听觉，96%能够发声，74%能够感知周围环境，22%能听懂对他们说的话，14%能够使用交流工具。

这些事实说明，高等动物的意识并不是由这些动物发达的大脑皮层（特别是新皮层）产生的，而是由脑中最原始的脑干部分驱动的。这也和意识产生不需要高级神经结构的结论一致。从演化的角度来看，这些结论会更容易理解。因为意识是在感觉的基础上产生的，出现的时间应该与感觉出现的时间相似，也就是在神经系统出现之后。由于脑干的结构在最原始的脊椎动物中就出现了，因此有些科学家将意识出现的时间推前到脊椎动物出现时。事实上文献已有报道，脑结构不同的软体动物（如章鱼）和鸟类（如乌鸦）不但有意识，还具有相当发达的智力，说明意识可以从不同的神经结构产生。哺乳动物发达的大脑皮层，特别是新皮层，不是为了产生意识，而是为了更复杂高级的思维活动。

2. 感觉和意识是特定神经细胞群集体电活动的产物

感觉显然是由神经系统产生的。各种感觉器官包括眼、耳、鼻、舌头、皮肤，所发出的信号都要通过神经纤维传输至中枢神经系统，而不是任何其他器官，说明加工这些信号并将其变为感觉，使人类产生意识的部位就是神经系统，记忆同样存储于神经系统中。

随着医学的不断进步，目前人类可以进行器官移植，可以移植心脏、肝、肺、肾、皮肤、角膜，也可以截肢，这些都不会影响患者的记忆，但是大脑一些部位的损伤却会使记忆消失。

人处于睡眠或麻醉状态时，意识丧失，但心脏、肝、肺、肾、脾等器官的工作仍在进行，且没有对应从清醒到意识丧失这两种状态的特征性变化。例如，睡眠时的心电图与清醒时的心电图并无实质性区别，从心电图上无法判断人是否处于睡眠或被麻醉的状态。但是睡眠和麻醉却会使脑电波发生特征性的变化。

脑电波是用电极在人的头皮上记录到的脑活动电信号，表现为有大致振荡频率的复杂波形，“大致”振荡频率是因为频率并不严格，波的长度并不完全相同，只是大致在一定范围内，复杂波形是因为这些波并不是光滑标准的波形如正弦波，而是每个波不对称、不规则，每个波内部还含有较小的波，而且每个波的结构都不相同。脑电波是大脑靠近头皮处神经细胞电活动的外部表现，是亿万神经细胞电活动未彼此抵消部分的总和，并不包括大脑深层（离头皮较远处）神经细胞的活动。尽管如此，脑电波和人的意识状态还是表现出一些对应关系。例如人在深度睡眠无意识的状态下振荡频率约 1～3 Hz，称为 δ 波；困倦状态时振荡频率约为 4～8 Hz，称作 θ 波；人在清醒但无外界刺激时振荡频率约为 8～13 Hz，称作 α 波；人在思考时振荡频率为 14～30 Hz，称作 β 波；高度专注和紧张时振荡频率高于 30 Hz，称作 γ 波。人有意识时和无意识时脑电波的频率不同，直接表明意识与神经系统电活动有关。

章鱼也有类似的脑电波。科学家直接将电极插入章鱼脑中，例如视叶（章鱼处理视觉信号的神经中枢）和垂直页（章鱼的大脑），测得与人脑电波类似的有节律电信号，频率为 1～70 Hz，主要电波的频率小于 25 Hz。

神经电活动在总体上表现出节律性，即有一定的频率，说明意识很可能是神经细胞群的电活动同步振荡的产物。如果神经细胞的电活动没有同步的部分，这些电信号就会相互抵消；如果这些同步电活动没有振荡，即没有周期性的高潮和低潮，脑电波也不会表现出频率。

当然，并不是所有的细胞电活动都会产生意识。例如，所有细胞（包括植物细胞）都有膜电位变化，且将膜电位改变作为传递信息的方式之一，但这些电活动并不产生感觉。即使是神经细胞，许多信号传入和传出的过程也不会产生感觉和意识。例如，运动神经元传输至肌肉并让其收缩的电信号就不产生感觉；交感神经和副交感神经控制心跳快慢的神经信号也不会产生感觉；人眼视网膜中的一些节细胞能够感光，但却与视觉无关，这些节细胞将电信号传输至脑中调节生物钟，传输至控制瞳孔缩放的肌肉以调节眼睛的进光量，这种输入神经的电信号也不会产生感觉。如上所述，大脑中与意识直接相关的部位是脑干和丘脑，也许是这些部位中一些神经细胞群的同步振荡电活动才产生意识。同理，秀丽线虫的 302 个神经细胞也许并不都与感觉和意识有关，而是其中一些神经细胞的同步振荡电活动产生了感觉和意识。

感觉和意识是部分神经细胞群集体电活动产物的假设在理论上也得到了麻醉剂作用的支持。在过去，一般认为麻醉剂的作用机理是这些亲脂化合物溶解于细胞膜中，改变细胞膜的体积、流动性和张力，改变细胞功能而实现麻醉作用，主要根据是麻醉剂的脂溶性和麻醉性能的梅-欧假说（Meyer-Overton hypothesis），即麻醉剂的脂溶性越强，其麻醉作用越强。但许多脂溶性很强的化合物却并无麻醉性能，如果将麻醉剂分子增大，虽然可以使脂溶性更强，但是麻醉性能却会消失。这说明麻醉剂作用的部位主要不是细胞膜，而是尺寸有限的结合“口袋”，这些“口袋”很可能是蛋白质分子表面上的一些亲脂部分。麻醉剂很可能结合在蛋白质分子的这些亲脂“口袋”中，从而改变其性质和功能。

近年研究证实，麻醉剂主要结合在一些离子通道上，提高神经细胞被激发的阈值，从而抑制神经细胞的电活动，导致意识消失。例如，异氟烷可以结合到A型γ-氨基丁酸（GABA）受体的α亚基上，增加受体对氯离子的通透性，让更多的氯离子进入神经细胞，使神经细胞超级化，从而更不容易被激发。异氟烷也可以结合到钾离子通道K2P上，增加其对钾离子的通透性，使更多的钾离子流出细胞以加大神经细胞的膜电位，使其更不容易被激发。麻醉剂的作用机制说明意识的存在与神经细胞的膜电位有关，即与神经细胞被激活的阈值有关，这也支持了意识是基于神经细胞的电活动的假说。

意识与神经细胞的电活动有关，也从大脑的电刺激效果中得到证明。例如，医生在对一位癫痫患者进行治疗时，偶然发现用高频电流刺激脑中屏状核（claustrum）的结构时，患者立即丧失意识，停止阅读，两眼无神，且对用图像和声音发出的指令不再反应。当电刺激停止时，患者又立即恢复知觉，但对曾经发生的知觉丧失过程没有记忆。一处电流刺激就可以使人的意识完全消失，说明电流刺激扰乱了脑中为意识形成所需要的电活动。

这些事实都说明神经系统中的特定神经细胞群协调一致的同步电活动产生了意识，在人脑中是丘脑和脑干，在秀丽线虫中也许是中间神经元，即除去输入神经元和输出神经元的部分。如果能更精细地确定各种动物中与意识有关的神经细胞，并记录它们的总体电活动将其进行比较，并且在清醒、睡眠和麻醉状况下观察这些电活动的改变，也许我们能够对产生意识的神经电活动有更清楚的了解。

3. 最困难的最后一里路

即便是准确知道哪些神经细胞的电活动与意识形成有关，也了解这些电活动的特点，人们也只能证明意识是由神经细胞的电活动产生的，还是无法了解意识是如何由这些电活动产生的。身体和细胞的具体构造无论怎样精巧复杂，总是由物质构成的，看得见摸得着，也可以用各种方法进行观察了解，而感觉和意识是虚无缥缈的，看不见摸不着，也无法用语言进行描述。人类可以测量与意识有关的指标，例如脑电波的特点和动物对外界刺激的反应，但却无法直接测定感觉和意识本身。

感觉最突出的特点之一是它只能属于每个人中的那个“自我”，无法与人分享。人们无法感觉别人看见的东西、闻到的气味、尝到的美食、受伤的痛苦，除非自己亲身体会。感觉也是不可描述的。人们知道什么是感觉，是因为亲身体验过它们。对于先天感觉缺失的人，无法将他人的感觉告诉他们。例如，无法向先天性失明者描述“红色”是一种什么样的感觉，无法向先天性耳聋患者描述声音的感觉，也无法向先天痛觉缺失的人描述“痛”是一种什么样的感觉。

正因为意识不可描述，也不可直接测量，所以意识也容易被许多人看成是独立于物质之外的“精神”，或者“灵魂”。例如，法国哲学家笛卡儿的二元论就认为，精神和物质是两个彼此独立的实体，心灵能够思维，但是不占据空间；物质占据空间，但却不能思维，它们之间不能互相派生或转化。但是越来越多的证据表明，意识是依赖于物质的，是神经细胞的综合电活动产生了意识。对于感觉和意识的研究，也早晚会面临这最困难的“最后一里路”，即用细胞的活动解释意识，也就是用物质活动解释精神活动。这是人类面临的最困难的任务。

主要参考文献

[1] Low P. The Cambridge Declaration on Consciousness at the Francis Crick Memorial Conference on Consciousness in Human and Non-Human Animals. Cambridge, 2012.

[2] Tononi G, Koch C. Consciousness: Here, there and everywhere? Philosophical Transactions of the Royal Society B, 2015, 370 (1668): 20140167.

[3] Engleman E A, Katner S N, Neal-Beliveau B S. Caenorhabditis elegans as a model to study the molecular and genetic mechanisms of drug addiction. Progress in Molecular Biology and Translational Science, 2016, (137): 229.

[4] Bateson M, Desire S，Gartside S E，et al. Agitated honeybees exhibit pessimistic cognitive biases. Current Biology, 2011, 21 (12): 1070.

我们的机体是如何解毒的

从热力学的观点来看，所有的生物，包括人，都是耗散结构，需要有物质和能量连续不断地“流过”。这种流动一旦停止，生命也就终止。从这个意义上讲，人体必须是对外开放的。在物质不断流入的过程中，许多有害物质，包括微生物和各种化学物质，也会进入人体。与此同时，有害物质也能在体内的物质代谢过程中生成。

对于这些有害物质，人体有两大系统来对付它们：对于微生物和生物大分子，免疫系统能识别和消灭它们，最终在溶酶体（相当于细胞中的“垃圾处理场”）中将其消化掉；对于不能引起免疫反应的小分子，可以修改它们或限制它们的作用，最终将其排出体外，这就是所谓的“解毒”。

“解毒”是一个很广泛的概念，其具体内容随毒物性质的不同而变。如本文开头所述，“毒”总体上可以分为外源性和内源性两大类。外源性毒物有重金属、药物、食物添加剂、食物里面的某些成分、烹调食物产生的新成分、农药、各种化工产品、空气污染物（臭氧、一氧化碳、氧化氮、醛、酮）等；内源性毒物有过氧离子、自由基、各种代谢产物等。对于不同性质的毒物，人体有不同的解毒办法。

人体解毒系统具有四大特点。

（1）这些系统原来是为人体自身的化学反应所需，后来发展出对外来分子的解毒功能。原来的系统仍然在人体的生理活动中发挥着不可缺少的作用。例如，以胆固醇为原料合成性激素需要一种细胞色素P450（解毒酶的一种）的参与；金属结合蛋白本来就是用来结合和转运对人体有用的金属元素的。

（2）解毒系统不是万能的。由于这些解毒系统是从生物自身的化学反应系统发展而来，它们并不能对所有的外来物质解毒。例如，一氧化碳、甲醛、超过一定量的氰化物和砷化物、食品中的毒素（如河豚和毒蘑菇中的毒素）、蛇毒等，人体都不能有效应付。所以并不是“凡毒皆可解”。

（3）解毒系统是可以被诱导的。由于进入身体的外来毒物的种类和数量是不断变化的，这就要求人的解毒系统具有应变性，能根据外来物质进入身体的情况随时调整自己的状况。但这种可诱导性常常对一些药物的药效造成麻烦。

（4）“解毒”反应并不总是有利的。工业化和现代化所带来的环境和食物、药物的变化是很迅速的，许多化合物在过去的100多年中大量出现。而由于基因的变化相对较慢，人体的解毒功能却不能及时跟上，有些情况下这套系统还会帮倒忙，把本来毒性小的物质“解”为毒性更大的物质。所以了解人体的解毒机制，才能发扬其长处，避免其副作用。

下面具体介绍人体对几大类毒物的解毒机制，其中对重金属和自由基的解毒只作简要介绍，重点是肝脏解毒的化学机制。

一、金属元素及其毒性

1. 必需金属元素

人体的生理活动需要各种金属离子。有些金属离子，如钠离子（Na^+）、钾离子（K^+）、钙离子（Ca^{2+}）、镁离子（Mg^{2+}），以可溶性盐的形式存在（骨骼中的磷酸钙除外），参与维持电解质平衡和细胞内外所需各种盐的浓度，并且与许多重要的生理过程有关，如主动运输、神经脉冲的传递等。钙离子还能起信息传递的作用。有趣的是，这4种元素在元素周期表中正好排在一起，成一个正方形。这4种元素的离子中，外层的s电子已经完全失去，内层的电子又很稳定，所以它们在体内不参加氧化还原反应。

另一些金属元素的离子，包括铬（Cr）、锰（Mn）、铁（Fe）、钴（Co）、镍（Ni）、铜（Cu）、锌（Zn）、钼（Mo）等，则主要结合于蛋白质分子上，作为蛋白质的助手（辅基），参与蛋白质的生理功能。例如，铁结合于血红蛋白上，参与氧的运输，铁和铜还参与细胞内的氧化还原反应。作为脂肪酸氧化酶辅基的维生素B_{12}含有钴，核苷酸还原酶含有锰，尿素酶含有镍，醇脱氢酶含有锌，醛脱氢酶含有钼等。因此，这些元素被称为“必需金属元素”。

有意思的是，这些人体所需要的金属元素（除钼以外）在元素周期表中也都排列在一起，位于同一周期内。除钼（原子序数，即原子核中质子的数量为 42）以外，它们都是比较轻的元素（原子序数从 24 到 30），且都不属于“主族元素”，而是所谓的“过渡金属元素”。除钼以外，以上元素变化的是它们外层（第 4 层）的 s 电子和里面一层（第 3 层）的 d 电子，多以变价离子形式存在，因而能够成为许多参与氧化还原反应的酶或电子传递分子的辅基，为人体的生理活动所必需。

但正是因为它们具有氧化还原特性，当其处于游离状态时，也会催化一些对身体不利的化学反应，如自由基和含氧负离子的生成（见下述芬顿反应）。它们也对巯基（—SH）中的硫原子有亲和力，能结合于蛋白质中半胱氨酸的侧链，影响蛋白质的功能。因此，这些金属元素的浓度如果超出所需的量，也会成为毒物。

为防止这些金属元素以游离的离子态存在，人体内有一种专门的金属结合蛋白——金属硫蛋白。它含有大量（约 32%）的半胱氨酸，能够使绝大部分的过渡金属离子处于结合状态，以降低其毒性。这同时也是一种储存和调节这些金属离子在体内浓度的方式。

2. 有毒的重金属元素

有毒金属是指不为人体的生命活动所需，但又能在人体内引起不良后果的金属，如汞、铅、镉等。这些金属的原子序数一般都比较高，电子层结构复杂。更危险的是，这些重金属一旦进入身体，排出速度很缓慢，可在身体里存留几十年。汞和镉主要积聚在肝和肾中，汞还能轻易地跨越血脑屏障，进入脑部，铅主要积聚在骨中，对人体造成持续的损害。

这些重金属离子进入人体以后，能够直接催化过氧化物和自由基的产生，破坏细胞和生物大分子的结构；也能与蛋白质中的半胱氨酸结合，影响蛋白质的生理功能；还能与细胞内主要的抗氧化剂和解毒剂谷胱甘肽（由谷氨酸、半胱氨酸和甘氨酸组成的三肽）结合，降低其浓度，从而降低机体对其他毒物的解毒能力（详见后文“人肝脏的解毒功能”部分）。

人类的祖先从食物和环境中接触到各种金属离子，所以人体也早有应对毒性金属离子的机制。因为只有游离的重金属离子才有明显毒性，降低其毒性的方法之一就是用特殊的蛋白来结合它们。上面谈到的防止必需金属元素毒性的金属结合蛋白也能结合这些有毒金属离子，减轻它们的毒性。更重要的是，金属结合蛋白的浓度还会因为金属离子浓度的增加而增加，也就是可以被金属离子诱导生成，以增强身体抵抗金属毒性的能力。

因为金属离子毒性的一个表现是降低细胞中对解毒有重要作用的谷胱甘肽的浓度，机体对此的反应就是增加谷胱甘肽的合成。这是通过增加谷胱甘肽合成过程的限速酶——谷胱甘肽合成酶来实现的。但如果过量的有害金属进入身体，或人体长期接触重金属，会使以上两种蛋白严重消耗，不再能有效降低金属离子的毒性，从而影响人体健康。所以人对有毒金属的解毒能力是有限的，最好的办法是减少或避免这些有毒的金属元素进入体内。

如果短时间内有大量重金属进入身体（急性中毒），以上两种蛋白就不足以消除它们的毒性了。这时就要用金属螯合剂，如乙二胺四乙酸（EDTA）、二硫代琥珀酸等，帮助将其排出。

二、活性氧和氧自由基的生成与解毒

在地球上生命形成的早期，大气中几乎没有氧。那时的生命靠分解有机物或利用还原物质（如硫化氢）来提供维持生命活动的能量。这种低水平的能量供给不足以支持需要高能量的活动。所以那时地球上的生物也只能是简单的单细胞生物。

能进行光合作用的微生物的出现给大气提供了氧气，也产生了以氧为电子受体，能生成大量高能化合物 ATP 的氧化磷酸化系统，使得高等生物（包括人）的出现和发展成为可能。

但是，生物在享受氧带给生命的同时，也受到氧的危害。氧是一种非常活泼的元素，有强烈获取电子的倾向。它能使铁生锈、油变质、引起火灾和煤矿爆炸，它也能从体内化学反应的中间步骤获取电子，形成氧负离子和其他活性氧（reactive oxygen species，ROS） 及氧自由基，这些物质能和身体内的其他生物分子发生作用从而破坏这些分子，对人体造成损害。

有多种途径可以在人体内产生这些有害物质。首先，细胞内的一种叫过氧化体的细胞器，脂肪酸的氧化过程在过氧化体内进行，并产生过氧化氢。其次，电离辐射会产生自由基，例如乘坐飞机时，在高空会受到比较强的宇宙射线辐射，在人体里产生自由基。最后，如前所述，金属离子的毒性之一就是催化活性氧和氧自由基的生成。比如在细胞内产生的过氧化氢（H_2O_2）若遇到 2 价的游离铁离子（Fe^{2+}），就会被催化变成氢氧根自由基（OH • ）和氢氧根负离子（OH^-）。这个反应是由英国化学家芬顿（Henry John Horstman Fenton，1854—1929）发现的，称作芬顿反应（Fenton reaction）：

$$H_2O_2+Fe^{2+}\longrightarrow Fe^{3+}+OH\bullet+OH^-$$

氢氧根自由基和氢氧根负离子的化学性质都非常活泼，能和许多生物大分子相作用，破坏这些分子。

与上面说的三种途径相比，人体内产生氧负离子的主要场所还是线粒体。线粒体是人体细胞内的“发电厂”，即产生高能化合物 ATP 的主要场所。食物中的碳和氢在线粒体中被转化为高能电子，沿着一条电子传递链传到氧，最后生成水。在电子传递过程中释放出来的能量就被用来合成 ATP。

在电子传递的过程中，有一步是经过一个名为“泛醌”（辅酶 Q）的脂溶性分子。由于泛醌传递电子要经过半醌阶段，氧就能从这些半醌中获取电子，生成氧负离子（O_2^-）。这是一个非酶反应，即身体中一种有害的副反应。正因为如此，线粒体中含有大量的超氧化物歧化酶（superoxide dismutase，SOD），负责将氧负离子变成氧和过氧化氢：

$$O_2^-+O_2^-+2H^+\longrightarrow O_2+H_2O_2$$

过氧化氢又可以被过氧化氢酶分解，成为氧和水：

$$H_2O_2+H_2O_2\longrightarrow O_2+2H_2O$$

人体内还有过氧化物酶体。与过氧化氢酶不同，过氧化物酶可以以 NADH 为氢供体，将过氧化氢还原成水，而不生成氧：

$$NADH+H^++H_2O_2\longrightarrow NAD^++2H_2O$$

谷胱甘肽过氧化物酶也能利用谷胱甘肽（GSH）的还原能力，将过氧化氢还原成水：

$$2GSH+H_2O_2 \longrightarrow GSSG+2H_2O$$

因此，人体内有一整套系统来对付这些活性氧分子。另外，一些食物中的成分，如维生素 C 和维生素 E、植物中的多酚，也被当作抗氧化剂使用。然而，数次世界范围、大规模的对照实验并没有证实这两种维生素的保护作用，而且过大剂量的维生素还会有副作用。一个可能的解释是，清除活性氧的酶作用非常迅速，而维生素和多酚与这些含氧分子的反应不是被酶催化的，因而要慢 1000～10 000 倍。提纯的维生素得不到蔬菜水果中其他物质的配合也许是另一个原因。

三、人类肝脏的解毒功能

人类的祖先是杂食者，各种动物（包括昆虫）和植物都可以作为人类的食物。目前地球上所有的生物都来自共同的祖先，具有相同的基本生命模式和“建筑材料”，所以彼此都可以作为食物。特别是动物，能直接或间接地从植物获取营养。

然而，生物之间毕竟已经有了很大的差别。不同的生物为了自身独特的生活方式，产生出为自身生命活动所需要的物质。有些物质就不一定是人类所需要的，甚至对人类还有害，动物吃下这些物质后必须加以处理。植物为了减少被动物所吃，不断发展出一些动物不喜欢或对动物有害的物质，如各种生物碱。动物为了继续吃植物，也不断发展出对付这些物质的手段。所以人类的解毒系统也是动物（包括人）与植物的抵抗作斗争的结果。由于这些物质主要是小分子，不会像病毒、细菌那样引起人体的免疫反应，所以人体免疫系统在这里不起作用。人体必须用不同的办法来对付它们。

为了从其他生物获得所需要的食物成分（用于建造身体和获得能量），同时又减轻或消除食物中无用或有害的小分子成分，人体在长时期内发展出一整套解毒系统。这套系统在人体的许多细胞里都存在，但主要存在于肝脏内。因为食物成分经消化道吸收后先沿着门静脉到肝脏，所以肝脏可以看成是人体的“海关”，一切外来物质都首先到达这里进行检查。有害的东西被“没收”和“销毁”，而不是原封不动地送到身体的其他组织中去。因此，人体解毒主要是指肝脏解毒。

现代社会，除了传统食物中的外来物质，每日还有大量的各种人造的化合物，如药物、食物添加剂、杀虫剂及其他工业产品，经过口服、呼吸道吸入和皮肤吸收进入人体。其中有些物质具有毒性或致癌，所以也需要人体的解毒系统加以处理。在进入人体的物质大大复杂化的情况下，解毒系统就显得更加重要。对这些化合物进行解毒的主要原理是：①使它们变得更溶于水，因而能更容易地被排泄出去；②修改它们的功能基团，降低其毒性。要理解解毒的原理，有必要先了解分子溶于水和不溶于水的机理，也就是分子的亲水性和亲脂性。这两种基本性质不仅是解毒过程的基础，也是地球上所有生命起源和发展的基础。

1. 水分子是局部带电的极性分子

要了解为什么有些物质溶于水的原因，首先需要了解水自身的性质。水分子是由 1 个氧原子和 2 个氢原子组成（H_2O）的，氢原子和氧原子通过共用彼此的电子联系在一起。由于氧原子有很强的获得电子的能力，这些共用电子并不是平等分享的，而是偏向氧原子。这样，氧原子就带部分负电，氢原子带部分正电。

而且这 2 个氢原子并不是位于氧原子的两边，形成 1 个线性分子，而是伸向一边，彼此有 104.5° 的夹角，这样，分子的正电荷中心和负电荷中心不彼此重合，形成氧原子的负极和氢原子的正极。所以水分子是极性分子。

既然水分子有正极和负极，那水分子之间就可以凭正电和负电而相互吸引。这样由带部分正电的氢原子和另一个分子上带部分负电的原子（不一定是氧原子，也可以是氮原子）所形成的联系叫作“氢键”。它和分子内由共用电子对形成的化学键（叫共价键）不同，强度也不如共价键大，但却是分子之间相互作用最强的力量之一。

2. 亲水性和亲脂性

水分子部分带电的一个重要后果就是，它能溶解其他也部分带电的分子。例如，葡萄糖分子里面的 6 个碳原子中，每个都连有 1 个氧原子，其中 5 个氧原子上再连 1 个氢原子。这样由 1 个氧原子和 1 个氢原子相连而形成的基团叫作“羟基”（—OH）。由于氧原子对电子的“饥渴”，这些氧原子也带部分负电，与它相连的氢原子也都带部分正电。这样，羟基就可以凭借这些电荷和水分子相互作用而溶于水，被认为是“亲水”的。葡萄糖分子中有 5 个羟基，所以是高度溶于水的。一般来说，只要在分子里引入氧原子，这个分子的水溶性就增加。这就是肝脏解毒的主要原理。

相反，总体和局部都不带电的分子，由于无法和水分子以电荷相互作用，它们就不溶于水，但能溶于同样不带电的有机溶剂（如汽油、苯）中。这样的分子被称为是“亲脂”的。

汽油是由碳和氢组成的物质，碳原子彼此连成线性或分支的链，上面再连上氢原子。碳原子和氧原子不同，它能和氢原子之间“平等相待”，共用的电子既不偏向碳，也不偏向氢。这样无论是碳原子还是氢原子都不带电。这样的分子也不溶于水。推而广之，凡是由碳和氢组成的分子或分子基团都是亲脂的。许多致癌物是亲脂性分子，如煤焦油里的多联苯。这些物质进入身体之后会存积于脂肪组织和细胞膜中，很难排出。肝脏解毒的一个办法就是给这些分子加上氧原子，让它们局部带电，增加它们的水溶性；另一个办法是把它们连在高度亲水的分子上，靠这些亲水分子把它们带出体外。这就是肝脏解毒的主要作用机制。下面具体来看这是如何做到的。

3. 肝脏解毒的第一步：给外来物质加上氧原子

碳氢化合物在化学性质上具有很强的惰性，所以要在上面加上氧并不容易。肝脏里有一类蛋白质专门催化在这些外来分子上加上氧原子。这类蛋白质要和氧打交道，光靠蛋白质自身是不够的，它们和其他与氧打交道的蛋白质（如运输氧的血红蛋白）一样，含有 1 个血红素辅基，辅基的中心有 1 个铁原子。这个铁原子再通过蛋白质上的 1 个半胱氨酸侧链与蛋白相连。正是这个铁原子催化给外来分子加氧的反应。

由于外来分子各式各样，单靠一种蛋白质给外来分子加氧是不够的。于是各种生物发展出了多种此类蛋白质来对付各种不同的外来分子。人的肝脏中有多种这样的蛋白质，分成 17 个家族 30 个亚族，共

57 种。老鼠则有百种左右这样的蛋白质，其中约 40 种与人类的同源，这说明老鼠吃得比人更杂，需要更多种类的解毒酶来对付食物中的有害分子。

这些蛋白质都不是可溶性蛋白，而是位于肝细胞的内质网膜上，很难提取分离。为了寻找快速检测它们的方法，科学家在肝细胞的悬浮液中通入一氧化碳，一氧化碳与这些蛋白质血红素辅基的铁原子结合，之后进行光谱测定，所有此类蛋白都在 450 微米处显示出一个吸收峰，由此可以方便地用来测定这类蛋白质的总量。再加上其所含的血红素，这些蛋白质的总名称就是细胞色素 P450（cytochrome P450），简称为 CYP。在给不同的细胞色素 P450 命名时，“家族”用数字表示，“亚族”用字母表示，亚族中具体的蛋白质用数字表示，比如 CYP2C9 就表示是第 2 家族 C 亚族中的第 9 个蛋白。CYP3A4 是肝脏中最主要的细胞色素 P450，许多药物都是通过它被代谢排出的。

所有细胞色素 P450 之间至少有 40%的氨基酸相同。但每种细胞色素 P450 的分子结构不完全相同，以结合不同的外来分子。细胞色素 P450 给外来分子加氧有两种形式：一种是在碳原子和氢原子之间加上 1 个氧原子，形成羟基（—OH），增加其水溶性；另一种是在碳－碳双键（C═C）上加上 1 个氧原子，形成一个由碳－碳－氧组成的环状化合物，叫作环氧化合物。由于细胞色素 P450 是最先对外来分子进行修改的，所以被称为第一线的解毒酶。

4. 肝脏解毒的第二步：水解环氧化合物和加上高度亲水的基团

肝脏解毒的第一步所生成的环氧化合物在水中是不稳定的，它会和生物大分子反应，连接到这些生物大分子上，改变它们的性质并使其失去活性。因此环氧化合物是有毒的。为了消除这些环氧化合物的毒性，肝脏里有两种酶来对环氧化合物做进一步的修改。这些酶被称作是第二线解毒酶。一种叫作环氧化物水解酶，它在环氧结构上加 1 个水分子，把它变成 2 个相邻的羟基。另一个是谷胱甘肽转移酶，它把 1 个分子的谷胱甘肽直接转移到环氧结构上。由于谷胱甘肽是高度溶于水的分子，这样不仅消除了有害的环氧结构，也增强了外来化合物的水溶性，使之更容易被排出体外。这样，在外来分子上加氧的后果是直接或间接（通过环氧化物）产生羟基，增加这些化合物的水溶性。在此基础上，肝脏中的其他二线解毒酶能够在羟基上再加上更亲水的基团，进一步增强这些化合物的水溶性。

磺酸基转移酶就是这样的一种酶，它能够在羟基上再连上磺酸基，大大增强化合物的水溶性。比如苯进入人体后被代谢的一个产物就是苯酚（苯环上面连 1 个羟基）。这虽然增加了水溶性，但是还不够，而且苯酚自身也是有毒的化合物，类似于医院里用来给环境消毒的“来苏尔”（甲酚）。而在连接磺酸基后，不但苯酚的毒性大大降低，水溶性也增高许多，就容易被排出。葡萄糖醛酸转移酶是另一种这样的酶，它能在羟基上连接高度水溶性的葡萄糖醛酸，降低苯酚的毒性，并进一步提高苯酚的水溶性，使其更容易被排出体外。

肝脏中还有其他酶可修饰外来化合物，使其毒性降低。比如，许多含有氨基（$—NH_2$）的化合物是有毒的，肝脏能在这些氨基上“戴个帽子”，将其掩盖住，这些外来化合物的毒性就大大降低了。这个“帽子”就是乙酰基团（$CH_3CO—$），通过乙酰基转移酶加到氨基上。许多含有氨基的外来物质都能被 *N*-乙酰转移酶修饰而改变性质。人与人之间 *N*-乙酰转移酶基因的差异会导致这种酶活性的差异。研究发现，这些基因差异与癌症（食管癌、直肠癌、肺癌）及帕金森病的发病率密切相关，说明这种酶在解毒过程中的重要作用。

5. 解毒反应并不总是有益的

人肝脏中的解毒系统是经过几百万年的时间演化来的，对于今天出现的各种人造化合物并不“认识”，也不“知道”哪些化合物有毒，哪些没有毒。原因就在于人类基因变化速度赶不上生活环境的变化。病毒和细菌的基因变化速度很快。每年都要制备新的流感疫苗，细菌抗药性也是一个令人头痛的问题。与此相反，人的基因变化速度是很慢的，平均每一代人每 3000 万个碱基对才可能有 1 个突变，而且这个突变改变基因的概率更要小得多。人类社会的存在才有几千年的时间，而现代社会的出现不过是近百年的事情，大量的化学制品就出现在过去的几十年间，而在这段时间内人的基因基本上没有变化。因此，面对千万种新的药物和化学制品，人体解毒系统仍然按过去形成的功能来进行反应。与其说是“解毒”，不如说是“处理”，因此有些反应实际上活化了某些化合物，使其变得更加危险。一个典型的例子是煤焦油和香烟烟雾中的一种致癌物叫苯并芘。苯并芘是一个完全由碳和氢组成的五环化合物，惰性很强，本身并不致癌。肝脏对它第一次解毒后，生成 1 个环氧化合物，这个环氧结构被环氧化物水解酶顺利水解成邻二酚；但解毒系统“觉得”还不够，又再给它加上 1 个氧原子，又形成一个环氧结构，可是这一次，新形成的环氧结构就不再能被环氧化物水解酶水解了。它就以这种环氧结构和其他生物大分子相互作用，成为致癌物。所以在这里，是解毒系统把非致癌物变成了致癌物。如果把老鼠体内编码环氧化物水解酶的基因敲除掉，苯并芘就不再能使老鼠生癌。同理，降低人肝脏中环氧化物水解酶的浓度也可以减少吸烟者患癌症的危险。绿菜花中有一种物质就有这个作用，所以对吸烟者有保护作用，但也可能增加其他化合物代谢不足的危险。

另一个例子是黄曲霉毒素。黄曲霉毒素是黄曲霉和寄生曲霉等某些菌株产生的双呋喃环类毒素，常见于霉变的花生中，是一种强烈致癌物。研究表明，黄曲霉毒素本身并不致癌，是经细胞色素 CYP3A4 的修饰后才变成致癌物的。CYP3A4 是肝细胞中最主要的代谢药物的细胞色素，一旦黄曲霉毒素进入人体，就不可避免地会被转化为致癌物。唯一的办法是不要吃可能带有黄曲霉毒素的食物。再一个例子是常用的解热镇痛药扑热息痛，它不但能被肝脏转化为有害物质，还会消耗肝细胞中的谷胱甘肽。所以扑热息痛使用过量会造成肝损伤甚至肝坏死。

6. 药物之间的相互作用

如上所述，肝脏的解毒系统是可调的。外来的药物可以增加或减少这些基因的表达（改变解毒酶的浓度），或直接抑制这些酶的活性（酶浓度不变，但活性改变）。一种药物可以抑制对另一种药物的解毒酶，增加另一种药物的毒性。一种药物也可以诱导对另一种药物的解毒酶，使其活性增加，因而降低该药物的药效。因此在服一种以上的药物时，必须考虑到它们通过肝脏解毒系统的相互作用。

中药用药时有所谓的"十八反"，说的是一些中药不能和另一些中药共用。例如，藜芦不能和人参、丹参、细辛、芍药（赤芍、白芍）共用，因为后面几种药物能降低细胞色素 P450 酶的含量，抑制主要的药物代谢酶 CYP3A 及 CYP2E1 的酶活性，减缓了藜芦中毒性物质的代谢，导致毒性增加。又如，乌头不能与半夏、瓜蒌、贝母、白芨合用，原因也是后几种药物能抑制参与乌头碱代谢的 P450 酶 CYP3A 和 CYP1A2 的活性，延缓乌头碱的代谢，增加其毒性。而甘草中的甘草甜素能提高 CYP3A 的活性，增加对其他药物的代谢，降低有毒中药的毒性，同时也使其他中药的药性更为温和。这就是中医常把甘草用作药方佐剂的道理。所以说，中医从长期的观察和实践中总结出来的许多用药方法和禁忌，现在被证明是符合科学原理的。

中药如此，西药也一样。许多西药的用量常在无效和中毒之间，用少了无效，用多了中毒。这些剂量是按照正常人肝脏解毒的情形设定的。如果某种药物（无论是西药还是中药）能明显改变肝脏中某种解毒酶的活性，那就会使这种酶所代谢药物的日常用量要么变为过量而中毒，要么变为不足而无效。例如，柚子能抑制肝脏的主要解毒酶 CYP3A4 的水平，使得许多药物严重过量。所以美国的许多药房都在柜台外面贴着通知：服药期间不要吃柚子。反过来，治疗肺结核的药物利福平，能使 CYP3A4 的量增加，使得许多药物不那么有效。

中医中药已经有几千年的历史，中药之间的配伍已经相当成熟，一般不会出现中药之间相互冲突的事（庸医开的药方除外）。但由于一些中药对细胞色素 P450 的作用还不十分清楚，它们对西药的影响我们也不完全了解。比较谨慎的办法是尽量不要中药、西药一起吃，以免互相影响。如果两种药都非吃不可，也要尽量错开服用它们的时间，减少它们之间的相互作用。

四、结束语

每天进入人体的有毒物质和人体内产生的有害物质种类繁多。本文从分子机制上阐述了人类机体对这些有害物质进行解毒的原理，以求给"解毒"一词以具体和清晰的概念，从而使人们能更正确和有效地使用体内的解毒系统。

现在市面上关于解毒的夸大不实的说法甚多。如不具体说“毒物”是什么，笼统地说其产品能“解毒、排毒”，诸如“彻底清除毒素，让细胞恢复青春”之类的说法更是满天飞，对这些说法起到一些澄清的作用，也是本文的目的之一。

主要参考文献

[1] Klaassen C D, Liu J, Diwan B A. Metallothionein protection of cadmium toxicity. Toxicology and Applied Pharmacology, 2009, 238 (3): 215-220.

[2] Davis S R, Cousins R J. Metallothionein expression in animals: A physiological perspective on function. Journal of Nutrition, 2000, 130: 1085-1088.

[3] Turrens J F. Mitochondrial formation of reactive oxygen species. The Journal of Physiology, 2003, 552 (2): 335-344.

[4] Buettner G R. Superoxide dismutase in redox biology: The roles of superoxide and hydrogen peroxide. Anti-Cancer Agents in Medicinal Chemistry, 2011, 11 (4): 341-346.

[5] Danielson P B. The cytochrome P450 superfamily：Biochemistry, evolution and drug metabolism in humans. Current Drug Metabolism, 2003 (6): 561-597.

[6] Girennavar B, Jayaprakasha G K, Patil B S. Potent inhibition of human cytochrome P450 3A4, 2D6, and 2C9 isoenzymes by grapefruit juice and its furocoumarins. Journal of Food Science，2007, 72 (8): 417-421.

[7] Decker M, Arand M, Cronin A. Mammalian epoxide hydrolases in xenobiotic metabolism and signalling. Archives of Toxicology, 2009, 83 (4): 297-318.

肥胖与肠道细菌有关吗

超重和肥胖是身体的一种亚健康状态，其主要特征是体内脂肪含量过高。这种状态目前在世界上许多地方蔓延，在一些西方国家已经到了惊人的程度。美国一项统计表明，2007 年全美人口中有 74.1%超重或肥胖，26.6%的人肥胖。在中国，超重和肥胖的发生率也呈快速上升的趋势。根据《中国居民营养与慢性病状况报告（2020 年）》最新数据，目前中国的成人中已经有超过 1/2 的人超重或肥胖，成年居民（≥18 岁）超重率为 34.3%、肥胖率为 16.4%。其中青少年体重异常增加的情形尤为严重，中国 6～17 岁的儿童青少年超重肥胖率近 20%，6 岁以下儿童超重肥胖率超过 10%，6 岁以下儿童超重肥胖的问题，农村超过了城市。

超重和肥胖是按照体重指数定义的。体重指数（body mass index，BMI）可以用体重（千克）除以身高（米）的平方得到。比如一个人的体重是 60 千克，身高 1.6 米，那么他的体重指数即为 $60÷(1.6)^2=23.4$。它并不直接测定人体内的脂肪含量，却是定义一个人是“胖” 还是“瘦”，以及判别胖瘦程度的一个方便的指标。

对于形状相同的物体，尺寸和重量本来是立方关系。但是个子高的人并不是将普通人按比例放大，而是倾向于“细高条”的体型。所以按立方关系计算反而不是最合适的。按平方关系计算的体重指数，是体重和身高的数学关系中，能较好地反映一个人体内脂肪含量，又不涉及复杂的指数运算（比如体重除以身高的 2.3 次方）的参数。

按照世界卫生组织的定义，体重指数在 20～25 为正常。高于 25 为超重，30～35 为 1 期肥胖，35～40 为 2 期肥胖，高于 40 为 3 期肥胖；低于 20 为体重不足；低于 16 为体重严重不足。

超重和肥胖会增加一些疾病的发病率，如心血管病、2 型糖尿病

（胰岛素抵抗型）和关节炎等。这些疾病对寿命的影响随体重指数的升高而增加。对于超重者（体重指数 25～30），其预期寿命会缩短 2～4 年；而极度肥胖者（体重指数高于 40），其预期寿命会缩短 10 年。

一、超重和肥胖发生的原因

超重和肥胖的发生与遗传（内分泌和代谢状况）、环境、食物、精神状况及生活习惯都有关系。对于大多数人来说，最根本的原因还是从食物中摄入的热量超过了身体消耗的热量。现代城市中的生活方式（如办公室久坐、长时间面对电脑屏幕或电视机、开车、吃“垃圾”食品、运动量少等）就是造成这种热量收支不平衡的主要原因。

三大营养物质——蛋白质、碳水化合物和脂肪中，脂肪是最适合于能量储存的。单位重量的脂肪在体内“燃烧”释放出的热量（38.87 千焦/克）是蛋白质（17.14 千焦/克）、碳水化合物（17.14 千焦/克）的 2 倍以上。蛋白质作为生命活动的主要执行者，一般不作为能量储备。碳水化合物只能以肝糖原和肌糖原的形式储存，数量也不多（肝糖原大约 100 克，肌糖原大约 300 克）。而脂肪可以在皮下和内脏周围广泛储存，还可以保护动物器官，帮助维持体温。所以脂肪作为动物储存能量的主要形式是很自然的。

从演化论的观点来看，动物储存脂肪是一种应对冬季严寒和饥荒的手段。冬眠（大幅降低自身体温，如蝙蝠、土拨鼠）和冬休（小范围降低体温，如熊、獾、松鼠）的动物在冬季不进食，只靠自身储存的脂肪提供能量。骆驼的驼峰中储藏的主要是脂肪，在沙漠中无食无水的情况下，驼峰中的脂肪不但能提供能量，还能氧化产生水。企鹅孵蛋时不吃不喝，消耗的也是体内的脂肪。

与许多哺乳动物一样，人类祖先在过去的漫长岁月中，也是常常处在食物来源没有保证的生活中。他们虽然没有冬眠，但为了应对可能的饥荒，也尽量把多余的能量以脂肪形式储备起来。这样做的好处在食物来源突然断绝的情况下表现得非常明显。地震时被困人员可以在饥饿状态下生存几个星期（在有水喝的情况下），此时维持生命主要就是靠体内的脂肪。

脂肪在食物和人体中的特殊地位也反映在人们的观念中，就在不太久之前，人胖还叫“富态”，长胖叫“发福”，都是正面赞誉之词。在 20 世纪五六十年代，最肥的猪肉叫“一级肉”，价格最贵，纯瘦肉反而叫“三级肉”，价格最便宜。

在现代生活中，食物的来源有了保证。体力活动的缺乏又使消耗的热量大大降低，于是每天体内都有大量的热量过剩。可是现代社会的出现不过几十年时间。这对于生物演化来说时间太短了，人的基因还来不及变化，还是按照几十万年前的原始人那样，本能地把这些能量都以脂肪的形式储存起来。这是目前超重和肥胖现象大量出现的根本原因。

虽然这个道理很容易懂，但肥胖者还是在不断增加，减肥成功的人寥寥无几。究其原因，除生理机制之外，是因为人类还继承了演化带来的另一个本能，即满足食欲。

和性活动一样，进食也是所有高等动物必须要做的事情，否则物种就会凋亡。为了保证这两种活动一定会发生，动物体内也演化出一些“奖励机制”，当这两种活动发生时会在其脑中产生愉悦感和欣快感，以鼓励动物去从事这些行为。与此同时，动物也演化出特殊的嗅觉和味觉，对那些需要的食物感觉到“香”和“好吃”，而且营养价值越高的食物，动物越觉得好吃，大脑以这种方式有效地鼓励动物去发现和摄取这些食物。

如肉食动物捕获猎物后，首先吃含脂肪较多的内脏，然后才是肌肉和骨头。我们觉得“好吃”的食物，多是那些脂肪含量较高的动物性食物，而且脂肪越多的食物，吃起来越香。过去的老百姓把吃鸡、鸭、鱼、肉称为“打牙祭”，吃肉是“改善生活”，餐馆也常用大量的油炒菜。而且越是好吃的食物，我们越喜欢多吃，“饿”和“清淡”则是难以长期忍受的。

所以“吃”和“性”一样，都是身体所鼓励的活动，而且以愉悦感和欣快感作为回报。毒品是用化学物质直接作用于大脑中的“奖赏中心”，在没有良性神经信号（如进食和性活动）传入的情况下产生欣快感。对大脑“奖赏中心”活动的监测表明，习惯性过食的人，在这些区域的神经活动与对毒品上瘾的人有相似之处。所以节食之难，有些像戒毒，因为二者的生理机制是相似的。这才是减肥所面临的最大难题。

除了这些原因以外，还有一个以前不被注意的因素。科学家最近发现，肥胖很可能还与肠道中的细菌有关。

二、小鼠模型的启示

2004 年，美国华盛顿大学医学院的 Jeffrey Gordon 课题组在《美国科学院院刊》上报道，在无菌环境中长大因而没有肠道细菌的小鼠，体内脂肪含量比对照组小鼠（在普通环境中生长）少 40%，即使它们摄取的食物中热量比对照组高 29%。给无菌小鼠喂以高脂肪、高碳水化合物的饮食，这些小鼠体重的增加也明显低于对照组，而且不会出现在对照组中所观察到的因饮食所引起的对胰岛素敏感性的降低（2 型糖尿病的症状）。

如果将正常小鼠的肠道细菌转移到无菌小鼠的肠道内，2 周后，被转移小鼠的体内脂肪增加了 57%，肝脏内的甘油三酯是原来的 2.3 倍；如果将遗传型胖小鼠 A 组的肠道细菌转移至无菌小鼠 a 组的肠道中，遗传型瘦小鼠 B 组的肠道细菌转移至无菌小鼠 b 组的肠道中，2 周后，无菌小鼠 a 组体内脂肪的增加要明显多于无菌小鼠 b 组。

这些实验结果说明，小鼠的胖瘦不只是与其摄取的食物热量有关，还与其肠道内的细菌有关。摄取食物中的热量只是一个表观指标，真正从肠道内吸收的营养才是与胖瘦直接相关的。类似于消化功能不良的患者，尽管吃下的食物与正常人相同，但食物中的热量并没有被有效吸收，所以这些患者根本就吃不胖。在上述实验中，无菌小鼠 a 组体内脂肪的大幅增加是因为遗传型胖小鼠 A 组肠道中的细菌帮助 a 组小鼠从摄取的食物中获取了更多能量，也就是说，在帮助小鼠将食物转化为热量时，遗传型胖小鼠 A 组的肠道细菌的效率远远高于遗传型瘦小鼠 B 组。

为了研究遗传型胖小鼠 A 组和遗传型瘦小鼠 B 组的肠道细菌有何不同，研究人员给一部分小鼠喂食高脂肪、高碳水化合物的食物，另一部分小鼠则被喂食低脂肪、高多聚糖的食物。实验结果发现，被喂食高脂肪、高碳水食物而迅速变胖的小鼠肠道中，厚壁菌门（一大类革兰氏阳性菌）的细菌比喂低脂肪、高多聚糖的小鼠为多，而拟杆菌门（一大类革兰氏阴性菌）的细菌比喂低脂肪、高多聚糖食物的小鼠为少。

厚壁菌中的一些菌种在消化食物的同时提供给动物更多的营养。例如，小鼠的酶系统无法消化食物中的一些纤维素和多聚糖，但厚壁菌可以将这些纤维素和多聚糖降解为短链脂肪酸（乙酸、丙酸和丁酸）。降解后的物质可以被肠壁吸收，在体内“燃烧”以合成高能化合物 ATP，也能在肝脏中成为合成长链脂肪酸的原料。而拟杆菌门的细菌就没有这个能力。

细菌的作用不仅仅是帮助动物获取更多的能量。例如，细菌的存在能抑制肠壁细胞分泌“禁食诱导脂肪因子”（fasting-induced adipose factor，FIAF）。这个因子是脂肪组织中脂蛋白脂酶的抑制剂。FIAF 的减少可以使脂蛋白脂酶活化，有利于脂肪酸进入脂肪细胞和甘油三酯的积累。如果将小鼠体内的编码 FIAT 的基因敲除，没有肠道细菌的小鼠则与对照组一样肥胖。

三、人体肠道细菌

小鼠实验的结果激起了科学家对人体肠道细菌作用的兴趣。与小鼠类似，人体肠道内的细菌主要也是厚壁菌和拟杆菌，另外还有少量放线菌门（占细菌总量的 2%～3% ）和变形菌门（约占 1%）的细菌。肥胖者的肠道中厚壁菌较多，拟杆菌则较少。据统计，身材较瘦者肠道中厚壁菌与拟杆菌的比例约为 3∶1，而这一比例在肥胖者体内为 35∶1，相差近 10 倍之多。研究人员让肥胖者摄入低脂肪或低碳水化合物的饮食，以达到减肥的目的，与此同时，研究人员观察到这些肥胖者肠道中的厚壁菌在减少，而拟杆菌增加。这些实验结果与小鼠实验中的结果类似，说明人体内肠道细菌很可能也有类似的作用，有待进一步研究。

人体内肠道细菌的总数约有 1000 万亿个，比人体细胞总数（60 万亿～100 万亿个）还要多 10 倍。也就是说，如果把细菌计入总数，那人体 90%的细胞是肠道细菌。之所以这些肠道细菌没有人体那么大的体积，是因为细菌（平均直径 1 微米）比人体细胞（直径 20～70 微米）小得多。如果把人的细胞比作一间房间，那细菌的大小只相当于一个暖水瓶。

细菌在肠道中并非均匀分布，而是由上至下逐渐增多。在小肠的上段（空肠，即与十二指肠相连的部分），每毫升内容物中只有约 1 万个细菌，而在小肠的下段（回肠），每毫升内容物中就有 1000 万个细菌。到了大肠（主要是结肠，即沿腹腔的外缘绕行一周的部分），每毫升内容物中的细菌数量达到了 10 000 亿个。所以人体内肠道细菌主要存在于大肠中。

在以前的研究中，最大的困难是超过总数 2/3 的肠道细菌很难在体外培养。原因包括脱离了原来在肠道中适宜的生长环境，如营养条件、肠道中的低氧浓度、肠道细菌之间的相互作用、细菌与肠壁细胞之间的相互作用等。近年来分子生物学新技术的出现，在很大程度上克服了这些困难，甚至不需要细菌培养即可检测到各种细菌的存在。利用这些技术对人体肠道细菌进行研究，已经得出了一些很有趣的结果。

例如，目前有一种技术可测定细菌中核糖体小亚基上的一种核糖核酸（即 16S rRNA ）的核苷酸序列。此序列虽然不是细菌的 DNA 序列，却具有分辨不同细菌的能力，好像人的指纹一样。利用这种方法，上海交通大学系统生物医学教育部重点实验室、浙江大学第一附属医院传染病诊治国家重点实验室等单位与英国伦敦皇家学院合作，从 7 名中国人的粪便中检测出 476 种可用于分类的 16S rRNA。

对这些 16S rRNA 的数据进行分析，结果表明，中国人肠道细菌种类的组成彼此类似，与美国人的肠道细菌组成明显不同，这从一方面说明不同地区和人种的肠道细菌组成有较大的差异；如果仅从肠道中厚壁菌和拟杆菌的比例来看，中国人与美国人中较瘦的人的数据较为接近，符合中国人的超重率和肥胖率远低于美国人的事实。

利用这种技术，华盛顿大学戈登的研究小组测定了 154 名实验者粪便中的细菌，发现家庭成员之间的肠道细菌种类结构比较类似，但不同个体之间仍然有较大差异。同卵双胞胎之间肠道细菌的差别和异卵双胞胎之间的差别类似，说明个人 DNA 结构对肠道细菌影响不大。有趣的是，子女的肠道细菌组成结构带有从母亲体内“遗传”下来的痕迹。

刚出生的婴儿肠道中是没有细菌的。如果是经产道正常分娩，婴儿很容易接触到母亲的肠道细菌。由于婴儿的免疫系统还在发育初期，这些最初进入婴儿肠道中的细菌就被当做“自己人”而被接受，也最容易在婴儿的肠道中生存。几天之后，婴儿粪便中的细菌即可达到每克1亿～100亿个，到婴儿满月时，肠道细菌群落已基本形成。相反，剖宫产的婴儿则主要从空气和产房中得到细菌，因此这些婴儿需要更长的时间（约6个月）才能形成自身的肠道细菌群落，而且这些细菌中双歧杆菌（放线菌门）和拟杆菌（拟杆菌门）数量较少。在上文的小鼠实验结果中已叙述过，双歧杆菌和拟杆菌都是对防止肥胖比较有利的细菌，所以剖宫产的婴儿今后发胖的几率要大于顺产的婴儿。

由母乳哺育的婴儿，其肠道中双歧杆菌的数量也比较多，可能是因为母乳中含有促进双歧杆菌在婴儿肠道中生长的因子（多聚糖）。由其他食物哺育的婴儿其肠道细菌的结构组成变化就比较大。抗生素（如阿莫西林等）能杀灭人体肠道中的双歧杆菌。如果没有来自外界的大量补充，双歧杆菌的数量是不会自己恢复的。酸奶和益生菌（如做成胶囊和药片形式的有益肠道细菌）都可以有效补充双歧杆菌的数量。

目前，对于肠道细菌的研究还处在起步阶段，有许多问题等待科学家去探究。肠道细菌影响人体能量代谢的机制非常复杂，比如肠道内皮细胞识别细菌的Toll样受体（Toll-like receptor，TLR）的机制等。而且肠道细菌还不只是与人体能量代谢相关，它们还参与调节人体免疫系统、防止肠道炎症的发生、抑制病原菌的生长、减少过敏、分泌人体不能合成的维生素等，由于本文篇幅内容所限，在此不一一详述。

四 、关于减肥和肠道细菌的讨论

1. 会有真正意义上的减肥药吗

对于有些既想满足口腹之欲、又想保持苗条身材的人来说，最大的愿望就是发明一种减肥药片，只要每天吃1片，身体就会把多余的能量消耗掉，而不是转化成脂肪储存起来。这样就可以“鱼和熊掌兼得”，既不需要改变生活和饮食习惯，也能保持苗条的身材。

由于美国的超重者和肥胖者非常多，如果真能研发出这种特效药，那么市场需求将不可估量。美国许多研究机构和制药公司也在进行这方面的研究。一方面，研究大脑发出饥饿信号的机制等。假如大脑不发或少发饥饿的信号，人的食欲就会大大减弱。另一方面，研究人体控制能量平衡的机制，不让多余的能量转化为脂肪：或者干脆阻断脂肪合成和储存的化学步骤，不让脂肪在体内储存积累；或者想办法把身体燃烧脂肪的通路扩宽，把已经储存的脂肪燃烧掉。美国国立卫生研究院（NIH）每年拨款 8 亿美元用于肥胖的相关研究。

这些研究得出了大量的实验结果，细节也比想象的复杂。在如此复杂的机理面前，科学家对“减肥药”前景持有的态度不是越来越乐观，反而更加堪忧。2011 年 2 月发表在《科学美国人》（*Scientific American*）上的一篇题为“如何解决肥胖危机”（How to fix the obesity crisis）的文章中，作者并不奢望减肥药片的奇迹很快出现，而是建议人们使用更传统的减肥方法。作者意味深长地说：“虽然科学已经揭示了一些影响体重的代谢过程，但（减肥）成功的关键可能在别处。”（Although science has revealed a lot about the metabolic processes that influence our weight，the key to success may lie elsewhere.）

例如“瘦素”（leptin）。瘦素是脂肪组织分泌的一种小分子量的蛋白激素，当它进入大脑后，告诉大脑：“能量够了，不要再吃了”，从而抑制人的胃口和进食欲望。这是身体自我调控能量失衡的一种反馈机制。研究者最初发现瘦素时非常兴奋，以为找到了减肥的秘密，但后来发现，肥胖者体内的脂肪组织分泌大量的瘦素，而且他们的血液中瘦素的浓度远远高于常人，可是肥胖者的大脑却对这些高浓度的瘦素信号没有反应，就像 2 型糖尿病患者对胰岛素不敏感一样。所以想利用瘦素减肥的希望破灭了。

2. 益生菌

益生菌，依照世界卫生组织的定义，是“以适当的量给予人体时，能产生对健康有利的效果的活细菌”。益生菌原本就是人体内的肠道细菌，被筛选出在体外培养，做成药片或胶囊。每片所含益生菌的数量从 10 亿个到几十亿个不等。有些益生菌制品需要冷藏，有些室温下保存即可。

益生菌进入人体的好处不仅是帮助消化，而且还能帮助肠道细菌的菌群结构恢复平衡，调节肠道功能，抑制已经进入体内的有害细菌的生长，尤其是最后一点非常关键。以前有肠道感染疾病时，一般都采用抗生素治疗，在杀灭致病菌的同时，也杀死了许多“好”细菌，造成肠道细菌的菌群失衡，甚至腹泻。而服用益生菌制剂，这些补充至肠道中的益生菌就可以与致病菌竞争，有效抑制致病菌的繁殖，从而达到治疗的目的。

常用的益生菌有：嗜酸乳杆菌（*Lactobacillus acidophilus*）、两歧双歧杆菌（*Bifidobacterium bifidum*）、长双歧杆菌（*Bifidobacterium longum*）、德氏乳杆菌保加利亚亚种（*Lactobacillus bulgaricus*）、嗜热链球菌（*Steptococcus thermophilus*）等。不同益生菌制剂中细菌的种类是不同的，比例也不一样。需要自己尝试，找出最适合自己的产品。

既然益生菌制剂中所含的都是活细菌，服药时就不能用开水，也不能用开水冲化，以免使活细菌失去活性，尤其不能与抗生素同时使用。但即使是有益菌，也并非服用越多越好，它们在肠道中的过量繁殖也能造成腹胀和便秘。要自己去摸索，找出适合自身情况的用量。而且这些益生菌也不能取代自身的肠道细菌，如果肠道是健康的，就没有必要服用。

酸奶中也含有大量活的且有益于人体的细菌，包括双歧杆菌、德氏乳杆菌保加利亚亚种和嗜热链球菌等。喝酸奶不仅能补充这些有益菌，还能补充钙质和其他营养。对肠道细菌菌群失衡的患者，喝酸奶也有一定的帮助。

3. 洗肠有帮助吗

与益生菌补充肠道细菌相反，洗肠是在清除大肠中粪便的同时，清洗掉许多肠道细菌。

古代有些观点就认为肠道是产生疾病的地方，很可能是认为大便“脏”造成的。例如，古埃及人认为，食物进入肠道，在那里腐烂，使有毒物质进入血液，引起疾病。中国也有“宿便”致病的说法。这样的观点在 19 世纪被许多医生接受，形成“自身中毒”的观点。随着医学的发展和进步，这样的观点逐渐被否定了。但是在民间，“内中毒”的说法一直存在，也导致了洗肠流行的状况。

洗肠支持者认为 90%的疾病来自大肠，洗肠能排除宿便和毒素，清除粘在肠壁上的粪块，所以洗肠对许多疾病都有治疗作用。而洗肠反对者认为，目前还没有任何科学研究结果支持这样的说法。手术和尸检都没有发现任何粘在肠壁上的粪块。而以前认为是自身中毒引起的症状，如头痛、疲倦、没有胃口，其实是消化道被撑胀，并非毒素所引起。洗肠不仅费用高昂（每次约 500 元人民币），而且还有因器械消毒不彻底造成交叉感染和变形虫（阿米巴）感染、操作不当造成肠壁损伤或穿孔、破坏肠道的水和电解质平衡等种种风险。经常洗肠会降低肠壁的敏感性，使人体对洗肠产生依赖性，造成一旦停止洗肠就无法排便的严重后果。

洗肠也会清除掉大量的肠道细菌。这是好事还是坏事？目前也尚不清楚。可能是因为对人体肠道细菌的研究仍在初期阶段，还没有人开始做这样的研究。而且效果很可能也会因人而异。既没有数据证明洗肠有那么神奇的效果，副作用也不是很常见。但倘若真有经济实力，愿意体验也未尝不可。但是每天排便还是良好的生活习惯。人体排出的粪便中，60%左右是肠道细菌，说明这些细菌每天都在大量繁殖。保持这样的“流水线” 畅通，让不断繁殖的细菌连同食物残渣一起排出体外，应该是更好的做法。粪便在体内存留时间过长，肠壁会将粪便中的水分吸收从而使粪便变得很干，造成排便困难，而且大量细菌的繁殖也会逐渐消耗掉粪便中的营养，细菌生长状况变差以致死亡并释放出其内容物质。这样就不利于人体健康了。

4. 换地方、换饮食能改变肠道细菌吗

许多人都有这样的经验，到一个新的地方生活一段时间，排便的情况会有些变化，或更加容易，或更加困难。从中国人和美国人肠道细菌的菌群结构差异来看，不同地区可能有不同的占主流的肠道细菌。有些人因长期在一个地方生活，导致肠道细菌基本不变，甚至逐渐朝着对身体不利的方向发展，对于他们来说，到一个新地方也许可

以向肠道中引入具有当地特征的肠道细菌，使肠道情况得到改善。

改变地方一般也会改变食物种类，诱导肠道细菌向不同的平衡发展。如川菜的麻和辣就有可能抑制某些肠道细菌的生长。泡菜含有大量的乳酸杆菌，也有可能影响肠道细菌的菌群结构组成。关于这方面的研究还很缺乏，但摄取食物应该多样化，避免长期吃少数几种食物，这样不仅有利于营养均衡，也符合多种肠道细菌的生长需要。

五、结束语

肠道细菌虽然能改变人体对食物能量的转化利用率，但仅从肠道细菌着手，并不能完全达到保持健康体型的目的。最根本的还是总热量收支的平衡，如果摄入的总热量不超标，肠道细菌的能量转化率再高也不能产生更多的热量，关键还是在于要用意志对抗食欲本能。

人们一旦明白了这个道理，就能更加自觉地限制总热量的摄入，远离“垃圾”食品，尽量少在外面就餐。每周保证足够的时间进行体育锻炼。与此同时，也要运用所了解的关于肠道细菌的知识，有意识地保持一个对人体最有利的肠道细菌群落。这不仅有益于保持健康正常的体型，也能从其他方面促进身体健康。

主要参考文献

[1] Ray K. Married to our gut microbiota. Nature Review/Gastroenerol Hepatol, 2012, 9: 555.

[2] Bäckhed F, Ding H, Wang T, et al. The gut microbiota as an environmental factor that regulates fat storage. Proceeding of the National Academy of Science USA, 2004, 101 (44):15718-15723.

[3] Li M, Wang B H, Zhang M H, et al. Symbiotic gut microbes modulate human metabolic phenotypes. Proceeding of the National Academy of Science USA, 2008, 105 (6): 2117-2122.

[4] Cani P D, Delzenne N M. Gut microflora as a target for energy and metabolic homeostasis. Current Opinion in Clinical Nutrition and Metabolic Care, 2007, 10: 729-734.

为什么人类能够发出优美动听的歌声

人类有许多远超过其他动物的能力，其中之一就是唱歌。虽然一些鸟类也能婉转鸣唱，但是与人类的歌声相比，无论是在音调、节奏、唱法、含义、感情上，鸟类的歌声都远不如人类。人类优秀歌手的歌声能给人以无与伦比的美感。虽然人类也发明了各种乐器，但是人类歌声的表现力和感染力却不亚于任何一种乐器，即便是与整个乐队相比也毫不逊色。

人们对于乐器已经有了丰富的理论研究和实际制作经验。但是对于人类优美的歌声是如何发音的，好像没有很多人认真去想，似乎这是一件理所当然的事情。其实人类发声器官的构造和发声的机制与乐器有很大的不同。要了解这一点，首先需要了解一些乐器发声的知识。

乐器一般由三个基本部分组成。一是声源，即声音最初发出的地方，这一般是由弹性物质在外力的作用下以一定的频率和它的谐波（基本频率整数倍的频率）发生振动；二是共鸣器，声源发出的声音一般都比较微弱，且常伴有杂音，共鸣器随着这些和谐音的频率振动，从而将这些和谐音部分成百上千倍地放大，与共鸣器产生共鸣且被放大的振动则决定了乐音的音色（谐波的频率和强度）；三是发声面或发声孔，把与共鸣器产生共鸣且被增强的乐音辐射出去。

例如在演奏小号时，气流冲过演奏者的嘴唇，在进入号嘴时发生振动，这便是最初的声源。小号的号管是共鸣器，小号的喇叭嘴则将放大的乐声辐射出去。对于小提琴来说，弓拉过琴弦时使琴弦振动，由面板、背板和侧板组成的共鸣箱及共鸣箱内的空气起到共鸣器的作用，面板与F孔则将乐音传播出去。

管乐器乐音的基音频率是由有效管长决定的，而有效管长必须符合基音的波长。乐声的音频范围大约是 30～4200 Hz。因为声音的波长等于音速（室温下约为 343 米/秒）除以频率，因此相应的波长是 11.4～0.08 米。管乐器用键阀来调节有效管长，以产生不同的频率。小号的音频是比较高的，即便是这样，小号号管（共鸣器）的全长和被键阀改变了的管长也有 1.2～2 米。圆号（又称法国号）的声音较为低沉，其号管长度则有 3.7～5.2 米，而长号的号管则长达 3～9 米。如果想得到更为宽广的音域，就必须用多种乐器，或用具有不同长度共鸣管的乐器，例如管风琴。

对于弦乐器来说，有三种方法可以改变其振动频率：变换琴弦的长度、改变琴弦的张力或者变换琴弦的粗细（或单位弦长的质量）。琴弦的长度与其发出声音的频率成反比，因此可以通过改变琴弦的长度来改变频率。但弦乐器本身的构造决定了琴弦的有效长度范围，因此在实际演奏中，演奏者利用手指按弦来改变弦的自由振动长度（从手指到琴码的距离）。由于反比函数是非线性的，在弦长较大时手指按弦比较容易，而当自由振动部分的琴弦已经很短的时候，音阶之间的距离变得非常小，靠手指来按就比较困难。而且琴弦过短时音质也会变得很粗糙。所以在实际应用中，每根琴弦只用于发出不到 2 个八度的音程。更高或更低的音则依靠相邻的琴弦来表现。

琴弦的张力越大，就越容易恢复到原来的直线状态。在弦长不变的情况下，张力越大，琴弦振动的频率越高。所以弦乐器上都有弦轴用于调节弦长，从而改变弦的张力。然而靠改变琴弦的张力来改变频率的作用有限。因为张力与频率之间的关系不是线性的，而是平方关系。也就是说，要想把琴弦的频率加倍（即高八度），琴弦的张力必须提高 4 倍，这不是任何琴弦都能承受得了的。而且演奏者在演奏时也很难大幅地改变弦的张力。由于这两个原因，为了提高乐器的表现力，几乎所有的弦乐器都使用若干根琴弦以表现更为宽广的音域。

琴弦越粗（或者说单位弦长的质量越大），惯性越大，也就更不容易变形。在弦长和张力都固定的情况下，琴弦越粗，振动的频率越低。这就是为什么小提琴 4 根弦的粗细不同，高音弦最细，低音弦最粗。4 根弦在张力相似的情况下就可以发出不同频率的声音。

与典型的乐器（如小号和小提琴）相比，人类的发声器官这个特殊“乐器”就显得太简陋了。女性的声带只是两条 1.5～1.8 厘米长的肌肉组织，男性的声带稍长，也不超过 2.4 厘米。从声带到嘴唇的空气道相当于共鸣器和发声孔，距离只有短短的十几厘米，相当于管弦乐队里音色最高的乐器——短笛的长度，而且这个长度很难大幅改变。即便是嘴唇的伸出和缩回，长度改变也仅仅是几厘米。很难想象，这种尺寸有限，而且是用“肉”做成的结构如何能发出美妙的歌声。然而就是这样的声带，加上长度有限的共鸣管，却能够发出 4 个八度以上的音。从理论上来讲，任何天然物质都不可能做到。就如同要求短笛吹出乐队里的所有音符一样，或让同一根弦发出 4 个八度的音，且所有的音都要音色优美，而人类的发声器官却奇迹般地做到了。

一、声带的三重结构

人类简陋的发声结构能够发出音域宽广、音色优美的声音，原因之一就是人类的发声器官使用的并不是天然物质，人类的声带也并不是单一结构，而是由三种不同的结构组成，即韧带、肌肉和黏膜。

最靠近声门（2 根声带之间的缝隙）的地方各有 1 根韧带，每根韧带相当于 1 根琴弦，但与琴弦不同的是，韧带的张力随拉伸程度非线性地迅速增加。例如将韧带的长度从 1 厘米拉伸至 1.6 厘米，其张力可以增加 30 倍，这是乐器的琴弦做不到的。张力增加 30 倍相当于频率增加 5 倍还多（约为 5.5 倍）。但当韧带伸长 60%时又会使频率降低，使得频率净增约 3 倍，也就是约一个半八度。进一步拉伸韧带会使张力增加得更快，发出更高的音。所以靠拉伸韧带可以发出很高的音。声带的高音主要是由韧带发出的，女性在受惊时发出的尖叫便是因韧带伸长发出的。

声带 90%为肌肉组织，肌肉组织有一种神奇的特性，就是它能在缩短的时候增加张力。这与琴弦的性质正好相反。琴弦在拉伸时才会增加张力，因而会部分抵消掉张力增加所引起的频率上升，而肌肉收缩时，其张力增大、长度缩短，均使振动频率增加，从而使频率调节更加灵敏。而且这些肌肉不是均匀分布的，而是分为许多层。每层之间性质不同，有的能收缩，有的则不能，形成许多平行的振动面，在肌肉收缩（因而张力增加）时发出声音，中音和低音主要是由肌肉层发出的。所以看上去简单的声带，其实包含了高音和中低音两种弦，可以覆盖宽广的音域。

但是这两种弦并非像弦乐器那样可以通过拨动发音，而是利用呼吸道内空气流动引起声带振动，类似于利用弓的摩擦引起琴弦的振动。为了有效利用气流中的能量，声带还有另外一个装置以增强对气流能量的接收，这就是覆盖在声带表面的一层薄薄的黏膜。黏膜下方有一层液体状的物质，使这层很容易在气流中起波，就像风刮过水面一样。用这种方式，气流中的能量就比较容易传递给肌肉和韧带，使肌肉和韧带发生振动。

因此，声带不但含有相对于高音区和中低音区的振动弦或面，还有增强气流效能的能量接收器，具备了在气流作用下有效发出宽广音域的能力。

二、真声和假声

声带肌肉（实为里面的振动面）发出的声音为中音和低音，此时声带的肌肉收缩变紧从而发出声音，韧带是放松的。由于肌肉占声带体积的 90%，所以几乎整个声带都在振动，这样发出的声音饱满响亮。男、女歌手在此音频范围内都用肌肉的振动面进行发声，这种由声带肌肉的振动发出的声音叫真声。

而位于声带边缘的韧带只占声带体积的 10%左右，韧带既可以发出高音，也可以发出中频的声音。只用韧带发声时，只有声带的内缘在振动，声音透明、纤柔、轻盈，与真声的音质有很大的不同，称之为假声。歌手通过调节声带自身的肌肉张力和声带周围肌肉的张力，可以有选择地主要使用肌肉发声或主要使用韧带发声，在真声和假声之间进行变换。

不论男性或女性，都可以唱出真声与假声两种声音。只是女歌手和男歌手对于韧带在高音区的使用情形不同。由于女性的声带比男性的小，肌肉发声的音频范围比男性高，所以从肌肉到韧带发声的变换比较自然，不容易留痕迹，我们听到的是音程的连续转换，在音质上没有明显的不同，而男性歌手则少用韧带，主要依靠声带的肌肉发声。所以男性发声比女性要低 1 个八度左右，倘若经过练习，男性的韧带也能发出高音，但这样发出的高音与平时的男性中低音难以自然衔接，因此我们听到的是不同音质的声音，这种声音更像是女歌手。这种在高音区使用韧带的唱法是男性歌手特有的发声方法，也称为假声。

由于男高音假声类似女声，所以可以用于模仿女声，梅兰芳扮演的花旦就是最好的例子。相声演员在模仿女声时，也是利用韧带发出的假声。男性的假声唱法在西方也有悠久的历史，早在 8 世纪西班牙就十分盛行假声唱法，很快就代替了唱诗班中的童声。古代欧洲一些教堂里（如英国与俄罗斯的教堂）的男性女高音也是用假声演唱。

三、人类声带内的空气道怎样放大音量

声带的特殊结构解决了声源的问题，但共鸣管的问题还是没有解决。乐器的尺寸主要是由共鸣器的大小决定的，但歌手却必须用人类已有的空气道作为共鸣器。而从声带到嘴唇只有十几厘米的距离，从大部分乐器的角度来看，人类声带这个特殊的“乐器”太“袖珍”了，在这有限的长度下，最低的共振频率约为 500 Hz，比钢琴“中央 C”的频率（约 262 Hz）高近 1 个八度。乐器的声源和共鸣器是各自运作、相互独立的。如果人的声带和空气道也这样各自独立工作，那如此“袖珍”的空气道要想与声带发出的宽广音域发生共振，可以说是毫无希望。

当然人类还有鼻腔、胸腔等可以用作共鸣器，但唯一可大幅度改变形状的还是位于声带以上的气道和口腔。正是在这个区域，有着与乐器的发声原理全然不同的过程，那就是能量回馈机制，这有点像摆秋千，如果每次在正确的时间点给予秋千一个小小的推力，秋千就会越摆越高。

科学研究表明，位于声带上方的空气柱有一种惯性，即对声带振动的反应有一个滞后期。当声带在第 1 个振动周期中打开时，空气流过声门，推向正上方静止的空气柱。由于这个空气柱的惯性（不能立即顺着下面的空气流一起走），声门和它正上方的空气压力会短暂地增加，把

声带推得更开。当声带由于自身的弹性又关闭时，从气管来的空气流被截断，而声带上方的空气柱却由于惯性作用仍然在往上运动，在声带上方造成一个局部的真空，使得声带更有力地弹回来（关闭）。每次振动都通过这种方式得到加强，叠加起来的效果就像是无数次地在恰当的时间给予推力，使声带发出的声音大大增强，这样就起到了共鸣箱的效果。由于这个过程是由空气柱的惯性引起的，因此这个机制叫作惯性反应。这是人和乐器共鸣机制的重大区别，也是人类有限的气道能使各种频率的声音得到加强的主要原因。但此过程不是自动发生的，而是需要歌手调节声带和气道的形状，从而使这种效应得到最好的发挥，使所有音域的乐音都能从惯性反应中得到加强。这不是一件容易的事，需要长期反复练习，这就是为什么歌手每天都需练声。

要使惯性作用对每种频率的声音都起作用，空气道的形状也是很重要的。对于高频率的声音，歌手的唇部要尽可能地张大，这时嘴唇的形状就像一个扩大器（或小号的喇叭部分）。在这种情况下，男性高至 800～900Hz 的声音都能通过惯性反应得到加强，而对于女性来说，能通过惯性反应加强的声音频率还要高 20%。而歌手在唱中音时，前庭（紧靠声带的空气道）收窄，咽部（口腔后面的空气道）则尽量扩张，嘴唇也会收拢，形成一个倒放的喇叭形状，这种形状使中音频的声音最能得到惯性反应最大程度地增强。发声练习的一个主要内容就是找出能使各种频率的声音得到最佳的惯性反应效果的空气道形状。

每个人的生理构造包括声带的大小、厚薄、质地、形状，空气道的长短和形状等都不同，对不同频率的声音共振和放大的程度也不同，这样就会影响到每个人声音的音色。在很多情况下，人类仅凭声音就能判断出发声的人是谁，但是通过练习，即调整声带和空气道肌肉的使用方式，也可以发出与自己平时全然不同的声音，这就是声音的模仿。有些人可以模仿出许多人的声音，歌手也可以在不同的唱法之间转换，这说明人的音色更多的是与声带和空气道肌肉的使用方式有关。相比之下，乐器的音色却是无法改变的。这是人的发声器官和乐器之间的另一个重大差别。

四、声带构造的演化

除了人类，其他的哺乳动物也用声带进行发声，但是声带的结构和使用目的不同。听过老虎和狮子吼叫的人，都知道那是一种粗犷低沉的声音，可以传到几公里之外，这是它们通过声音宣布自己的领地范围，如果在野外听到这种声音，最好远远躲开。

对于老虎和狮子来说，声音的主要作用是表明自己的存在和对其他动物的威胁，所以只需要自己的声音有特色（粗犷和带有威胁性）又能达到很大的音量就可以了。为了达到这个目的，老虎和狮子的声带分成几个区域，远离空气道（即靠近气管壁）的区域主要由肌肉组成，类似于人类声带的肌肉部分，但是没有明显的分层，与该区域相连的是一条完全没有肌肉细胞的部分，在胶原和弹性蛋白中埋有大量的脂肪细胞。再靠内（即最接近空气道）的部分既没有肌肉细胞，也没有脂肪细胞，主要是胶原和弹性纤维。研究发现，这样的结构使老虎和狮子的声带在较弱的气流下就能很容易地振动，发出声音，所以老虎和狮子不用使很大的劲就能够吼叫。

有些鸟类能够发出非常复杂和悦耳的声音。除了人类之外，任何其他动物都不能与之比拟。但是鸟类并没有声带，发音的位置也不在喉头，而是在主气管分为 2 根支气管的地方，相当于在人类的胸腔内。鸟类主气管分支处有一块鸣骨，从这里主气管分为 2 支，鸣骨的下方有 2 片可以振动的膜，名为内鸣膜，分别位于 2 根支气管内靠近主气管的地方。与内鸣膜相对，在 2 根支气管的壁上，也各有 1 块可以振动的膜，叫外鸣膜。空气流过支气管时，这些膜就会振动，从而发出声音。在这些膜的附近还有许多肌肉环，可以控制气管和支气管的粗细和形状。通过调节这些肌肉的活动，声音的频率和大小就可以改变。所以鸟类的发声器官不是声带，而是由气管、支气管和它们上面的膜组成的鸣管。

由于鸟类被认为是从恐龙演化而来，所以估计恐龙也没有声带，而是靠空气道中的膜进行发音，类似鸟类的鸣管。与恐龙同为爬行动物的蜥蜴就不发声，说明有些恐龙也许根本就是不发声的。如果是这样，声带就是在哺乳动物中才演化出来的。而且除了人类，其他哺乳动物的发声器官都很简单，说明人类发声器官的演化是近期的事情，很可能是随着语言的出现而逐渐形成的。人类唱歌的能力也可能是在这个过程中发展出来的。

五、说话和唱歌的区别

人们说话时的音频也是在中、低音范围，大约在 120～1100 Hz，但是说话和唱歌有很大的不同。说话时每个音节都比较短促，音调也在不断地变化，也没有严格的音准要求，所以对发音器官的要求不高。我们每天都会进行这个过程，有关的发声组织也因频繁使用而保持良好的工作状态。所以用于语言的发声已经成为日常生活的一部分。

但唱歌却常常要求持续地发同一个音，要求音准到位、音域宽广、音色优美。这些都需要歌唱者对声带肌肉和韧带发声的精密控制，要求稳定且能按需要变化气流，需要气道不同部分不同形状的调节，需要巧妙地配合使用身体各个共鸣腔。这些能力是通过后天训练获得的本领，属于艺术的范畴，所以需要对控制这些过程的神经进行长期持续的训练，稍一停顿，就会退步。

我们都有这样的经验，随着年龄增长，说话的语音并没有很大的改变，多年不见的朋友从电话里传过来的声音几乎仍然和当年一样。但我们唱歌的能力却随着年龄的增长不断下降，而且越是多年不唱歌，唱歌的能力越弱。这说明说话和唱歌所使用的肌肉和控制机制是不同的。同理，专业歌手唱出的优美歌声是大多数人无法企及的。但这些专业歌手说话却与常人无异，有的甚至比常人说话还难听。

人类的发声结构与标准乐器相比，似乎过于简陋和先天不足。但科学研究却表明，正是因为我们的发声器官是由活体组织构成的，空气道的形状又可以按音频的需要随时变换，再加上歌手经过长期练习获得可以精确控制与发声有关的所有肌肉的能力，人类就能以这些看上去不起眼的构造发出美妙动听、生动感人的歌声。这是生物演化带来的奇迹之一，也是人类艺术能力的充分表现。

主要参考文献

［1］ Titze I R. The human instrument. Scientific American, 2008, (1)： 94-101.

［2］ Titze I R. Nonlinear source-filter coupling in phonation: Theory. Journal of Acoustic Society of America, 2008, 123 (5): 2733-2749.

［3］ Klemuki S A, Riede T, Walsh E J, et al. Adapted to roar: Functional morphology of tiger and lion vocal folds. PLoS One, 2011, 6 (11): e27029.

［4］ Nowicki S, Marler P. How do birds sing? Music Perception, 1988, 5 (4): 391-426.

感冒为什么难治

感冒是比较轻微的疾病，只要没有并发症，一般不会致命，也不会造成永久性的伤害。但在西医眼中，感冒却是最难治的疾病之一。在登载科学发展前瞻性文章的杂志《科学美国人》2011 年 1 月刊上，就有一篇颇为悲观的文章，题目是“感冒治疗-小心，治也许比不治还糟”。该文回顾了西方国家在开发感冒治疗药物方面的努力，在一连串的挫折面前，作者得出结论：算了吧，用（西方）新开发的药物治疗，还不如不治。

要理解感冒为什么难治，首先要了解人类为什么会得感冒。

一、有关得感冒原因的辩论：感冒与受凉无关吗

感冒是由病毒在呼吸道内大量繁殖引起的上呼吸道疾病。引起感冒的病毒主要是鼻病毒（rhinovirus），其次是冠状病毒（coronavirus），为叙述方便，可将它们统称为感冒病毒。这些病毒可以由飞沫、与患者直接接触（如握手）或间接接触（触摸患者接触过的物体）等途径传播。所以每个人都经常会与感冒病毒接触，而且呼吸道中也有这些病毒存在，但是大部分人并没有因此得病。要得感冒必须要满足一个条件，即感冒病毒在呼吸道内大量繁殖。

感冒病毒大规模繁殖的一个重要诱因是被感冒患者传染了大量的病毒。健康人的鼻分泌物中感冒病毒很少，而感冒患者的鼻分泌物中却含有高浓度的感冒病毒。当进入呼吸道内的病毒数量远远超过身体所能控制的程度时，就会引发感冒。健康者与感冒患者在封闭环境（例如通风不良的房间）中相处较长时间就容易被感染。习惯性用手摸鼻子或揉眼睛也会使手上的感冒病毒进入鼻腔或眼睛（鼻泪管与鼻腔

相通），增加被感染的机会。

另一个感冒病因是自身抵抗力下降，使得原先在鼻腔中少量生存的感冒病毒趁机大量繁殖，最常见的就是身体突然受凉。无论中外，人们都能从自身的生活经验中普遍认识到身体受凉与感冒之间的关系。在西方，感冒被称作“common cold”。中国把感冒叫作“着凉”，与西方的“catch a cold”是同一个说法。此外中国还有伤风、外感的说法，强调外来因素（风寒侵袭）的作用。

然而，国外却有一些学者试图否认这种联系。典型代表即为英国卡迪夫大学（Cardiff University）的 Ronald Eccles，他在 2002 年发表于《鼻科学》（*Rhinology*）上的一篇文章中宣称：“现今科学的观点否认身体表面急性受凉与感冒之间有任何因果关系”。他还引用了 20 世纪 50～60 年代的两篇彼此类似的研究来佐证他的观点。Eccles 随后也使用冷水泡脚实验来自圆其说。

由于 Eccles 是发表颇丰的学者，他关于感冒的观点造成了很大的影响。美国的一些健康专家的文章也重复这样的观点。我们国内也有人引用 Eccles 和 Dowling 等的文章，告诉大家“与传统的观念相反，感冒与受凉没有任何关系”。

其实仔细查看他们的原始文献，就可以知道这些实验不足以得出所谓的惊人结论。Dowling 等使受试者穿短衣短裤在热（27℃）和凉（15.5℃）的房间内待 2～4 小时。他们也让受试者穿着内衣、外套，戴上帽子和手套，在冷的房间内（零下 12℃）待 2～4 小时，然后观察分别接种了感冒病人鼻分泌物和生理盐水的志愿者患感冒的比例。

首先，这种实验方法并不是使身体突然受凉（即从温暖环境突然到冷环境中）。穿着短衣短裤到 15.5℃的环境并不很冷，而在零下 12℃房间的受试者，事先都穿好了冬衣。由于不同受试者在上述实验条件下患感冒的容易程度受许多因素影响（如身体状况、个人病史等），判断受试者是否感冒也只是询问一些症状，例如是否头痛、流鼻涕、咳嗽等，并没有检查鼻分泌物中病毒的数量。况且有些感冒患者并不会表现出明显的感冒症状，所以这样统计出来的数据并不可靠。此外，每组实验的受试者较少，只有几十个人，这么小的实验组没有统计学意义，不足以得出可信的结论。

抛开其他因素，单纯分析上述实验数据本身，也不能得出冷与感冒无关的结论。虽然接种了感冒病毒的 3 个实验组后来患感冒的比例较为接近（热组、凉组、冷组分别为 38%、32%和 39%），但接种生理盐水的 3 个对照组患病率分别为 16%、7%、7%，从表面上看，似乎这种持续稳定的凉和冷还能减少得感冒的机会。但如果把在相同温度环境下接种感冒病毒的实验组和接种生理盐水的对照组进行比较，那么接种感冒病毒的实验组在热环境中患感冒的比率只增加了 2.4 倍，而凉环境和冷环境却分别增加了 4.6 倍和 5.6 倍，正好说明了处在凉环境和冷环境中能增加感冒病毒的致病能力。

Eccles 用凉水泡脚（10℃ 20 分钟）的办法虽然不是很理想（手、脚因离躯干最远，是温度比较低的部位），但他在 2005 年发表的文章中还是表明凉水泡脚可将患感冒的几率增加 2～3 倍（凉水泡脚的 90 人中有 13 人感冒，而对照组的 90 人中只有 5 人感冒）。该实验也有受试者少（每组只有 90 人）和以问讯症状判断是否患病的缺点。所以这 2 个被广为引用的实验其实都有设计不当的缺点。不仅数据不可靠，而且作者得出的数据也并不支持他们的结论。

实际上，大规模的统计数据早已存在。1930 年发表于杂志《耳鼻喉科纪事》（*Arch Otolaryng*）的一篇文章中，Gahwyler 等曾报道，2700 名在湿冷战壕中度过三天三夜的士兵，其患感冒的比例要比 5500 名驻守在兵营内的士兵高 4 倍。

国内对日常生活中因受凉而患感冒的典型描写可以从《红楼梦》中找到。第五十一回“薛小妹新编怀古诗，胡庸医乱用虎狼药”中，曹雪芹写道：

“麝月便开了后门，揭起毡帘一看，果然好月色。晴雯……仗着素日比别人气壮，不畏寒冷，也不披衣，只穿着小袄……随后出来”，“只见月光如水，忽然一阵微风，只觉侵肌透骨，不禁毛骨悚然。心下自思道：‘怪道人说热身子不可被风吹，这一冷果然利害’”，“晴雯因方才一冷，如今又一暖，不觉打了两个喷嚏”，“至次日起来，晴雯果觉有些鼻塞声重，懒怠动弹”。

与大多数古代和近代的知识分子一样，曹雪芹也有一定的医学知识。这从他后来对晴雯所用药方（分别为庸医和良医所开）的评论就可以看出。此处描写非常形象，并且借用晴雯之口说出了患感冒的关键，即热身子突然被冷风吹，又很快回到暖和的地方。

众所周知，身体的各个部分对于冷的反应是不同的。赤脚蹚水过河、用手捏雪球打雪仗、吃冰棍（使口腔和鼻腔温度降低）、喝冷饮（使口腔和消化道温度降低）等都不容易感冒。而躯干部分，特别是背部却很怕突然受凉。晚上起来上厕所，只要背部披上能保暖的衣物，哪怕身体的其他部分没穿多少衣服，只要时间较短，也不容易感冒。所以要研究受凉与感冒的关系，其实不用费那么多时间，只需穿着薄内衣突然到冬天的室外（或 4℃的冷室）待上 30 秒，再立即回到暖和的地方就行了。

当然如果长时间处在低温环境中，又没有穿足够保暖的衣服，也会着凉。但由于社会的不断发展，人民生活水平的不断提高，这种饥寒交迫的情形在如今社会中已很少见。被感冒患者传染和自己不注意而导致受凉，目前仍然是患感冒的 2 个主要原因。

二、为什么西医认为感冒难治

感冒几乎是所有人都会患的疾病。每人每年平均大约会患 2～4 次感冒。虽然感冒是自愈性疾病，一般情况下 7～10 天就会自动痊愈，但感冒所表现出的不适症状还是会给生活和工作都带来不利的影响。如果存在一种有效治疗感冒的药物，或者能够使人终身对感冒免疫，不仅可以带来良好的社会效益，研发公司也会因广阔的市场前景而获得高额回报。因此，国外的医药公司和各种研究机构用尽一切现代科学知识和研究手段研发这样的抗感冒药物，包括疫苗。但是到目前为止却无一例成功。首先考虑的当然是免疫法，即给人体接种已经灭活的致病原，使身体免疫系统能够识别该病原，预先发展出对抗这种病原的能力，以后遇到这种病原的袭击时，机体免疫系统就能够加以抵抗而不得病。最早运用这种手段预防疾病的范例为种牛痘预防天花，并于 1977 年在地球上成功地根除了天花。利用预防接种也能有效地防止破伤风、百日咳、脊髓灰质炎（小儿麻痹症）、伤寒、脑膜炎等传染病，这就是婴儿出生后的预防接种。但用这种办法却无法有效地预防感冒。

鼻病毒属于小核糖核酸病毒（picornavirus），其遗传物质是核糖核酸（RNA），而不是人体细胞中的脱氧核糖核酸（DNA，脱氧的意思不是 DNA 分子上没有氧，只是在其组成成分的核糖上少一个氧原子）。鼻病毒的 RNA 很小，只有几千个核苷酸，所以叫小核糖核酸病毒。

鼻病毒有 3 个亚类（A、B、C），共超过 100 种类型。种类如此繁多的鼻病毒给免疫系统的辨认工作带来了很大的困难，更麻烦的是，这些病毒还在不断地变异。它们在人体细胞内复制 RNA 时所使用的是自身编码的 RNA 聚合酶，这种酶的精确性很差，复制品往往和原来的模板有些不同。由于鼻病毒的表面蛋白质也是由自身 RNA 编码的，因此变异后的 RNA 会相应地编码出变异的表面蛋白质，这相当于病毒在不断地“变脸”，使免疫系统无法识别。如此一来，机体对以前的鼻病毒所产生的抵抗力就无法起到有效作用。

解决此问题的办法之一是找出鼻病毒表面蛋白上基本不变的部分，用它刺激身体免疫系统进而产生抵抗力。例如川剧演员不断地变脸，使我们无法辨识这个人，但变脸者的耳朵并没有变，如果能以变脸者的耳朵为识别标准，不管他如何变脸，我们也能准确地辨识他。只可惜在耗费巨大精力检查了超过 100 种鼻病毒后，科学家失望地发现这种不变的部分不存在，鼻病毒所有的表面蛋白部分都在变，所以免疫这条预防途径（即预防接种）看来是难以走通了。

另一个理论上可行的途径是直接攻击病毒本身。科学家详细研究了鼻病毒表面蛋白质的形状，设计出了能与这种蛋白质紧密结合的分子，它就是由美国先灵葆雅（Schering-Plough）公司开发的名为“普来可那利”（Pleconaril）的化合物。普来可那利能够结合在鼻病毒的表面蛋白上，而且它的结合使得蛋白包囊变得非常牢固，以致病毒中的 RNA 都无法释放。一旦 RNA 无法被释放，病毒就无法进行自我复制了。Pleconaril 在体外培养的细胞中效果很好，该化合物在 2002 年的临床试验阶段就引起轰动，称它为“奇迹药物”“魔法子弹”。看起来根治感冒的药物真的被找到了。

但是，临床试验的结果却令人失望。这种所谓“奇迹药物” 的效果非常有限：它只能将感冒病程缩短 1 天，而且副作用十分明显，使女性在非经期时出血；它还会干扰避孕药的作用，使一些正在使用避孕药的女性怀孕。

基于这些原因，美国食品药品监督管理局（FDA）没有批准该药上市。此外，若干基于其他机制设计的化合物也由于副作用明显而被禁用。在某些情况下，这些药物引起的鼻腔炎症比感冒自身引起的炎症还要厉害。

感冒与其他疾病相比只是暂时的不舒服。要使一种抗感冒药的副作用显著轻于本来就不很重的感冒症状很不容易，而且要使患者接受，还要考虑药物的成本和安全性。正如感冒病毒的研究专家，美国弗吉尼亚大学的 Ronald B. Turner 所说："它必须非常有效，必须非常便宜，必须百分之百安全"，否则人们就不会去使用该药物。而如此之高的标准是很难达到的。

还有一个途径是降低免疫系统的反应。鼻病毒在上呼吸道内的繁殖本身并不会造成什么伤害，或引起什么症状。使人感到难受的那些所谓的感冒症状，如头痛、嗓子疼、鼻塞、流鼻涕、打喷嚏、咳嗽等，是人体在与病毒对抗时的炎症反应所引起的。既然没有办法从病毒下手，那能否减弱免疫系统的作用，使它不要产生这么大的反应呢？

事实上，免疫系统正是保卫人体的防线，削弱它的作用相当于为外敌的入侵打开了大门。人体的免疫系统时刻都在监视着身体的状况并杀灭一些它们能够辨认的癌细胞，因此减弱免疫系统的作用很可能会增加患癌症的危险。而且免疫系统极为复杂并受精密的调控，目前人们对免疫系统的了解还非常有限。如果用一些化合物人为地干扰其中的某个环节，有可能会产生无法预料的严重后果。没人会愿意为减轻区区几天的不适而去冒这个险。

其实由于身体虚弱者的免疫系统较弱，导致发炎症状不明显，因而他们的感冒也就成为"无症状感冒"，这点与中医的看法相符合。中医认为，一个亚健康者好像很少得病，但事实上是这个人没有发展这些症状的能量，而并不是身体健康的表现。这种状况与上文中预防感冒（没有或很少症状）的第三条途径相似。但是免疫系统的相对较弱是人体自身的一种状况，与人为地干扰免疫系统不是一回事，因而不可相提并论。

三、感冒病毒不一定是坏东西

感冒根治不成，就出现了另一种逆向思维，也许人们根本就不该去攻击感冒病毒。

人体的呼吸道不断有空气出入，其中不可避免地会有各种微生物，要想使呼吸道内完全没有微生物存在是不可能的。感冒病毒是在人类长期演化过程中最后保留下来的主要鼻腔病毒，自然有其道理，虽然它们有时会给人们带来一些不适，但一般不会造成大的伤害。如果真把感冒病毒清除掉了，也许代替它们的微生物会对人类产生更大的威胁。在感染细胞时，不同的病毒之间常会互相竞争并排斥，如果一种病毒已经开始感染细胞，其他病毒的感染力就会受到抑制。例如感冒病人的鼻分泌物中，并非多种感冒病毒并存，而是只有一种占压倒性优势。这种相互排斥作用也可能使感冒病毒抑制了其他更为危险病毒的感染。例如在2009年的9～10月，法国H1N1流感的病例一直很少，而这段时间正是鼻病毒感染的高峰期，等鼻病毒感染的高峰过去后，H1N1感染的病例才开始迅速上升。

鼻病毒有些像住在鼻腔里的“房客”。这些“房客”也许不那么使你满意，有时还和你吵两句。但他们从不和你打架或杀了你，有坏人来时还能替你挡一下，要是把他们赶走了，新来的“房客”可能更危险。仔细想想，还真是这么回事。

四、需要时感冒还得治——传统的办法也管用

那感冒就不用治了吗？当然不是。

虽然感冒一般不会造成严重后果，也不用抗生素治疗，但对于体质虚弱的人来说，也有可能会引发一些并发症，例如并发细菌感染，转为鼻窦炎、肺炎、中耳炎、慢性肺阻塞和加剧气喘等。如果症状恶化出现了其他症状，而且白细胞数目升高（病毒感染一般不会造成白细胞升高），就说明可能有并发细菌感染，这时就要考虑使用抗生素了。

对于感冒引发的不适症状，可以采取各种临时缓解的方法，例如服用止痛片减轻头痛，用鼻喷剂缓解鼻塞，用镇咳剂控制咳嗽等。这

些方法虽然只是治标（症状）不治本，但本（病毒感染）也不用治，过几天自然会痊愈，只要把症状控制住，和治好感冒没有多大区别。

关于缩短感冒病程方面的研究，虽然现代分子生物学技术未能有所建树，但并不等于没有其他办法。在几千年的实践过程中，国内传统医学已经积累了丰富的感冒治疗经验。《黄帝内经》中曾提到，“风者，百病之始也”，“风从外入，令人振寒汗出，头痛，身重，恶寒”，这些描述就是感冒的特点。到了东汉时期，名医张仲景在其所著的《伤寒论》中，就详细地叙述了感冒的不同类型和治疗方法。但“感冒”这个词作为医学术语，直到北宋才正式出现，在《仁斋直指方》里的《诸风》篇中，提到“治感冒风邪，发热头痛，咳嗽声重，涕唾稠黏”，后来“感冒”就成为这类疾病的医学专有名词。

与西医把感冒单纯地看为病毒感染，对所有患者都采取同样的治疗方法不同，中医把感冒看作人与外界因素之间的相互作用，所以病况因人而异。中医根据每个人的具体情况把感冒分为若干类型，再根据不同的类型使用不同的药物。其中最主要的两类就是风热型感冒和风寒型感冒，它们的性质不同，用药也不同。如果没有对症下药，非但没有效果，反而会加重病情，所以感冒时不能随便买一种感冒药来吃。

如果在其他症状出现前就先嗓子痛、便秘、舌红、口渴、痰黄、鼻涕浓并为黄色，那就是中医理论上的风热型感冒。医生常选用菊花、薄荷、桑叶等药物为主药，代表方剂为“桑菊饮”。服成药可以选桑菊感冒片、板蓝根冲剂、双黄连口服液等。

如果患者表现出怕冷、痰稀、流清鼻涕、口不渴、舌苔薄或白，那就是风寒型感冒，此时就不适宜服用板蓝根和桑菊感冒片了，而是要选用麻黄、荆芥、防风、苏叶等解表散寒的中药。代表方剂为“葱豉汤”“荆防败毒散”，成药有正柴胡饮冲剂，川芎茶调散，通宣理肺丸等。

由于中药多是复方，能以多种机制同时起作用，这些方剂不仅能缩短病程，还能缓解症状。而且多种药物相互配合，在增强疗效的同时还能减轻副作用。

此外，人们在生活中积累的一些经验，也能阻止或减轻感冒的发展。例如红糖姜葱水（姜切成薄片，用水煮 10 分钟左右，再加入葱白和红糖）在感冒初起的时候很有效，甚至可以完全阻止感冒的发展。红糖中含有一些白糖所没有的生物活性物质，如最近在国内受到关注的绿原酸等。

况且中医已经有自己完整而系统的理论，是描述世界（包括疾病）的另一种方法，只是其中许多概念的意义还没有和现代医学贯通。但这并不妨碍应用中医的理论和方法来治病。我们应该利用人类积累的一切有用知识，更好地去解决问题。

主要参考文献

[1] Eccles R. Acute cooling of the body surface and the common cold. Rhinology, 2002, 40 (3): 109-114.

[2] Johnson C, Eccles R. Acute cooling of the feet and the onset of common cold symptoms. Family Practice, 2005, 22: 608-613.

[3] Dowling H F, Jackson G G, Spiesman I G, et al. Transmission of the common cold to volunteers under controlled conditions III: The effect of chilling of the subjects upon susceptibility. American Jounral of Hygiene, 1958, 68: 59-65.

[4] Gern J E. The ABCs of rhinoviruses, wheezing, and asthma. Journal of Virology, 2010, 84 (15): 7418-7426.

为什么说人属于“单鞭毛生物”

地球上的生物有170多万种，可以分为各种类型的生物。从细胞的结构特点可以分为原核生物（没有细胞核的生物）和真核生物（具有细胞核的生物）两大类。原核生物包括古菌和细菌；真核生物包括植物、动物和真菌。每类生物都可以进一步分类，例如植物可分为藻类植物、苔藓类植物、蕨类植物、种子植物等；动物可分为无脊椎动物和脊椎动物，其中脊椎动物又可以分为鱼类、两栖类、爬行类、鸟类和哺乳类。人类自身就是哺乳类动物。除了这种分类方法，是否还有其他分类法？

1987年，英国科学家托马斯·卡瓦利耶-史密斯（Thomas Cavalier-Smith）提出，真核生物还可以根据鞭毛的数量进行分类，例如有1根鞭毛和有2根鞭毛的生物就不是同类。这里说的鞭毛，是指真核生物的鞭毛，成分和结构与原核生物的鞭毛不同。

例如，单细胞的衣藻（*Chlamydomonas*，一种绿藻）有两根鞭毛，植物的孢子和配子也是双鞭毛的，而且这些鞭毛都长在细胞的前端，即细胞运动的方向。与此相反，动物的精子（包括人类的精子）、真菌的游动孢子，以及一些单细胞生物，如领鞭毛虫（*Choanoflagellate*）则只有一根鞭毛，而且长在细胞的后方，通过摆动“推”着细胞前进，它们和植物应该不是同一类生物。从这个事实出发，地球上所有的真核生物可以被分为两个大类：单鞭毛生物（unikonta）和双鞭毛生物（bikonta）。它们各自都包括单细胞生物和多细胞生物，所以是很大的门类。例如，单鞭毛生物就包括多细胞的动物和真菌，以及单细胞的原生动物如领鞭毛虫，即包括所有的动物和真菌。而双鞭毛生物则包括植物界中所有的生物，包括藻类和陆生植物。

不过仅凭鞭毛的数量给生物分类，理由似乎不是那么充分。要是有些生物后来丢掉了一些鞭毛呢？刚毛藻（*Cladophora*，也是绿藻的一种）的配子像衣藻一样，有2根鞭毛，而孢子却有4根鞭毛。仅凭1根鞭毛就将一些单细胞生物、真菌和多细胞动物分为一类也让人疑惑：真菌的菌丝不运动，而且能够从顶端伸长，看起来似乎更像植物，为什么会和动物分到一起？仅凭有些单细胞生物只有1根鞭毛，就将其与多细胞的动物归为一类，这种方法可信吗？这样做，相当于将所有的真核生物纵向分成两大块：单鞭毛生物和双鞭毛生物，每一块都包含了从最简单到最高级的生物，这远比传统分类中的“门”（phylum）甚至“界”（kingdom）还要大，这样分类划分出的生物块是否太大了？它们的分类特征真的存在吗？

但是科学研究的结果却表明，Cavalier-Smith 的观点是有道理的，证据就是生物演化过程中一些分子的特征性变化。如果一些生物具有这种特征性变化，而其他生物没有这种变化，具有这种特征性变化的生物就应该来自共同的祖先，属于同门类的生物。例如在原核生物中，有3个与嘧啶合成有关的酶，分别是氨甲酰磷酸合成酶、天冬氨酸转氨甲酰酶和二氢乳酸酶。这3种酶各有为自己编码的基因，在细胞中分别合成。这3种酶彼此协作，用谷氨酰胺为原料合成嘧啶。真核生物是从原核生物演化而来的，在真核生物中，这3种酶的情况又如何？在单鞭毛生物中，无论是单细胞单鞭毛生物，还是多细胞的动物和真菌，这3种功能彼此联系的酶融合在一起，成为单一的多功能酶，即一个蛋白分子具有3种酶的活性。这就需要为这3种酶编码的基因也融合在一起，成为1个基因。由于这个转化过程需要3个基因经过2次融合才能成为1个基因，是一个概率非常低的事件，很难发生2次，所以是追踪生物演化路线的有效标记，该融合基因的命名以3种酶的英文首字母合在一起，叫*CAD*基因。所有的单鞭毛生物都有 *CAD* 基因，即拥有融合的酶；而在双鞭毛生物，包括一些高级多细胞生物如植物中，这种融合并没有发生，3种基因仍然各自表达。这个事实说明，所有含*CAD*融合基因的生物（即单鞭毛生物，无论是单细胞还是多细胞）应该来自共同的祖先，与双鞭毛生物是不同类别的生物。

另一方面，植物中有两个与胸腺嘧啶合成有关的酶，胸苷酸合成酶（thymidylate synthase）和二氢叶酸还原酶（dihydrofolate reductase）彼此融合在一起，而这种融合在任何单鞭毛生物中都未曾发生过，这说明双鞭毛生物也有自己共同的祖先。从这些事实出发，将有 1 根鞭毛的生物与有 2 根鞭毛的生物区分开，各自归为一大类是有道理的。

在单鞭毛生物中，鞭毛长在细胞后面的生物叫作“后鞭毛生物”（opisthokont）。多细胞生物中的动物和真菌，以及单细胞生物中“领鞭毛虫”门（choanozoa）和“中黏菌门”（mesomycetozoa）中的生物，都属于后鞭毛生物。为了进一步证明单细胞的后鞭毛生物与多细胞动物之间的关系，2005 年，英国科学家从 20 种生物中提取了 DNA，并且测出为以下 4 种蛋白编码基因的 DNA 序列：真核生物的延伸因子 1α（eukaryotic translation elongation factor 1α，EF-1α）、热激蛋白 70（heat shock prtotein 70，HSP70）、肌动蛋白（actin）、微管蛋白（β-tubulin）。在比较这 4 个基因在不同动物中的序列差别之后，科学家发现，后鞭毛生物确实是一个独立的门类，包括单细胞的后鞭毛生物和多细胞的动物和真菌。例如在所有后鞭毛生物中，EF-1α 蛋白序列中都有一个 12 个氨基酸单位的插入，而双鞭毛生物则没有这个插入，这就更加证明单细胞的后鞭毛生物和多细胞动物确实有共同的祖先。

这些事实都表明，在真核生物形成的初期，还在单细胞的阶段，就已经分化出单鞭毛细胞（如领鞭毛虫）和双鞭毛细胞（如衣藻）这两类细胞了。单鞭毛细胞后来发展成为真菌和多细胞动物，同时有些单鞭毛生物仍然以单细胞状态存在。双鞭毛生物后来发展成藻类和陆生植物，同时也有一些继续以单细胞状态存在。尽管单细胞生物后来发展成为多细胞生物，但是单鞭毛和双鞭毛的基本特征仍然存在。两大类生物各有特点，成为地球上彼此区别的两大类生物。

既然单细胞的后鞭毛生物和多细胞动物属于同一大类的生物，有共同的祖先，多细胞动物很可能是从单细胞的后鞭毛生物发展出来的。如果能够找出单细胞后鞭毛生物和多细胞动物更多的共同点，就可以进一步证明它同属单鞭毛生物。科学家使用的方法还是检查代表性生物的全部 DNA 序列，并将它们的基因进行比较。

2008 年，由美国多个研究机构和德国的科学家合作，测定了单细胞的单鞭毛生物领鞭毛虫门中领鞭毛虫纲中 *Monosiga brevicollis* 的全部 DNA 序列。2013 年，美国科学家测定了领鞭毛虫纲中的另一个物种“群体形成性领鞭毛虫”（*Salpingoeca rosetta*，因其能够聚集形成群体）的全部DNA序列。同在2013年，西班牙和美国的多家研究机构的科学家合作，发表了领鞭毛虫门卷丝球虫纲中 *Capsaspora owcazarzaki* 的全部DNA序列。对这些DNA序列的分析得出了惊人的发现，远远超出科学家当初的预期。为了叙述简洁，下面用 *Mbre* 代表 *Monosiga brevicollis*，用 *Sros* 代表 *Salpingoeca rosetta*，用 *Cowc* 代表 *Capsaspora owcazarzaki*。

要形成多细胞动物，需要细胞之间能够粘连。在多细胞动物中，这种粘连主要是通过钙黏着蛋白（cadherin）实现的。科学家没有想到的是，钙黏蛋白的基因在以上3个物种的单细胞生物中都有发现。

动物的上皮细胞通过整连蛋白、纤连蛋白和层粘连蛋白与细胞外由胶原蛋白组成的细胞外基质相连。而在 *Cowc* 和 *Mbre* 中，所有这4种类型的基因都已经出现。

有些转录因子被认为是多细胞动物所特有的，如p53、Myc、Sox/TCF，可是在 *Cowc* 和 *Mbre* 中，这些基因也已经存在。

更令人惊异的是，过去被认为是多细胞动物特有的信号传递链上的分子，蛋白质酪氨酸激酶（在蛋白质分子中的酪氨酸残基上加上1个磷酸分子），在这些单细胞生物中被大量发现。在Mbre中，竟有128种酪氨酸激酶，比人类的酪氨酸激酶数量还多38种！与酪氨酸激酶配合作用的酪氨酸磷酸酶（将酪氨酸激酶加在酪氨酸残基上的磷酸分子去掉）在这些生物中也有发现。

最有趣的是群体形成性领鞭毛虫 *Sros*。虽然它仍然是单细胞的生物，但是已经能够以5种细胞形态存在：慢游泳单细胞（领鞭毛虫的典型形态，包括鞭毛和领毛）、快游泳单细胞（领毛已经消失，只剩鞭毛）、通过杯形鞘壳附着在固体上、聚集成链的细胞，以及聚集成玫瑰花座形的细胞，这也是其名称 *Salpingoeca rosetta* 的由来。在 *Sros* 中，与多细胞动物器官形成有关的几个信号通路中的一些成分，以及使细胞出现极性的一些蛋白质成分已经出现。对 *Sros* 的基因分析表明，Wnt信号通路中的 *Wnt* 基因和连锁蛋白（catenin）基因、刺猬蛋白（hedgehog）信号通路中含有刺猬蛋白信号段的基因，以及含有刺猬蛋白前体中负责肽链自我切断的部分的基因、骨形态蛋白（BMP）信号

通路中的 *SMAD* 基因、转化生长因子（TGF）信号通路中的 *TGFβ* 和 *TGFβ* 受体基因，以及使细胞出现极性的 Crumb 复合物中为 PATj 蛋白编码的基因都已经出现。

以上事实说明，领鞭毛虫门的生物已经具有多细胞动物所需要的一些功能蛋白域，包括细胞间相互作用所需要的蛋白（钙黏蛋白、整连蛋白、纤连蛋白、层粘连蛋白、Notch 信号通路）、细胞间信息传递（Wnt 信号通路、骨形态蛋白信号通路、转化生长因子信号通路、受体酪氨酸激酶、酪氨酸磷酸酶等），以及多细胞动物特有的转录因子（p53、Myc、Sox/TCF 等）。这些蛋白功能域在其他单细胞生物中没有发现，而只存在于领鞭毛虫门的生物中，这是领鞭毛虫门的生物是多细胞动物祖先，它们同属单鞭毛生物最强有力的证据。

从具有领毛、单细胞的领鞭毛虫到细胞没有领毛也没有鞭毛的人，其间经过了十几亿年的发展历程，模样也发生了翻天覆地的变化，但是人类精子后面那根鞭毛，却表明人体内的一些细胞虽然已经没有鞭毛，但是我们的单细胞祖宗当初为长出鞭毛的基因仍然存在于我们的 DNA 中，一有需要（精子形成时）又可以把鞭毛长回来，证明人类是单细胞后鞭毛生物的后代。这就像小说《西游记》中的孙悟空，在被二郎神追赶时变成一座庙，想逃过二郎神的眼睛，不过他的尾巴没有地方放，只能变成一根旗杆，竖在庙的后方。可是哪里有旗杆竖在庙后方的道理？二郎神据此判断出这个庙是孙悟空变的，先去捣孙悟空的眼睛（庙门两边的两个圆窗户），迫使孙悟空变回原形。人类精子后面那根鞭毛，就是暴露我们是后鞭毛生物后代的“旗杆”。

而且群体形成性领鞭毛虫就已经能够变成没有领毛，只有鞭毛的形式，样子与人类的精子非常相似。最简单和最复杂的后鞭毛生物，在生命的一些阶段中竟然还能以相同的样子出现，不得不让人惊叹生物演化过程的精妙。

主要参考文献

[1] Shalchian-Tabrizi K, Minge M A, Espelund M，et al. Multigene phylogeny of Choanozoa and the origin of animals. PLoS One, 2008, 3 (5): e2098.

[2] Fairclough S R, Chen Z H, Kramer E, et al. Premetazoan genome evolution and the

regulation of cell differentiation in the Choanoflagellate *Salpingoeca rosetta*. Genome Biology, 2013, 14: R15.

[3] King N, Westbrook M T, Young S L, et al. The genome of the Choanoflagellate *Monosiga brevicollis* and the origin of metazoans. Nature, 2008, (451): 783.

[4] Suga H, Chen Z, de Mendoza A, et al. The Capsaspora genome reveals a complex unicellular prehistory of animals. Nature Communications, 2013, (4): 2325.